U0158452

“十四五”时期国家重点出版物出版专项规划项目

21 世纪理论物理及其交叉学科前沿丛书

二维半导体物理

Two-dimensional Semiconductor Physics

夏建白　王　盼　刘　浩　武海斌　著

科学出版社

北　京

内 容 简 介

本书主要介绍二维半导体物理的国际研究近况和本书作者最近的研究成果，着重在物理方面，内容包括二维半导体的结构、电子态、第一性原理计算方法、紧束缚方法、声子谱、光学性质、输运性质、缺陷态、磁性二维半导体、催化作用等。每一章开始先简单介绍三维半导体的有关性质和理论，读者可以比较三维和二维的差别和相同之处。

本书适用于高等学校固体物理专业的高年级本科生和研究生，以及从事相关领域的研究人员。

图书在版编目(CIP)数据

二维半导体物理/夏建白等著. —北京：科学出版社，2022.9

(21世纪理论物理及其交叉学科前沿丛书)

“十四五”时期国家重点出版物出版专项规划项目

ISBN 978-7-03-073246-0

Ⅰ. ①二…　Ⅱ. ①夏…　Ⅲ. ①半导体物理　Ⅳ. ①O47

中国版本图书馆CIP数据核字(2022)第176891号

责任编辑：周　涵　田轶静／责任校对：樊雅琼

责任印制：吴兆东／封面设计：无极书装

科学出版社出版

北京东黄城根北街16号

邮政编码：100717

http://www.sciencep.com

北京建宏印刷有限公司　印刷

科学出版社发行　各地新华书店经销

*

2022年9月第　一　版　开本：720 × 1000　1/16

2024年2月第二次印刷　印张：13 1/2

字数：270 000

定价：118.00元

(如有印装质量问题，我社负责调换)

前　言

二维半导体是 21 世纪新发展的一种新型半导体材料。从石墨烯开始，研究者发现它具有一些特异的物理性质，如零带隙，在 K 点具有线性色散关系，载流子可以看作无质量的狄拉克–费米子。同时它还具有一些重要的应用前景，如手机的触摸屏等。在化学家的努力下，具有带隙的各种二维半导体材料如雨后春笋一般出现，如过渡金属二硫化物 (TMD)、过渡金属氧化物、黑磷、氮化硼 (BN) 等。它们具有与三维半导体材料不同的物理性质，如电子结构、光学性质、输运性质、力学性质和催化性质等，预示着其广阔的应用前景。

(1) 三维半导体中有少量载流子，电子或空穴决定了它的性质。它们的数量相对较少 (10^{18} ~10^{20} cm^{-3})，主要集中在导带底或价带顶附近。因此用有效质量理论能很好地描述它们，半导体的掺杂技术能有效地控制半导体中的载流子 (电子或空穴) 浓度。在 20 世纪下半叶，半导体集成电路和光电器件大大发展，引起了信息技术的革命。但到目前为止，二维半导体中的载流子类型和浓度，以及迁移率等输运性质还不能有效控制。具体来说，还达不到三维半导体的性能，所以现在还不能实现商品应用。

(2) 二维半导体平面内的各向异性比三维半导体体内明显得多。三维半导体体内也有各向异性，如 [100]、[110]、[111] 方向，但各个方向上的能带等性质差别不大。而二维半导体在平面内的各向异性比较大，影响到它对各种偏振光的吸收 (垂直方向传播)。利用这个性质，可以制备偏振光探测器。当然它的探测率比体探测器要小得多，差 3 个数量级，原因就在于它只有一层。

(3) 三维半导体中的浅施主和浅受主能在几个数量级内调节浓度，从而调节半导体中的载流子浓度。因为它们在带隙中的位置遵从有效质量理论，能精确地计算出载流子浓度。它们的迁移率也可以由理论和实验求得。所以，三维半导体的输运性质可以很好地预测和调控。二维半导体的输运性质比较复杂，首先，有效质量理论不再适用，因为有效质量理论成立的条件就是微扰能量比带隙能量小得多。在三维半导体中用有效质量理论计算的施主和受主结合能都小于 100 meV，远小于带隙能量。而在二维半导体中，如果用有效质量理论 (二维类氢模型) 计算施主或受主的结合能，都在 1 eV 左右，二维半导体中的情况不再成立。目前二维半导体中的输运性质没有一个统一的理论，只能靠第一性原理计算杂质和缺陷在能带中的位置，也不一定准。其次，导电载流子的类型和浓度不能确定，迁移率也比三维半导体中的低，这些都影响了二维半导体在电子学器件方面的应用。

(4) 二维半导体的一个突出优点是面积/体积比大，在制备太阳能电池和催化材料方面有优势。书中专门有一章介绍二维半导体材料在催化方面的应用。总之，目前二维半导体的实用器件还不多。有些已发表的文章中的器件都是概念性的，只强调了它的优点，没有和相应的体材料器件做比较。真正实用的、性价比超过体材料器件的还不多，有待于深入研究。

夏建白

2022 年 5 月 1 日

目　录

第 1 章 晶体结构和能带

1.1 氮 化 硼 [1]

这里使用基于密度泛函理论 (DFT) 的第一原理,利用投影缀加平面波 (PAW) 和广义梯度近似 (GGA)，以及 PW91 软件包计算能带。氮化硼 (BN) 的原子排列和二维能带、态密度如图 1.1 所示。图 1.1(a) 右图是总电荷密度分布ρ_{BN} 和电荷密度差$\rho_{\mathrm{BN}}-\rho_{\mathrm{B}}-\rho_{\mathrm{N}}$，其中$\rho_{\mathrm{B}}$、$\rho_{\mathrm{N}}$ 分别是硼 (B) 和氮 (N) 的平均电荷密度。由图 1.1(a) 可见，电荷都由 B 原子转移到 N 原子，按照 Lowdin 分析，电荷转移量为 ΔQ=0.429 个电子，因此它们之间的键是离子型的。图 1.1(b) 左图是能带图，B-p_z 态和 N-p_z 态形成成键态和反键态，打开了能隙。右图是 N 和 B 的分波态密度，实线是总态密度 (DOS)。红色是 s 电子的贡献，绿色是 p 电子的贡献。由图可见，N 的价带和 B 的导带主要由 p 电子构成，而最下面的价带则由 s 电子构成。计算中取 $a_1 = a_2$=2.511 Å，得到能隙 E_{g}=4.64 eV(间接)。

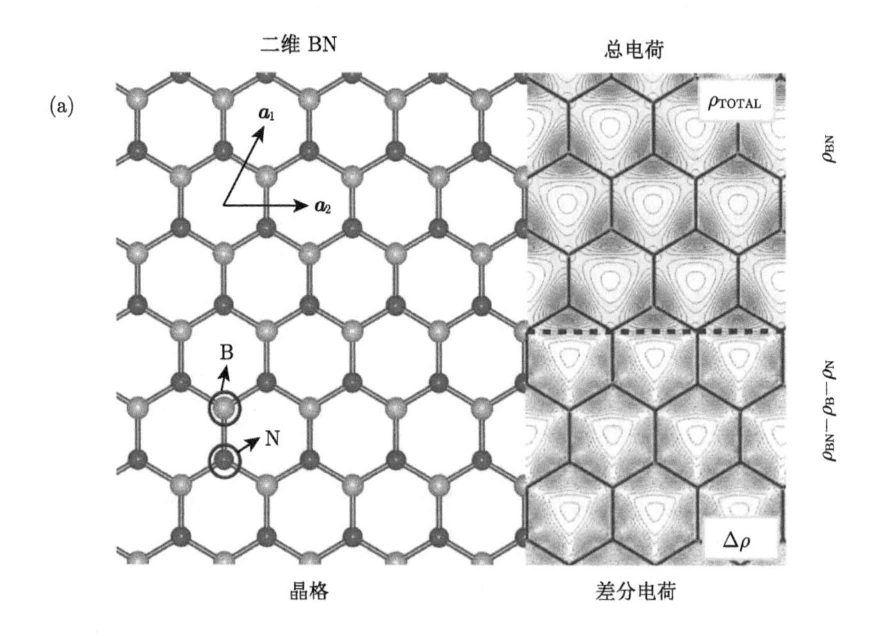

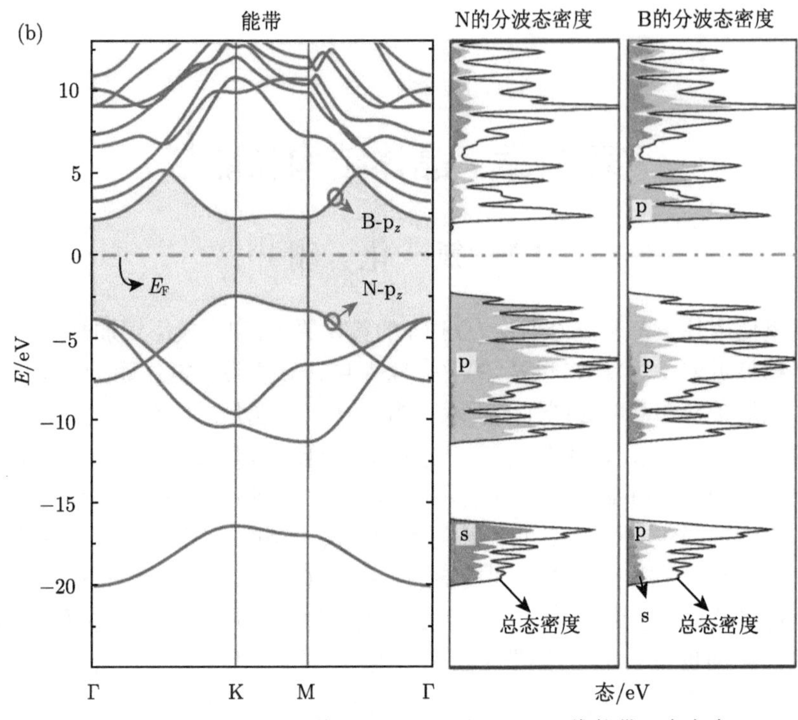

图 1.1 BN 的 (a) 原子排列和元胞，以及 (b) 二维能带、态密度

1.2 黑 磷 [2]

白磷的分子式为 P_4，分子中的原子构成一个四面体，具有 6 个键，与每个磷原子近邻的有 3 个键，还有一个单独的悬键。3 个键和一个悬键由 3s 和 3p 原子轨道的杂化产生。一般地，对这种杂化，键和悬键形成 109.5° 角。但是由于 P_4 的分子结构，键之间的角是 60°，这样小的角度产生应变，导致了白磷的不稳定性。

由于 sp^3 杂化，黑磷 (black phosphorus, BP) 的原子排列不是平面的，而是皱曲的，如图 1.2 所示。元胞取顶层 4 个相同的相邻原子 (红色) 组成，因此一个元胞中包括 1 个顶层原子 (红色) 和 2 个底层原子 (蓝色)。

用基于密度泛函理论的第一原理计算黑磷的能带，结果如图 1.3 所示。由图可见，黑磷是一个直接带隙或近似直接带隙的半导体，导带底在 Γ 点，而价带顶在 Γ 点附近的 Γ-Y 方向上，如图 1.3(c) 所示，价带顶位于 $0.06\times2\pi/a_y$，其中 a_y 是 y 方向的晶格常数，带隙为 0.8 eV。

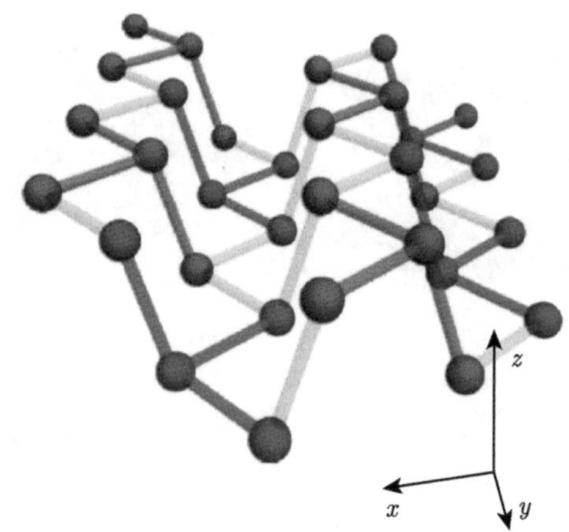

图 1.2 黑磷的原子排列，两种颜色代表 P_4 原子团的不同取向，所有键都是相同的，颜色只为了方便

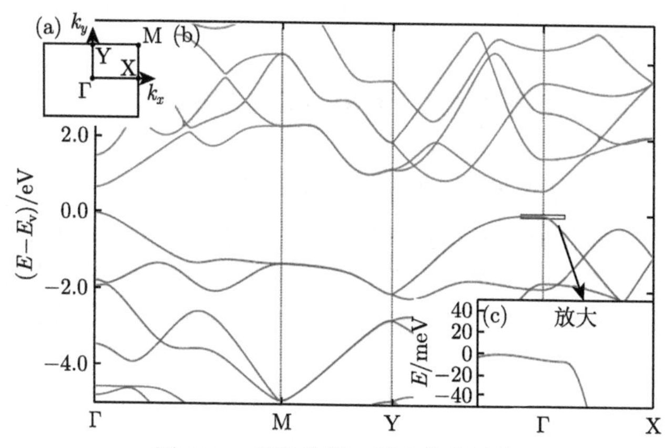

图 1.3 黑磷的第一原理能带结构

(a) 布里渊区的高对称点；(b) 能带结构；(c) Γ 点附近的价带细节

1.3 砷烯和锑烯 [3]

砷 (As) 的体材料 (灰砷) 本来就是一种层状材料，它的晶体结构如图 1.4(a)、(b) 所示，它的层间距离、键长和键角分别为 2.04 Å、2.49 Å 和 97.27°。砷烯 (arsenene) 就是其中的一层，由于晶格畸变，相应的键长和角度分别为 2.45 Å 和 92.54°，锑烯 (antimonene) 也有类似的畸变。

图 1.4(c)、(d) 分别是单层砷烯的顶视图和侧视图，它不是平面的，而是皱曲的，原子分 2 层排列，层之间距离为 d=1.35 Å，原子是六角排列的，但不在一个平面上。图 1.4(c) 中圆圈画的 6 个原子排列如图 1.4(d) 所示。

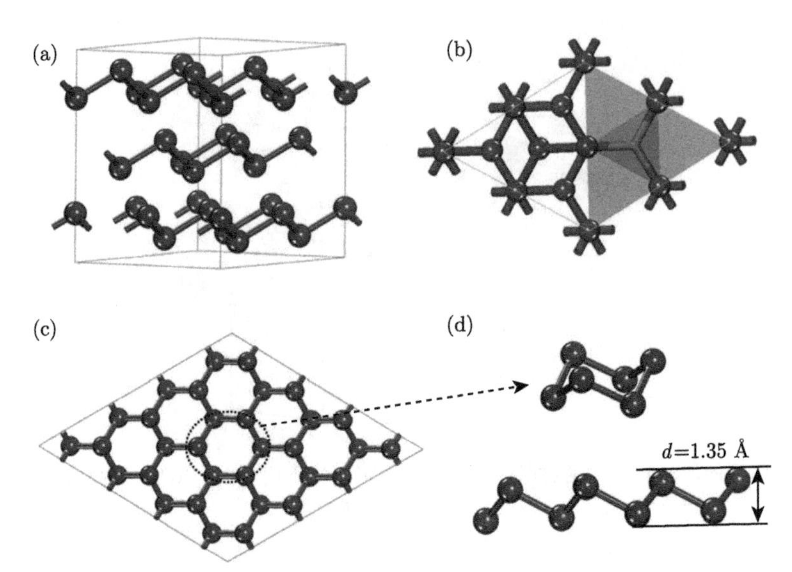

图 1.4　(a)、(b) 体砷原子结构的侧视图和顶视图；(c)、(d) 砷烯原子结构的顶视图和侧视图

由于体砷的结构类似于石墨，而石墨烯就能在 SiC 或金属表面上生长和剥离，所以预计砷烯或者锑烯也能用类似的方法生长。

图 1.5(a)~(c) 分别是 3 层、2 层和单层砷烯的能带图，(d)~(f) 分别是 3 层、2 层和单层锑烯的能带图。它们最大的差别是带隙：3 层、2 层和单层砷烯的带隙分别是 0 eV、0.37 eV 和 2.49 eV；3 层、2 层和单层锑烯的带隙分别是 0 eV、0 eV 和 2.28 eV。所以单层的砷烯和锑烯都由金属变成了宽禁带半导体，但其是间接能隙。

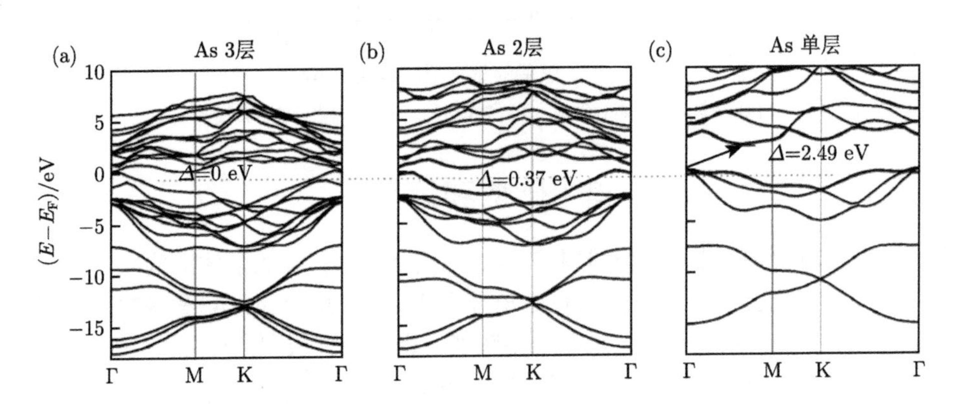

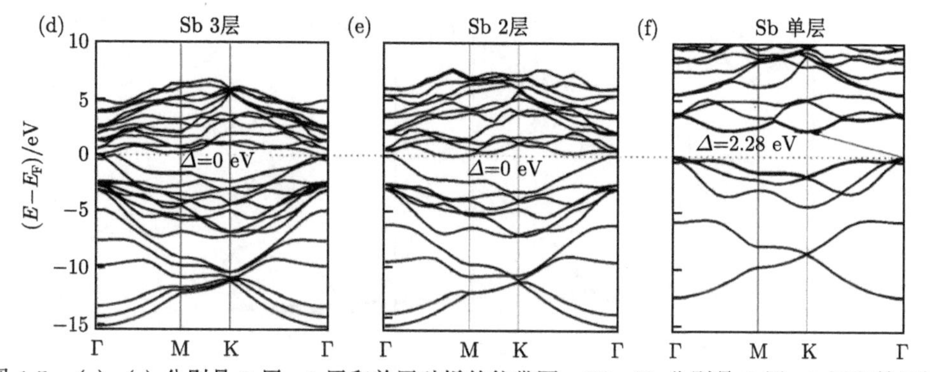

图 1.5 (a)~(c) 分别是 3 层、2 层和单层砷烯的能带图；(d)~(f) 分别是 3 层、2 层和单层锑烯的能带图

1.4 MX_2(M=Mo, W; X=S, Se)[4]

MX_2 是一种由 MX_2 单层组成的层状半导体，单层之间由范德瓦耳斯力结合，具有间接带隙 1.29 eV。由于层与层之间相对弱的相互作用，以及层内的强相互作用，所以可以像石墨烯一样，用机械剥离的方法制造单层。

图 1.6 是 MX_2 单层原子排列的顶视图和侧视图，绿色是 M 原子，黄色是 X 原子。从顶视图看是六角排列，实线菱形是元胞。

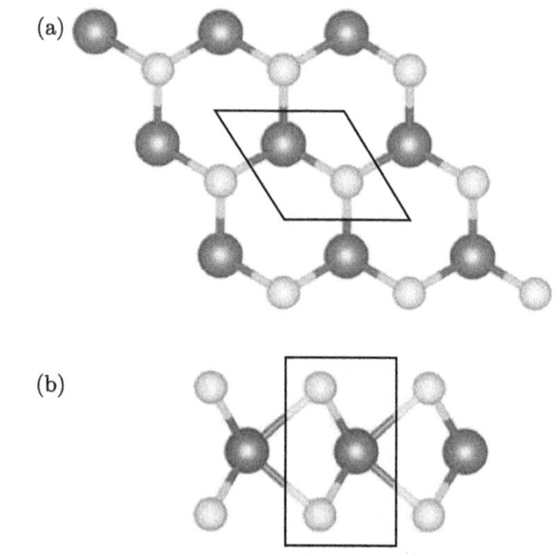

图 1.6 MX_2 单层原子排列的 (a) 顶视图和 (b) 侧视图

图 1.7 是第一原理方法计算的 4 种 MX_2 单层材料的能带，由图可见，4 种单层材料都是直接带隙，带隙分别为 1.54 eV, 1.45 eV, 1.82 eV, 1.67 eV。

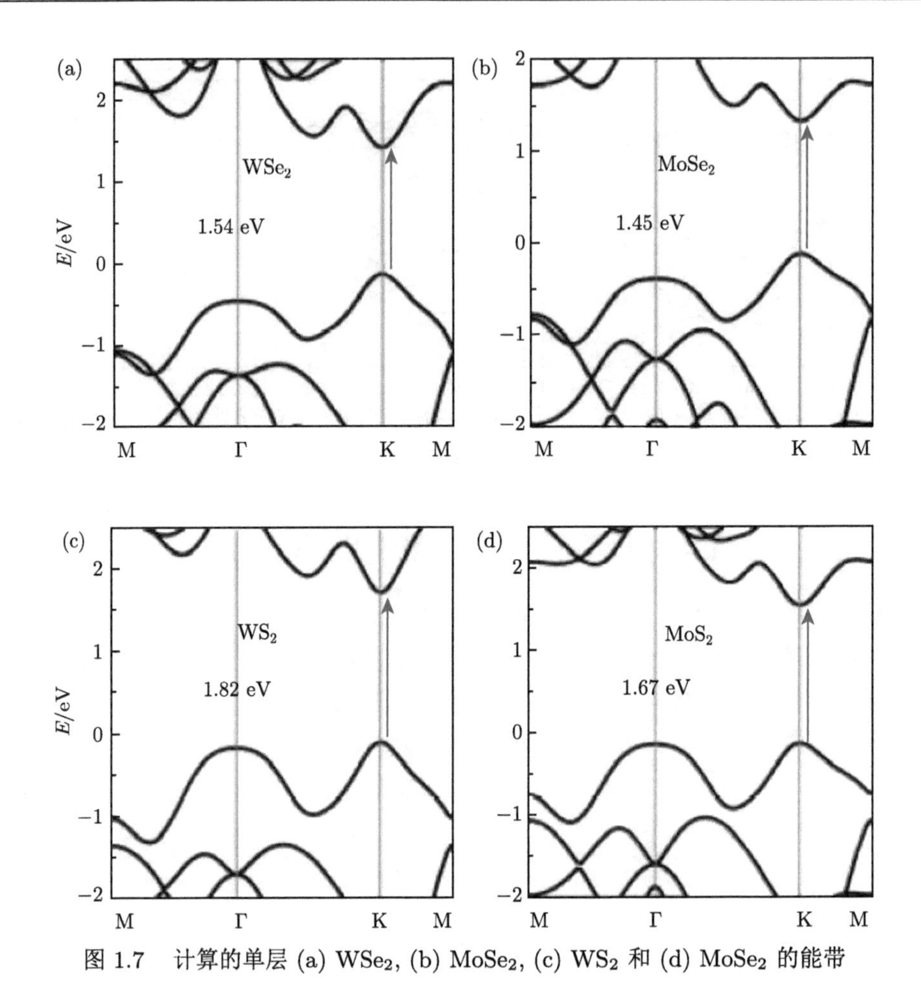

图 1.7　计算的单层 (a) WSe_2, (b) $MoSe_2$, (c) WS_2 和 (d) $MoSe_2$ 的能带

1.5　VX_2($X = S, Se$ 和 Te)[5]

钒 (V) 是铁磁金属，因此 VX_2 具有铁磁性。它也是层状化合物，类似于 MX_2。单层 VX_2 原子排列的顶视图和侧视图如图 1.8 所示。蓝色是 V 原子，黄色是 X 原子。元胞基矢为 $\boldsymbol{a}$ 和 $\boldsymbol{b}$。VS_2、VSe_2 和 VTe_2 的晶格常数分别为 3.173 Å、3.325 Å 和 3.587 Å。

这里用各种第一原理方法 GW、GGA、GGA+U、HSE (Heyd-Scuseria-Ernzerhof) 计算了单层 VX_2 的能带，如图 1.9 所示。它们是自旋极化的，分多数自旋 (自旋向上，蓝色) 和少数自旋 (自旋向下，红色)。计算得到的带隙各不相同，由 HSE 方法计算的 3 种单层化合物的带隙分别为 1.110 eV、1.150 eV 和 0.560 eV，如图 1.9(d)~(f) 中的紫色星号表示。

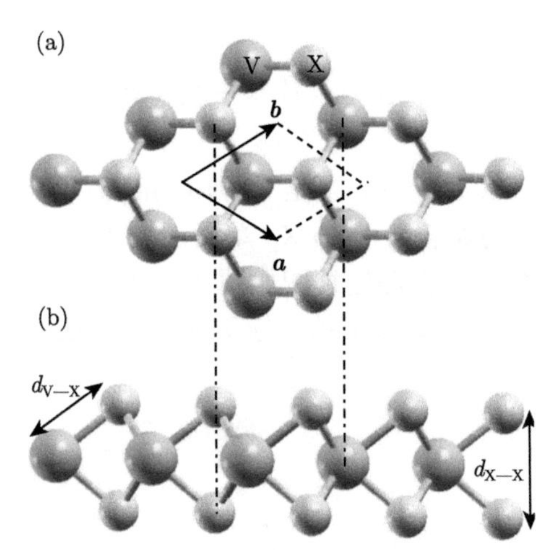

图 1.8 单层 VX_2 (X = S, Se 和 Te) 原子排列的 (a) 顶视图和 (b) 侧视图

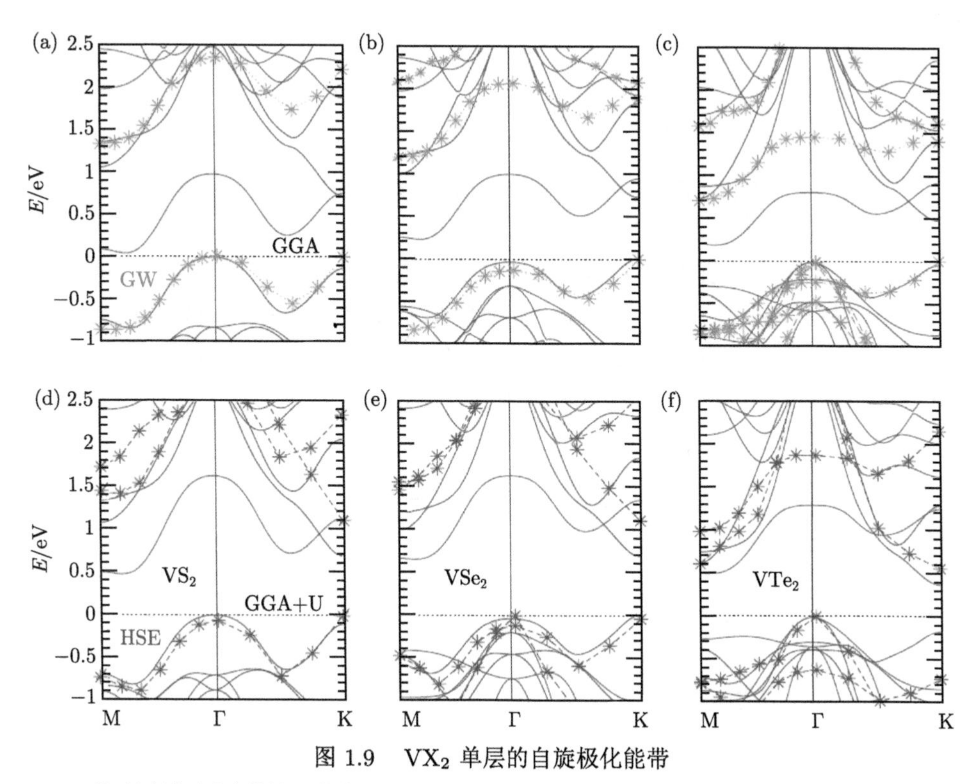

图 1.9 VX_2 单层的自旋极化能带

(a)~(c) 是不包括作为库仑能量 U 的结果；(d)~(f) 是包括 U 的结果；蓝线和红线分别表示自旋向上和自旋向下通道；费米能量 E_F 由点水平线表示，在 0 eV；GW/HSE 计算的最高价带和最低导带分别由绿色和紫色星号表示

1.6　SnX_2(X=S, Se)[6]

类似于 MX_2 和 VX_2，SnX_2 也是一种由 SnX_2 单层组成的层状材料，层与层之间由范德瓦耳斯力结合，但 SnX_2 单层的原子结构与 MX_2 和 VX_2 不同 (图 1.6 和图 1.8)，它的顶视图和侧视图如图 1.10 所示。主要差别是上面一层 X 原子 (S 或 Se) 与下面一层 X 原子的坐标不同。元胞还是平面六角晶格的元胞，如图 1.10 的虚线所示。

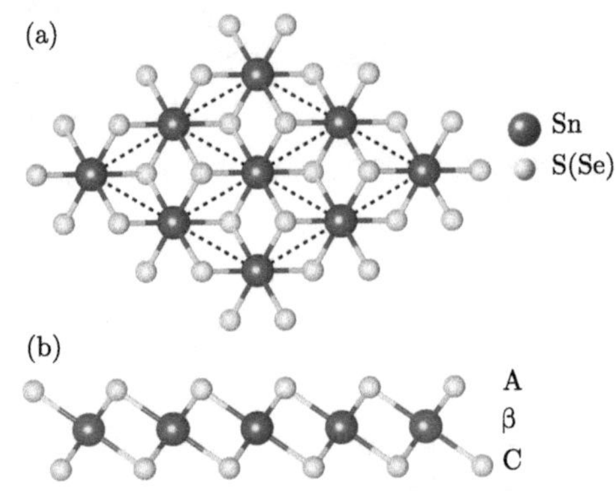

图 1.10　SnX_2 单层的原子结构的 (a) 顶视图和 (b) 侧视图

由第一原理方法计算的 SnX_2 单层能带如图 1.11 所示。与 MX_2 不同，SnX_2 单层和体材料一样，仍是间接带隙。价带顶在 Γ-M 线上一点，而导带底在 M 点。单层的间接带隙分别为 E_g^{in}=2.41 eV, 1.69 eV，在 M 点的直接带隙 E_g^{dir}=2.68 eV, 2.04 eV。图 1.11 还包括 2 层、3 层、4 层的能带图，基本与单层的能带相同。由

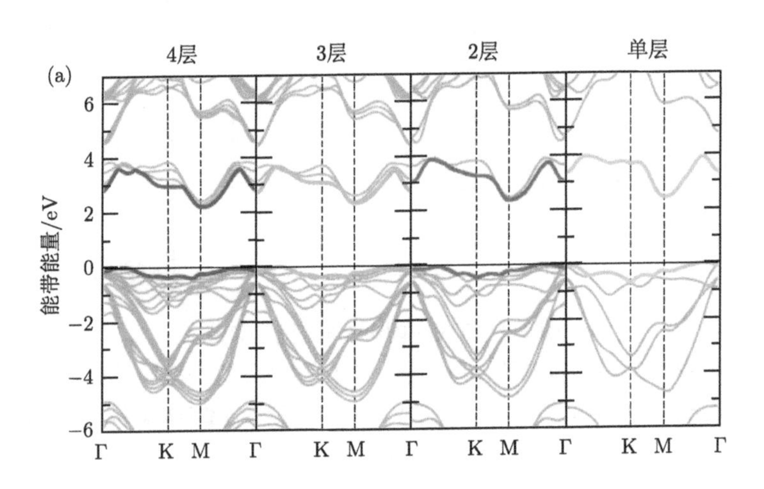

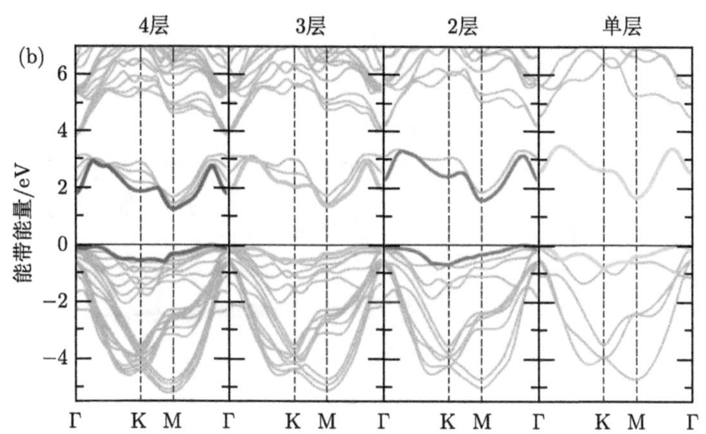

图 1.11 第一原理计算的 (a) SnS_2 和 (b) $SnSe_2$ 的 4 层、3 层、2 层、单层结构的能带，彩色粗线是为了看清楚导带底和价带顶

分波态密度可见，对体或少层结构，价带顶主要由硫属原子 (S 或 Se) 的 p 和 d 轨道组成，而导带底主要由锡 (Sn) 原子 s 轨道组成。由于 SnX_2 中自旋轨道耦合效应很小，计算中没有考虑。

通过拟合布里渊区 k_x 和 k_y 方向的二维能带，可得到 SnX_2 单层层内的电子和空穴有效质量，发现电子和空穴的有效质量都相当大，见表 1.1。

表 1.1 由二维能带拟合的电子和空穴有效质量 (例如，SnS_2 的电子有效质量 $m_{e(k_x)}$ 为 $0.342m_0$)

SnX_2	$m_{e(k_x)}/m_0$	$m_{e(k_y)}/m_0$	$m_{h(k_x)}/m_0$	$m_{h(k_y)}/m_0$
SnS_2	0.342	0.815	0.342	2.266
$SnSe_2$	0.348	0.811	0.354	2.188

1.7 MX(M=Sn, Ge; X=S, Se)[7]

MX 的单层结构类似于黑磷 (图 1.2)，单层材料不是平的，而是皱曲的。原子结构的 (x-z 平面)、(y-z 平面) 侧视图和顶视图由图 1.12(a)~(c) 表示，(d) 是平面布里渊区和对称点。

每个原子与近邻的 3 个其他原子以共价键结合，形成交替原子组成的锯齿形原子链。每个原子还有一个悬挂 (空) 键，其他三个键形成四角坐标，如黑磷那样，造成了特征性的波动结构。

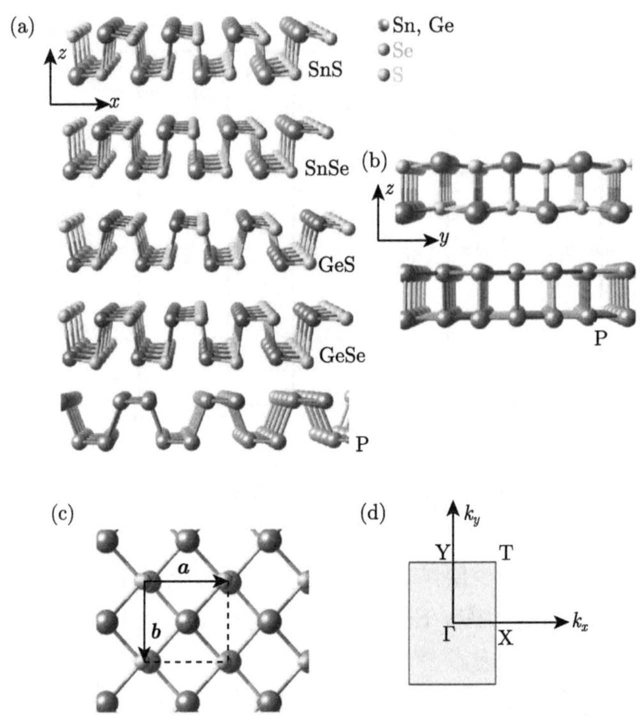

图 1.12　单层 MX 原子结构的 (a), (b) (x-z 平面)、(y-z 平面) 侧视图和 (c) 顶视图，(c) 中方形是元胞，$\boldsymbol{a}$ 和 $\boldsymbol{b}$ 是元胞基矢；(d) 平面布里渊区和对称点

如图 1.12，定义 z 方向为垂直单层方向，x 方向沿锯齿方向，y 方向沿相同原子 (如 Sn) 排列方向。对体 SnS，晶格常数 a=4.33 Å，b=3.98 Å，c=11.20 Å；对 SnSe，a=4.44 Å，b=4.15 Å，c=11.50 Å。单层和双层结构晶格常数变化不大。

4 种 MX 化合物的单层结构的能带如图 1.13 所示。红色点表示导带底，橙色点表示第二导带底，绿色点表示价带顶。由图可见，SnSe、GeSe 是直接带隙，SnS 是近直接带隙，而 GeS 是间接带隙，带隙能量约为 1.5 eV。

对 MX 化合物，一些晶格对称性操作，包括反演，只在体或者偶数层系统中存在。在这种情况下，反演对称性阻止了自旋–轨道 (SO) 分裂。相反地，Ⅳ 族硫化物单层的导带和价带谷显示了大的自旋–轨道分裂。为了研究自旋耦合效应，这里采用了基于 GGA 的全相对论计算，SnSe 单层的计算结果示于图 1.14，其他化合物的结果类似。由图可见，布里渊区所有能带的简并都解除了，除了 Γ-X 线，因为 C_2 转动对称性和 xz 镜向对称性还在保留。对所有系统，导带底在 Γ-Y 线上。对 SnSe，自旋–轨道分裂 (向下) 52 meV，接近 Y 点。而 Γ-X 方向上的导带底只位移了 38 meV，因此在 Y 点形成了一个新的导带底。(图 1.13) 同样的情况也发生在 GeSe，在 Y 点的导带底向下分裂 50 meV。而最大的分裂能量在 SnS，为 86 meV。相对来说，价带的自旋轨道分裂能量较小，一般为 10 meV 左右。这种情况与过渡金属的二硫化合物 (TMD) 正好相反，在 TMD 中，导带的自旋轨道分裂能量为 3~30 meV，而价带的自旋轨道分裂能量为 0.15~50 meV 量级。

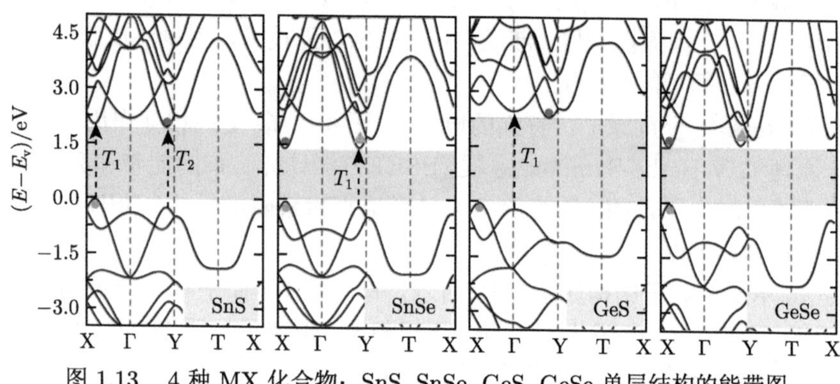

图 1.13　4 种 MX 化合物：SnS, SnSe, GeS, GeSe 单层结构的能带图

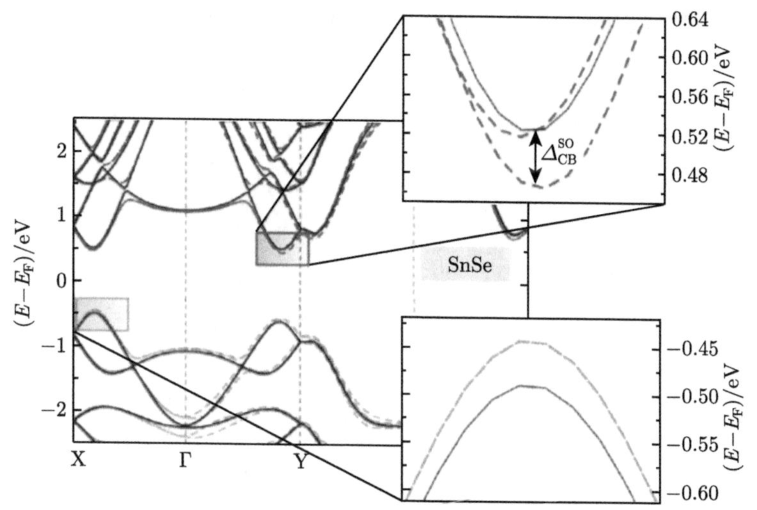

图 1.14　单层 SnSe 的能带，实线是没有自旋轨道分裂效应，虚线是有自旋轨道分裂效应

1.8　ReX_2(X=S, Se)[8]

过渡金属二硫化物 (TMD，见 1.4 节) 有许多优点，在光电器件方面有广阔的应用前景。但由于层间的相互作用，以及屏蔽随层数的变化，不同层数的结构具有本质的差别，例如，在 MoS_2 中观察到由单层的直接带隙变到多层的间接带隙，这限制了它们在光电器件中的应用。

ReX_2 是一类新的过渡金属二硫族化合物 (TMDC)，由于铼 (Re) 原子的额外价电子的电荷退耦作用，它们的原子结构是 1T 金刚石链结构，具有三斜对称性。这种结构畸变导致了非常弱的层间耦合。因此体 ReX_2 就好像由电和振动退耦的单层组成。这种零的层间耦合使得这类二维 (2D) 系统不需要严格要求单层或多层，克服了制备大面积单晶单层的困难。此外，1T-ReX_2 还有许多独特的各向异性电学和力学性质，在偏振控制器、液晶显示、三维可见技术、(生物) 皮肤学、光学量子计算机等方面都可能有应用。

因为 Re 是一个重原子，有强的电子–电子和电子–空穴相互作用，所以这里用第一原理 GW-Bethe-Salpeter 方程 (BSE) 方法计算它们的能带和激发态性质。自能修正不仅增大了带隙，还将 $ReSe_2$ 转变成直接带隙半导体。BSE 计算的吸收谱与实验符合得很好。

ReX_2 单层的原子结构如图 1.15 所示。每一个 Re 原子有 4 个键与相邻的 X 原子相连，同时它又与一个相邻的 Re 原子相连，形成了如图 1.15(a) 中红线表示的“金刚石链”，元胞是紫色的菱形。图 1.15(b) 是单层的侧视图。S 和 Se 原子完全不在同一个平面上，大大降低了结构的对称性。第一布里渊区如图 1.15(c) 所示，是一个稍微拉长的六边形，所以它的对称点都是不等价的。

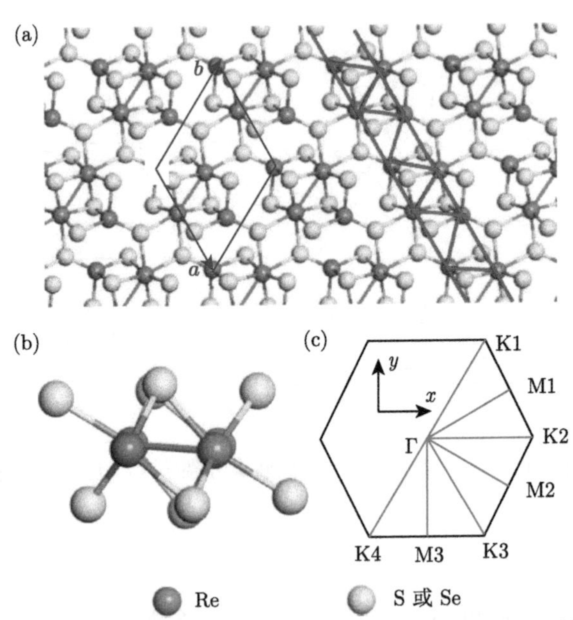

图 1.15　ReX_2 单层的原子结构 (a) 顶视图，金刚石链由红色标记，沿着元胞基矢 $\boldsymbol{a}$ 方向，紫色标记元胞，沿着另一个基矢 $\boldsymbol{b}$；(b) 单层的侧视图；(c) 第一布里渊区和对称点

图 1.16 是用密度泛函理论计算的 ReS_2 和 $ReSe_2$ 单层能带，没有考虑自旋轨道耦合 (SOC) 效应。图 (b) 中的方格是 Γ 点的导带和价带细节。由图可见，ReS_2

是直接带隙，而 $ReSe_2$ 是间接带隙。考虑了多电子效应，包括自能的 GW 计算将 ReS_2 和 $ReSe_2$ 的带隙由图 1.16 中的约 1.2 eV 分别增加为 2.38 eV 和 2.09 eV。自能不仅增加了带隙，而且还改变了能带的拓扑。电子–电子 (e-e) 相互作用降低了 $ReSe_2$ 在 Λ 点的能量，约 50 meV，使得价带顶移到 Γ 点，$ReSe_2$ 变成了直接带隙半导体。

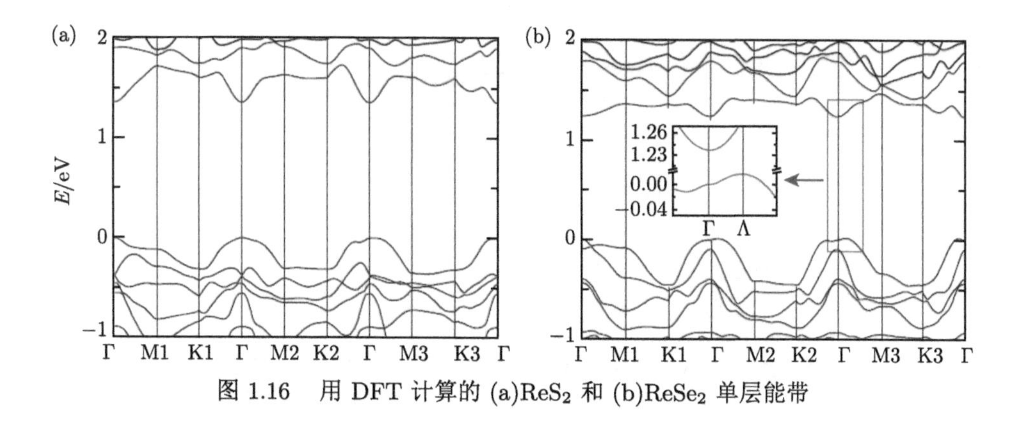

图 1.16 用 DFT 计算的 (a)ReS_2 和 (b)$ReSe_2$ 单层能带

1.9 MX (M = B, Al, Ga, In; X = O, S, Se, Te)[9]

MX 是 Ⅲ 族的硫族化合物，它们本身是一种体材料，不像前几节介绍的化合物，由层状材料组成。但是理论计算证明，它们还存在着单层材料的形式。例如，理论工作以后的实验研究报道了在不同衬底上生长出了硅烯 (silicene)、锗烯 (germanene) 和锡烯 (stanene)。

MX 单层材料具有不同的应用前景。单层 GaS 和 GaSe 能用于光探测器，因为它们在紫外和可见波长具有强的吸收性。GaS 单层在不同的气体环境中具有强的和独特的光响应行为。理论上已经提出，单层 GaS 和 GaSe 可以用作分解水的催化剂，因为它们的带边位置和水的氧化还原势 (redox) 相当。此外实验和理论都已经证明 GaX 的带隙和光学性质能够被力学形变控制。

MX 单层材料原子结构的顶视图和侧视图如图 1.17 所示。从顶视图上看，它们是正六角结构，从侧视图上看，两类原子分 4 层排列，中间两层是 M 原子，它们之间形成共价键，上层和底层是 X 原子，它们分别与中间的 M 原子形成部分共价键，由两类原子的电负性决定。元胞基矢为 $\boldsymbol{a}_1$ 和 $\boldsymbol{a}_2$。X 原子的电负性比 M 原子强，两者的电负性相差越大，就有越多的电子集中到 M—X 键上，这些键是互相排斥的，因此增加了键之间的夹角θ。氧化物的电负性差 $\Delta\chi$ 最大，因此θ 也最大，在 107° 左右，而其他化合物的θ 较小，为 100° 左右。

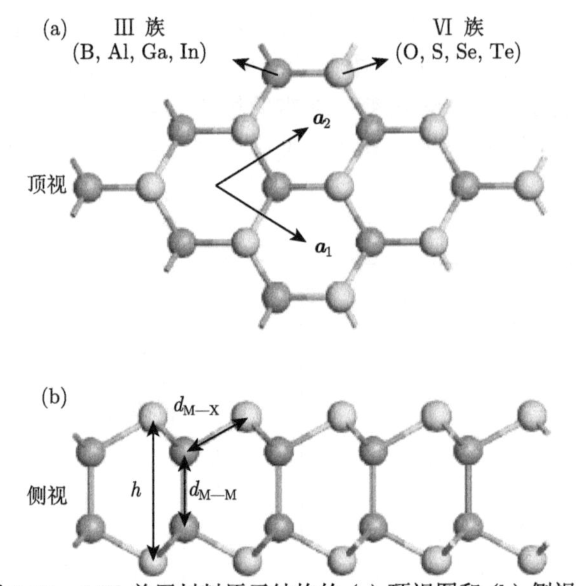

图 1.17　MX 单层材料原子结构的 (a) 顶视图和 (b) 侧视图

a_1 和 a_2 为元胞基矢；d_{M-M} 和 d_{M-X} 为键长；h 为层厚度

这类材料的弯曲强度 D 很大。利用 Γ 点的二次声子色散曲线的曲率，用 Lifshitz 公式就能计算 D：

$$\omega = \sqrt{\frac{D}{\rho_{2D}}}q^2$$

式中，ρ_{2D} 是二维质量密度。用以上公式，计算得到石墨烯的 D=1.5 eV，而单层 MX 的 D 比石墨烯的 D 大一个数量级，例如，BO，D=30 eV；最小的 InTe，D=9 eV；其他单层化合物的 D 在这两者之间，这是由垂直表面的 M—M 共价键导致的。

图 1.18 为计算的 4 种单层氧化物的能带，实黄线和虚红线分别为 PBE (Perdew-Burke-Ernzerhof) 和杂化 HSE 函数计算的。能隙由浅绿色标记，都是间接能隙，绿色和红色的数字分别是 PBE 和 HSE 计算的结果。PBE 方法一般低估了能隙，而采用 HSE 方法，能将能隙增加到 1.21～6.24 eV。对 BO 和 AlO，导带底在 M 点；对 GaO 和 InO，导带底在 Γ 点。价带顶在 Γ-K 线上，沿着 Γ-K-M-Γ 线，最高的价带具有双峰的形状，称为“墨西哥帽”色散。这种色散造成了环状的价带边，它能导致二维态密度的 $1/\sqrt{E}$ 奇点。

除单层氧化物外，其他的单层 MX 系统的能带如图 1.19 所示，计算用 PBE 方法。排列次序是自左至右按照负电势χ(M) 减少的方向。由图可见，所有的单层 MX(包括氧化物) 都是间接带隙半导体，带隙由图上数字标记。导带底在 Γ 点或 M 点，价带顶沿 Γ-K-M-Γ 线，具有双峰结构，也就是“墨西哥帽”结构。

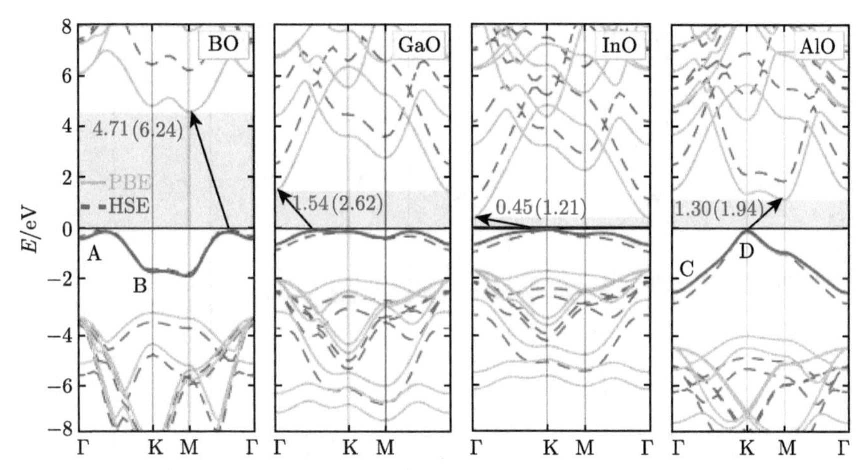

图 1.18 4 种单层氧化物的能带，实黄线和虚红线分别为 PBE 和杂化 HSE 函数计算的

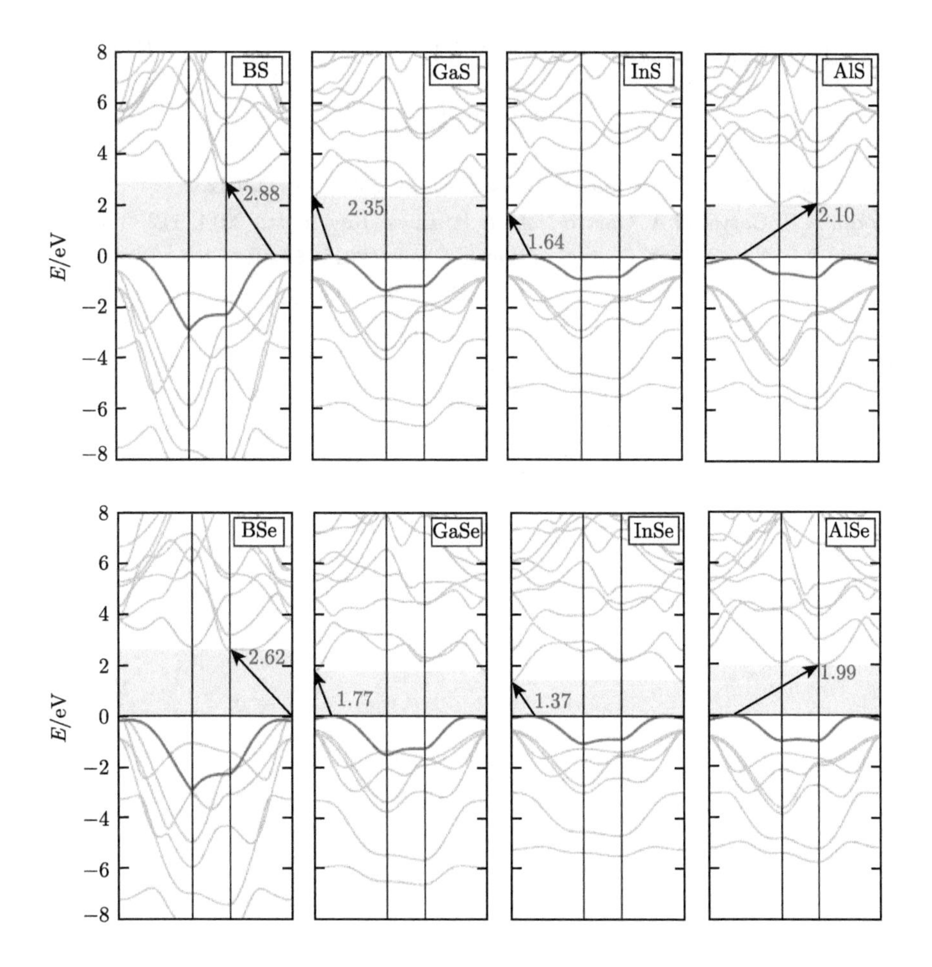

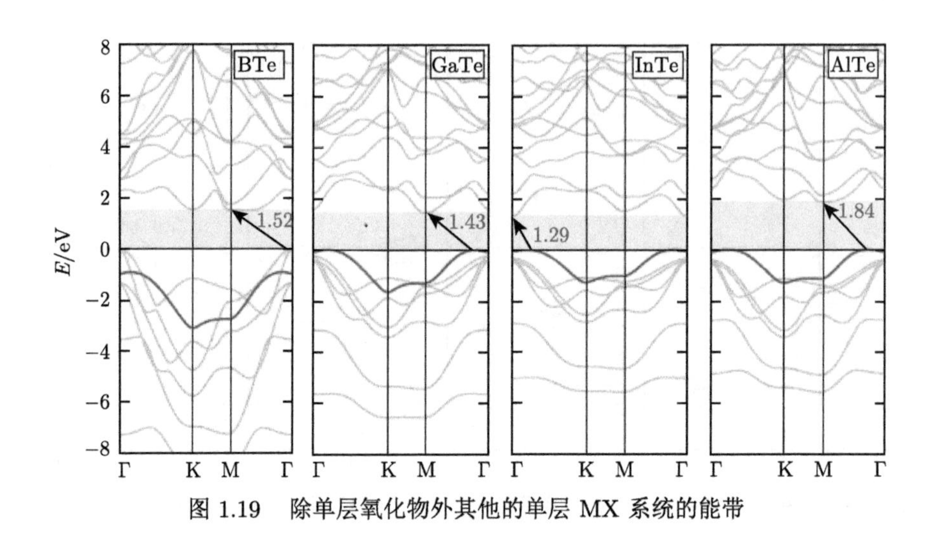

图 1.19　除单层氧化物外其他的单层 MX 系统的能带

注：以上 9 节里材料的物理常数依次列于附录中的表 A-1 ~ 表 A-8。

参 考 文 献

[1] Topsakal M, Akturk E, Ciraci S. Phys. Rev. B, 2009, 79: 115442.

[2] Rodin A S, Carvalho A, Castro Neto A H. Phys. Rev. Lett., 2014, 112: 176801.

[3] Zhang S L, Yan Z, Li Y F, et al. Angew. Chem., 2015, 54: 1.

[4] Gao Q, Li X P, Li M, et al. Phys. Rev. B, 2019, 100(Supplement Material): 115439.

[5] Fuh H R, Chang C R, Wang Y K, et al. Scientific Reports, 2016, 6: 1.

[6] Gonzalez J M, Oleynik I I. Phys. Rev. B, 2016, 94: 125443.

[7] Gomes L C, Carvalho A. Phys. Rev. B, 2015, 92: 085406.

[8] Zhong H X, Gao S Y, Shi J J, et al. Phys. Rev. B, 2015, 92: 115438.

[9] Demirci S, Avazli N, Durgun E, et al. Phys. Rev. B, 2017, 95: 115409.

第 2 章　第一性原理计算方法

由于早期的计算能力较弱，所以当时的科学研究主要是理论和实验相结合。随着科学技术的发展，我们现在已经完全能够从量子力学的基本原理出发来计算体系的各种性质。这使得计算和理论、实验形成三足鼎立之势，计算已然成为一种重要的科研手段。第一性原理计算 (first principle calculation) 方法，也称为从头计算 (*ab initio* calculation) 理论。顾名思义，它从物质的本源出发，通过计算来模拟物质的微观世界。我们之所以称其为第一性原理，是因为它不依赖于其他经验参数，仅仅从电子的质量 m_e、电子的电荷量 e、光速度 c、普朗克常量 h、玻尔兹曼常量 k_B，以及质子和中子的质量 m_p 等少数基本实验数据出发，利用量子力学的理论来计算原子核与电子之间的相互作用，从而得到晶体基态的几何结构、电子性质等微观物理性质。

2.1　量子力学理论基础简介

2.1.1　多粒子体系薛定谔方程

在非相对论条件下，对于包含大量原子核和电子的固体体系，其薛定谔方程为

$$\left(\hat{H}_\mathrm{N}+\hat{H}_\text{e-N}+\hat{H}_\mathrm{e}\right)\psi\left(\boldsymbol{r},\boldsymbol{R}\right)+E\psi\left(\boldsymbol{r},\boldsymbol{R}\right) \tag{2.1}$$

式中，$\hat{H}_\mathrm{N}$ 和 $\hat{H}_\mathrm{e}$ 分别代表原子核与电子的哈密顿量；$\hat{H}_\text{e-N}$ 是原子核与电子之间相互作用的哈密顿量；$\boldsymbol{R}$ 和 $\boldsymbol{r}$ 分别表示该体系中所有原子核的坐标集合 $\{\boldsymbol{R}_i\}$ 以及所有电子的坐标集合 $\{\boldsymbol{r}_i\}$。原子的内层电子相对价电子比较稳定，因此我们可以将内层电子和原子核看作离子实，将固体体系看作是由价电子和离子实构成的。那么在没有外场的情况下，体系的哈密顿量可以写为

$$\begin{aligned}\hat{H}&=\hat{H}_\mathrm{N}+\hat{H}_\mathrm{e}+\hat{H}_\text{e-N}\\&=-\sum_j\frac{\hbar^2}{2M_j}\nabla_j^2+\sum_{j,j'}{}^{'}\frac{z_jz_{j'}}{|\boldsymbol{R}_j-\boldsymbol{R}_{j'}|}-\sum_i\frac{\hbar^2}{2m}\nabla_i^2+\sum_{i,i'}\frac{e^2}{|\boldsymbol{r}_i-\boldsymbol{r}_{i'}|}-\sum_{i,j}\frac{z_je}{|\boldsymbol{r}_i-\boldsymbol{R}_j|}\end{aligned} \tag{2.2}$$

等号右边前四项分别是所有离子实的动能、不同离子实之间的相互作用能、所有价电子的动能，以及价电子之间的库仑相互作用能，最后一项是价电子与离子实

之间的相互作用项。式中，M_j 表示第 j 个离子的质量；z_j 和 $z_{j'}$ 分别表示第 j 和 j' 个离子实的电荷量；m 代表电子的质量。然而，对于晶体这样的多粒子体系，精确地求解其薛定谔方程是难以实现的，因此需要采用一些近似，将求解多粒子体系的问题转化为求单粒子体系的问题。

2.1.2 Born-Oppenheimer 近似

考虑到原子核的质量明显大于电子质量，所以其运动速度比电子慢得多。因此，我们在研究电子结构时常常忽略原子核的速度，并假定此时的电子结构与原子核固定不动时的电子结构相同，这就是玻恩–奥本海默 (Born-Oppenheimer) 近似 [1]。它的核心思想是将原子核与电子的运动分开进行处理：在处理电子运动时，认为原子核是静止不动的；而在处理原子核的运动时，认为高速运动的电子建立了一个平均化的负电荷分布，原子核在此平均势场下运动。

引入 Born-Oppenheimer 近似后，对包含多电子和原子核的体系的定态薛定谔方程进行原子核和电子分离变量后得到

$$\psi(\boldsymbol{r}, \boldsymbol{R}) = \psi_{\mathrm{N}}(\boldsymbol{R}) \cdot \psi_{\mathrm{e}}(\boldsymbol{r}, \boldsymbol{R}) \tag{2.3}$$

$$\widehat{H}_{\mathrm{e}}(\boldsymbol{R})\psi_{\mathrm{e}}(\boldsymbol{r}) = E(\boldsymbol{R})\psi_{\mathrm{e}}(\boldsymbol{r}) \tag{2.4}$$

式中，$\psi_{\mathrm{N}}(\boldsymbol{R})$ 是表示原子核状态的波函数，它只与核的位置相关；$\widehat{H}_{\mathrm{e}}(\boldsymbol{R})$ 和 $\psi_{\mathrm{e}}(\boldsymbol{r},\boldsymbol{R})$ 分别代表电子的哈密顿量及其波函数。Born-Oppenheimer 近似又称为“绝热近似”，它假设电子总是不断地随原子核位置的变化而变化，也可以说电子跟随着原子核且不停地绕着原子核高速运动。在绝热近似下，体系的哈密顿算符可以写为

$$\hat{H} = -\sum_i \frac{\hbar^2}{2m}\nabla_i^2 + \sum_{i,i'} \frac{e^2}{|\boldsymbol{r}_i - \boldsymbol{r}_{i'}|} - \sum_{i,j} \frac{z_j e}{|\boldsymbol{r}_i - \boldsymbol{R}_j|} \tag{2.5}$$

等号右边第一项为电子的动能项；第二项代表电子间的库仑势；第三项表示电子和离子实间的相互作用势。由于存在着电子与电子间的相互作用势，此时的方程仍然难以精确求解，这就需要做进一步的近似处理。

2.1.3 Hartree-Fock 近似

由于电子之间同样存在着相互作用，所以当电子的数目较多时，即便是在 Born-Oppenheimer 近似下，薛定谔方程仍然很难精确求解，因此这仍然需要我们做进一步的简化。哈特里 (Hartree) 提出，可以将电子与电子之间的相互作用简化为某一个单电子在其他电子所产生的平均势场下运动时的相互作用。对于这

种情况，体系中单电子的哈密顿量可以写为

$$\hat{h}_i = -\frac{\hbar^2}{2m_i}\nabla_i^2 - \sum_j \frac{e^2 z}{r_{ij}} + v_i \tag{2.6}$$

其中，

$$v_i = \sum_{j \neq i} \int \frac{|\varphi_j|^2}{r_{ij}} \mathrm{d}\boldsymbol{r}_j \tag{2.7}$$

(2.6) 式右边第一项代表电子所具有的动能；第二项表示电子与体系中离子实的库仑作用能；第三项则为该电子受到体系中其他电子产生的平均势场所产生的库仑势能。那么接下来就需要通过单电子的波函数来写出体系总的多体波函数，于是 Hartree 提出体系的波函数可以看作由分子轨道直接相乘得到的多体波函数，即

$$\psi_N(1,2,3,\cdots,N) = \varphi_1(1)\varphi_2(2)\cdots\varphi_N(N) \tag{2.8}$$

将其称为 Hartree 积，其对应的能量本征值为

$$E_0 = \langle\psi|\hat{H}|\psi\rangle \tag{2.9}$$

可得平均场近似下的单电子薛定谔方程：

$$\left(\hat{h}_i + \sum_{j \neq i} \int \frac{|\varphi_j|^2}{r_{ij}} \mathrm{d}r_j\right)\varphi_i = \varepsilon_i \varphi_i \tag{2.10}$$

该式也称为 Hartree 方程。然而通过分析可以知道，从严格意义上来讲 Hartree 方程是不准确的，因为它忽略了波函数所应具有的对称性，电子是费米子，根据全同粒子体系所要求的，电子的波函数应满足反对称性，即

$$P_{ij}\varphi = -\varphi \tag{2.11}$$

式中，P_{ij} 为粒子坐标置换算符。福克 (Fock) 提出采用如式 (2.12) 形式的斯莱特 (Slater) 行列式作为体系的波函数，

$$\psi_{\mathrm{SD}}(r_1, r_2, \cdots, r_N) = \frac{1}{\sqrt{N!}}\begin{vmatrix} \varphi_1(1) & \varphi_2(1) & \dots & \varphi_N(1) \\ \varphi_1(2) & \varphi_2(2) & \dots & \varphi_N(2) \\ \vdots & \vdots & & \vdots \\ \varphi_1(N) & \varphi_2(N) & \dots & \varphi_N(N) \end{vmatrix} \tag{2.12}$$

改进后的 Hartree 方程称为哈特里–福克 (Hartree-Fock) 方程 [2]，并表示如下：

$$\left[-\frac{\hbar^2}{2m}\nabla^2+V(\boldsymbol{r})\right]\varphi_i(\boldsymbol{r})+\sum_j\int \mathrm{d}\boldsymbol{r}'\frac{\left|\varphi_j\left(\boldsymbol{r}'\right)\right|^2}{\left|\boldsymbol{r}-\boldsymbol{r}'\right|}\varphi_i(\boldsymbol{r})$$

$$-\sum_{j,//}\int \mathrm{d}\boldsymbol{r}'\frac{\varphi_j^*\left(\boldsymbol{r}'\right)\varphi_i\left(r'\right)}{\left|\boldsymbol{r}-\boldsymbol{r}'\right|}\varphi_j(\boldsymbol{r})=\varepsilon_i\varphi_i(\boldsymbol{r}) \tag{2.13}$$

上式等号右边第一项为电子的动能项以及与离子实之间的势能；第二项为第 i 个电子与其余电子之间的库仑势能；第三项为电子间交换作用能，“//” 表示只对自旋方向平行的电子进行求和。Slater 提出采用平均交换势来替代实际的交换作用势，这样就把多电子体系的 Hartree-Fock 方程简化为单电子有效势方程，表示如下：

$$\left[-\frac{\hbar^2}{2m}\nabla^2+\bar{V}_{\mathrm{eff}}\left(\boldsymbol{r}\right)\right]\varphi\left(\boldsymbol{r}\right)=\varepsilon\varphi(\boldsymbol{r}) \tag{2.14}$$

其中，

$$\bar{V}_{\mathrm{eff}}\left(\boldsymbol{r}\right)=V\left(\boldsymbol{r}\right)+V_{\mathrm{c}}\left(\boldsymbol{r}\right)+\bar{V}_{\mathrm{ex}}\left(\boldsymbol{r}\right) \tag{2.15}$$

$$V_{\mathrm{c}}(\boldsymbol{r})=\sum_j\int \mathrm{d}\boldsymbol{r}'\frac{\left|\varphi_j\left(\boldsymbol{r}'\right)\right|^2}{\left|\boldsymbol{r}-\boldsymbol{r}'\right|} \tag{2.16}$$

$$\bar{V}_{\mathrm{ex}}(\boldsymbol{r})=-\frac{\displaystyle\sum_{i,j,//}\int \mathrm{d}\boldsymbol{r}'\varphi_i^*(\boldsymbol{r})\varphi_j^*\left(\boldsymbol{r}'\right)\frac{1}{\left|\boldsymbol{r}-\boldsymbol{r}'\right|}\varphi_j(\boldsymbol{r})\varphi_i\left(\boldsymbol{r}'\right)}{\displaystyle\sum_i\left|\varphi_i(\boldsymbol{r})\right|^2} \tag{2.17}$$

至此，通过绝热近似、单电子近似等处理得到了 Hartree-Fock 方程，这也是密度泛函的理论基础。

2.2 密度泛函理论简介

对于具有少量原子的体系来说，Hartree-Fock 方法比较方便，但是 Hartree-Fock 方法将电子间的瞬时相互作用完全忽略，导致这种方法给出的计算结果偏差较大；并且对于原子数较多的体系，这种方法的计算量急剧增加，这些缺陷限制了其进一步的应用。在这样的背景下，密度泛函理论 [3] 诞生了，它是由霍恩伯格 (Hohenberg) 和科恩 (Kohn) 在托马斯–费米 (Thomas-Fermi) 理论的基础上研究发展出的量子理论表述方式。Hohenberg 和 Kohn 于 20 世纪 60 年代提出了两个基本定理，之后 Kohn 和沈 (Sham) 的工作真正把这个方法变为实际可行的理论方法。

Hohenberg 和 Kohn 于 1964 年证明了多粒子体系的性质由粒子密度的空间分布所决定，于是提出了如下两个基本定理，称为霍恩伯格–科恩 (Hohenberg-Kohn) 定理，表述如下：

定理一：在全同费米子系统中，非简并基态的密度 n 唯一地决定了外势，也就是说体系的能量和电子密度分布具有一一对应的关系。

定理二：当体系的电子数不变时，基态能量下电子密度分布对应的最低能量就是体系的基态能量。

在一个多粒子体系中，如果想要完全确定体系的所有性质，那么体系的外势就需要由电子密度决定，然后确定体系唯一的基态哈密顿量。这样，体系的总能量、电子间相互作用能等都是电子密度的泛函。然而我们发现，如何解决外势的表示以及如何通过电子密度来构造体系能量的泛函还都未知，Hohenberg-Kohn 定理并没有给出关于电子密度的能量泛函的具体函数表达式。在 1965 年，Kohn 和 Sham 提出，有相互作用电子体系的基态电子数密度能够通过 N 个单电子波函数来表示 [4]，即

$$n(\boldsymbol{r}) = \sum_{i=1}^{N} |\varphi_i(\boldsymbol{r})|^2 \tag{2.18}$$

体系的动能和电子之间的相互作用能项可表示为

$$F[n] = T_{\mathrm{s}}[n] + \int \mathrm{d}\boldsymbol{r}\mathrm{d}\boldsymbol{r}' \frac{n(\boldsymbol{r})n(\boldsymbol{r}')}{|\boldsymbol{r}-\boldsymbol{r}'|} + E_{\mathrm{xc}}[n] \tag{2.19}$$

其中，

$$T_{\mathrm{s}}[n] = \sum_{i=1}^{N} \int \mathrm{d}\boldsymbol{r}\varphi_i^*(\boldsymbol{r}) \left\{-\frac{\hbar^2}{2m}\nabla^2\right\} \varphi_i(\boldsymbol{r}) \tag{2.20}$$

表示电子间无相互作用体系的动能项。(2.20) 式说明电子间的动能项可以用无相互作用的电子体系动能项表示，而把多电子体系产生的多体效应全部归并到 $E_{\mathrm{xc}}[n]$ 中，我们称之为交换关联能。将能量泛函对 $\delta\varphi_i^*$ 变分则得到单电子的方程为

$$\left\{-\nabla^2 + V_{\mathrm{eff}}[n(\boldsymbol{r})]\right\} \varphi_i(\boldsymbol{r}) = E_i\varphi_i(\boldsymbol{r}) \tag{2.21}$$

其中有效势为

$$V_{\mathrm{eff}}[n(\boldsymbol{r})] = \nu(\boldsymbol{r}) + \int \mathrm{d}\boldsymbol{r}' \frac{n(\boldsymbol{r}')}{|\boldsymbol{r}-\boldsymbol{r}'|} + \frac{\delta E_{\mathrm{xc}}[n(\boldsymbol{r})]}{\delta n(\boldsymbol{r})} \tag{2.22}$$

把 (2.18) 式、(2.21) 式、(2.22) 式称为科恩–沈 (Kohn-Sham) 方程，这个方程使得多电子问题在形式上变成了描述单电子运动的 Kohn-Sham 自洽方程，我们可以

通过 Kohn-Sham 方程，结合密度泛函理论，把多电子体系的基态问题转换成单电子问题，这种方法和 Hartree-Fock 自洽场相类似，而且计算结果更加精确。然而目前来说，人们对于交换相关项的函数并没有一个准确的表达形式，只能通过一些泛函形式来近似地描述，目前普遍使用的近似方法有 LDA(局域密度近似)[5]、GGA(广义梯度近似)[6,7]、HSE06[8] 等。

2.3 多体格林函数理论

虽然 DFT 是目前比较流行的量子化学计算方法，但其交换相关泛函是未知的，这一先天性缺陷导致其在很多计算方面存在误差，例如，DFT 计算的晶体带隙与实验值有较大差别。相比 DFT，多体格林函数理论 (many-body Green's function theory, MBGFT) 是目前大家普遍认可的精确预测分子和材料系统的轨道能量和光激发能的方法。MBGFT 中应用的无规相近似 (random phase approximation, RPA) 或 GW 近似 (GW approximation, GWA) 早在 1965 年就被 Hedin 提出 [9,10], 但是直到 20 世纪 80 年代中期，GWA 才被应用于实际体系的电子结构计算 [11,12]，得到的体系的能带结构与实验一致。它是以一系列格林函数方程为基础的，从单电子的传播开始，考虑了电子–空穴的运动对格林函数的影响。其中心内容就是电子自能 Σ 和电子–空穴相互作用，在实际处理过程中用了很多近似，对自能 Σ 处理时采用 Hedin 提出的 GWA，而电子–空穴相互作用采用了贝特–萨佩特方程 (Bethe-Salpeter equation，BSE) 的处理方法。下面将对 MBGFT 方法进行简单的介绍。

2.3.1 单粒子格林函数

从单粒子格林函数可以获得以下信息: ① 基态系统中任何单粒子算符的期望值；② 系统的基态能量；③ 系统的单粒子激发光谱。假设 $|N\rangle$ 代表 N 电子系统在基态的正交归一本征波函数, 那么单粒子格林函数 G 定义为

$$\begin{aligned} G(1,2) &= -\mathrm{i}\left\langle N \left| T\left[\hat{\Psi}(1)\hat{\Psi}^{\dagger}(2)\right] \right| N \right\rangle \\ &= \begin{cases} -\mathrm{i}\left\langle N \left| \hat{\Psi}(1)\hat{\Psi}^{\dagger}(2) \right| N \right\rangle, & t_1 > t_2, \text{电子} \\ \mathrm{i}\left\langle N \left| \hat{\Psi}^{+}(2)\hat{\Psi}(1) \right| N \right\rangle, & t_1 < t_2, \text{空穴} \end{cases} \end{aligned} \tag{2.23}$$

此函数中，1=($\boldsymbol{r}_1$, t_1), 2=($\boldsymbol{r}_2$, t_2); T 为 Wick 时序算符; $\hat{\Psi}$ 和 $\hat{\Psi}^{\dagger}$ 分别为湮灭和产生场算符。对于 $t_1 > t_2$($t_1 < t_2$) 的情况，$G(1,2)$ 描述了若一个 N 电子体系处于基态, 当时间为 $t_2(t_1)$ 时，在 $\boldsymbol{r}_2(\boldsymbol{r}_1)$ 处引入一个电子 (空穴)，等到时间为 $t_1(t_2)$ 时，在 $\boldsymbol{r}_1(\boldsymbol{r}_2)$ 处发现这个电子 (空穴) 的概率。其中，引入一个空穴相当于移出

一个电子。通过傅里叶 (Fourier) 变换，可以得到单粒子格林函数在能量空间的表达式:

$$G_1\left(\boldsymbol{r}_1, \boldsymbol{r}_2; E\right)=\frac{1}{2\pi}\int_{-\infty}^{+\infty} \mathrm{d}\tau \mathrm{e}^{\mathrm{i}E x} G\left(\boldsymbol{r}_1, \boldsymbol{r}_2; \tau\right)=\sum_i \frac{f_i\left(\boldsymbol{r}_1\right) f_i^*\left(\boldsymbol{r}_2\right)}{E-E_i+\mathrm{i}0^+ \operatorname{sgn}\left(E_i-\mu\right)} \tag{2.24}$$

式中，0^+ 是为了确保收敛性而引入的无穷小量；μ 为体系的化学势；能量 E_i 和振幅 $f_i(\boldsymbol{r})$ 定义如下:

$$\begin{cases}E_i=E_{N+1,i}-E_N, & f_i(\boldsymbol{r})=\langle N|\hat{\varPsi}(\boldsymbol{r})|N+1,i\rangle, \quad E_i \geqslant \mu \\ E_i=E_N-E_{N-1,i}, & f_i(\boldsymbol{r})=\langle N-1,i|\hat{\varPsi}(\boldsymbol{r})|N\rangle, \quad E_i<\mu\end{cases} \tag{2.25}$$

$E_{N+1,i}(E_{N-1,i})$ 和 $|N+1,i\rangle(|N-1,i\rangle)$ 分别代表体系中引入 (移出) 一个电子之后，体系第 i 个态的总能和波函数。

2.3.2 Dyson 方程

从海森伯绘景下的湮灭和产生场算符出发，推导出单粒子格林函数的运动方程 [9,10]:

$$\left[\mathrm{i}\frac{\partial}{\partial t_1}-h\left(\boldsymbol{r}_1\right)\right] G(1,2)+\mathrm{i}\int \mathrm{d}3 v(1,3) G_2\left(1,3^+;2,3^{++}\right)=\delta(1,2) \tag{2.26}$$

由于单粒子格林函数的运动方程依赖于双粒子格林函数 G_2，所以上式是非常复杂的。根据多体微扰理论的基本思想，需要找到合适的近似把双粒子格林函数用单粒子格林函数形式表示出来，通过引入自能 $\varSigma$ 可以简化上述问题。

自能 $\varSigma$ 的定义为

$$\begin{aligned}&\int \mathrm{d}3 \varSigma(1,3) G(3,2)-\mathrm{i}\int \mathrm{d}3 v(1,3) G\left(3,3^+\right) G(1,2)\\ &=-\mathrm{i}\int \mathrm{d}3 v(1,3) G_2\left(1,3^+;2,3^{++}\right)\end{aligned} \tag{2.27}$$

方程左边第二项是 Hartree 势，为

$$-\mathrm{i}\int \mathrm{d}3 v(1,3) G\left(3,3^+\right) G(1,2)=V_{\mathrm{H}}(1) \tag{2.28}$$

把自能 $\varSigma$ 的定义代入方程 (2.26) 中，即可得到戴森 (Dyson) 方程:

$$\left[\mathrm{i}\frac{\partial}{\partial t_1}-h\left(\boldsymbol{r}_1\right)-V_{\mathrm{H}}\left(\boldsymbol{r}_1\right)\right] G(1,2)-\int \mathrm{d}3 \varSigma(1,3) G(3,2)=\delta(1,2) \tag{2.29}$$

多体微扰理论的目的是寻找合适的近似处理自能 Σ，使得自能 Σ 仅仅是单粒子格林函数的函数。把方程 (2.29) 转化到能量空间，便可得到准粒子方程：

$$\left(-\frac{1}{2}\nabla^2+V_{\mathrm{H}}+V_{\mathrm{ext}}\right)\psi_i^{\mathrm{QP}}(\boldsymbol{r})+\int\Sigma\left(\boldsymbol{r},\boldsymbol{r}',E\right)\psi_i^{\mathrm{QP}}\left(\boldsymbol{r}'\right)\mathrm{d}\boldsymbol{r}'=E_i^{\mathrm{QP}}\psi_i^{\mathrm{QP}}(\boldsymbol{r}) \quad (2.30)$$

2.3.3 Hedin 方程

求解格林函数的关键是求解包含多体效应的自能 Σ，但是直接精确地求解包含双粒子效应的自能 Σ 是非常复杂的。于是，Hedin 提出了一系列方程来表示自能 [9]。这些方程以精确的格林函数 G 和动态屏蔽库仑相互作用 W 为基础，描述了一系列物理量 G、W、Σ、不可约极化函数 P 和顶点函数 Γ 之间的相互关系:

$$\Sigma(1,2)=\mathrm{i}\int G(1,4)W\left(1^{+},3\right)\Gamma(4,2;3)\mathrm{d}(3,4) \quad (2.31)$$

$$\Sigma W\left(1,2\right)=v\left(1,2\right)+\int W\left(1,3\right)P\left(3,4\right)\times v\left(4,2\right)\mathrm{d}\left(3,4\right) \quad (2.32)$$

$$P\left(1,2\right)=-\mathrm{i}\int G\left(2,3\right)G\left(4,2\right)\Gamma\left(3,4;1\right)\mathrm{d}\left(3,4\right) \quad (2.33)$$

$$\Gamma\left(1,2;3\right)=\delta\left(1,2\right)\delta\left(1,3\right)+\int\frac{\delta\Sigma\left(1,2\right)}{\delta G\left(4,5\right)}\times G\left(4,6\right)G\left(7,5\right)\Gamma\left(6,7;3\right)\mathrm{d}\left(4,5,6,7\right) \quad (2.34)$$

以上方程被称为 Hedin 方程，基于此便可通过迭代的方式求解自能 Σ。

2.3.4 GW 近似

实际求解 Hedin 方程的过程是非常复杂的，为了简化这一过程，Hedin 令 $\delta\Sigma/\delta G=0$，这种近似被称为 GW 近似。这样方程 (2.34) 右边的第二项就可以忽略，从而得到 GW 近似下的 Hedin 方程组:

$$\Gamma\left(1,2;3\right)=\delta\left(1,2\right)\delta\left(1,3\right) \quad (2.35)$$

$$P\left(1,2\right)=-\mathrm{i}G\left(1,2\right)G\left(2,1\right) \quad (2.36)$$

$$W\left(1,2\right)=v\left(1,2\right)+\int W\left(1,3\right)P\left(3,4\right)v\left(4,2\right)\mathrm{d}(3,4) \quad (2.37)$$

$$\Sigma\left(1,2\right)=\mathrm{i}G\left(1,2\right)W\left(1^{+},2\right) \quad (2.38)$$

Σ 在能量空间的表达形式为

$$\Sigma\left(\boldsymbol{r},\boldsymbol{r}',E\right)=\frac{\mathrm{i}}{2\pi}\int\mathrm{e}^{-\mathrm{i}\omega0^{+}}G\left(\boldsymbol{r},\boldsymbol{r}',E-\omega\right)\times W\left(\boldsymbol{r},\boldsymbol{r}',\omega\right)\mathrm{d}\omega \quad (2.39)$$

(2.38) 式和 (2.39) 式这两种自能 Σ 的近似表达叫做 GW 近似 (GWA)，许多以此近似为基础的计算都非常成功，这使得 GWA 成为普遍适用的描述能带结构的方法。

在 GW 近似下，可通过求解格林函数 G 和动态屏蔽库仑相互作用 W 得到自能算符 Σ，W 可以由倒介电函数表示

$$W_{G,G'}(\boldsymbol{q},\omega)=\varepsilon_{G,G}^{-1}(\boldsymbol{q},\omega)\frac{4\pi e^2}{V}\frac{1}{\boldsymbol{q}+\boldsymbol{G}}\frac{1}{\boldsymbol{q}+\boldsymbol{G}'} \tag{2.40}$$

于是，求解介电函数 ε 便成为 GW 计算的核心。由于直接精确求解 ε 的计算量过大，所以可利用 RPA 计算其静态部分，利用等离激元–极点模型 (plasmon-pole model, PPM) [13,14] 计算其动态部分：

$$\begin{aligned}\varepsilon_{GG'}=&\delta_{GG'}+2\frac{4\pi e^2}{V}\frac{1}{|\boldsymbol{q}+\boldsymbol{G}|}\frac{1}{|\boldsymbol{q}+\boldsymbol{G}'|}\\&\times\sum_{\substack{m\in VB\\n\in CB}}\sum_{\boldsymbol{q}}\left[\int\psi_{mk}^*(\boldsymbol{r})\mathrm{e}^{-\mathrm{i}(q+G)\cdot\boldsymbol{r}}\psi_{n,k+q}(\boldsymbol{r})\mathrm{d}^3\boldsymbol{r}\right]\\&\times\left[\int\psi_{mk}^*(\boldsymbol{r})\mathrm{e}^{-\mathrm{i}\left(q+G'\right)\cdot\boldsymbol{r}}\psi_{n,k+q}(\boldsymbol{r})\mathrm{d}^3\boldsymbol{r}\right]\\&\times\left[\frac{1}{E_{n,k+q}-E_{mk}-\omega+\mathrm{i}0^+}+\frac{1}{E_{n,k+q}-E_{mk}+\omega+\mathrm{i}0^+}\right]\end{aligned} \tag{2.41}$$

$$\varepsilon_{GG'}(\boldsymbol{q},\omega=0)=\sum_l\phi_G^l(\boldsymbol{q})\lambda_{ql}(\omega=0)\times\left[\phi_{G'}^l(\boldsymbol{q})\right]^* \tag{2.42}$$

$$\varepsilon_{cc'}^{-1}(\boldsymbol{q},\omega)=\sum_l\phi_G'(\boldsymbol{q})\frac{1}{\lambda_{ql}(\omega)}\times[\phi_{G'}'(\boldsymbol{q})]^* \tag{2.43}$$

2.3.5 Bethe-Salpeter 方程

当体系的一个电子从低能级轨道激发到高能级轨道时，就会在原来的轨道上形成一个空穴。因为电子和空穴之间存在库仑相互作用，所以不能将其分开处理，此时就需要求解双粒子格林函数。因此，引入了双粒子关联函数 L，代表电子和空穴的耦合运动减去两个粒子单独的运动：

$$L\left(1,2;1',2'\right)=-G_2\left(1,2;1',2'\right)+G\left(1,1'\right)G\left(2,2'\right) \tag{2.44}$$

$$\begin{aligned}L\left(1,2;1',2'\right)=&G\left(1,2'\right)G\left(2,1'\right)+\int\mathrm{d}33'44'G(1,3)G\left(3',1'\right)\\&\times K\left(3,4';3',4\right)L\left(4,2;4',2'\right)\end{aligned} \tag{2.45}$$

其中，K 是电子–空穴相互作用核，它包括描述交换作用的交换项 K^{x} 和描述屏蔽作用的直接项 K^{d} 两部分，(2.45) 式就是 Bethe-Salpeter 方程 (BSE)。

接下来，对 (2.45) 式进行 Fourier 变换，将其变换到能量空间，经过一系列推导可以得到 Tamm-Dancoff 近似 (TDA) [15] 下的 BSE:

$$(E_c - E_v) A_{vc}^{\mathrm{s}} + \sum_{v'c'} K_{vc,v'c'}^{\mathrm{AA}} (\Omega_\xi) A_{v'c'}^{\mathrm{s}} = \Omega_s A_{vc}^{\mathrm{s}} \tag{2.46}$$

其中，

$$K_{vc,v'c'}^{\mathrm{AA}} (\Omega_s) = K_{vc,v'e'}^{\mathrm{AA,x}} + K_{vc,v'c'}^{\mathrm{AA,d}} (\Omega_s) \tag{2.47}$$

$$K_{vc,v'c'}^{\mathrm{AA,x}} = \int \mathrm{d}\boldsymbol{r}\mathrm{d}\boldsymbol{r}' \psi_c^*(\boldsymbol{r}) \psi_{v'}^*(\boldsymbol{r}') v(\boldsymbol{r}-\boldsymbol{r}') \times \psi_v(\boldsymbol{r}) \psi_{c'}(\boldsymbol{r}') \tag{2.48}$$

$$\begin{aligned} K_{vc,v'c'}^{\mathrm{AA,d}} = & \frac{\mathrm{i}}{2\pi} \int \mathrm{d}\boldsymbol{r}\mathrm{d}\boldsymbol{r}' \psi_c^*(\boldsymbol{r}) \psi_{v'}^*(\boldsymbol{r}') \psi_{c'}(\boldsymbol{r}) \psi_v(\boldsymbol{r}') \int_{-\infty}^{+\infty} \mathrm{d}\omega \mathrm{e}^{-\mathrm{i}\omega 0^+} W(\boldsymbol{r},\boldsymbol{r}';\omega) \\ & + \left[\frac{1}{\Omega_s - \omega - (E_{c'} - E_v) + \mathrm{i}0^+} + \frac{1}{\Omega_s + \omega - (E_c - E_{v'}) + \mathrm{i}0^+} \right] \end{aligned} \tag{2.49}$$

在无规相近似 (RPA) 下，BSE 的表现形式为 [16,17]

$$\left\{ \begin{aligned} & (E_c - E_v) A_{vc}^{\mathrm{s}} + \sum_{v'c'} K_{vc,v'c'}^{\mathrm{AA}} (\Omega_s) A_{v'c'}^{\mathrm{s}} + \sum_{v'c'} K_{vc,v'c'}^{\mathrm{AB}} (\Omega_s) B_{v'c'}^{\mathrm{s}} = \Omega_s A_{vc}^{\mathrm{s}} \\ & (E_c - E_v) B_{vc}^{\mathrm{s}} + \sum_{v'c'} K_{vc,v'c'}^{\mathrm{BB}} (\Omega_s) B_{v'c'}^{\mathrm{s}} + \sum_{v'c'} K_{vc,v'c'}^{\mathrm{BA}} (\Omega_s) A_{v'c'}^{\mathrm{s}} = -\Omega_s B_{vc}^{\mathrm{s}} \end{aligned} \right. \tag{2.50}$$

将 (2.50) 式变换成 RPA 下的矩阵形式：

$$\begin{pmatrix} R & C \\ -C^* & -R^* \end{pmatrix} \begin{pmatrix} A \\ B \end{pmatrix} = \Omega \begin{pmatrix} A \\ B \end{pmatrix} \tag{2.51}$$

参考文献

[1] Born M, Oppenheimer R. Ann. Phys., 1927, 389: 457.
[2] Fock V Z. Physik, 1930, 61: 126.
[3] Par R G. Annu. Rev. Phys. Chem., 1983, 34: 631.
[4] Kohn W, Sham L J. Phys. Rev., 1965, 140: 1133.
[5] Ceperley D M, Alder B J. Phys. Rev. Lett., 1980, 45: 566.
[6] Perdew J P, Burke K, Ernzerhof M. Phys. Rev. Lett., 1996, 77: 3865.
[7] Perdew J P, Burke K, Wang Y. Phys. Rev. B: Condens. Matter Mater. Phys., 1996, 54: 16533.

[8] Heyd J, Scuseria G E, Ernzerhof M. J. Chem. Phys., 2003, 118: 8207.
[9] Hedin L. Phys. Rev., 1965, 139: A796.
[10] Hedin L, Lundqvist S. Solid State Physics. New York: Academic, 1969.
[11] Hybertsen M S, Louie S G. Phys. Rev. Lett., 1985, 55: 1418.
[12] Godby R W, Schlüter M, Sham L J. Phys. Rev. Lett., 1986, 56: 2415.
[13] Rohlfing M, Krüger P, Pollmann J. Phys. Rev. B, 1993, 48: 17791.
[14] von der Linden W, Horsch P. Phys. Rev. B, 1988, 37: 8351.
[15] Rohlfing M, Louie S G. Phys. Rev. B, 2000, 62: 4927.
[16] Ondia G, Reining L, Rubio A. Rev. Mod. Phys., 2002, 74: 601.
[17] Rohlfing M, Louie S G. Phys. Rev. B, 2000, 62: 4927.

第 3 章　二维半导体结构与声子谱

3.1　晶体振动的一般理论 [1]

半导体中原子的振动除了对晶体的力学、热学和光学性质有决定性的作用以外，还通过与电子的相互作用对晶体的输运、发光以及动力学过程等产生重要的影响。我们可以将晶体看成由 nN 个原子组成的力学系统。其中 n 是每个元胞内的原子数，N 是元胞的数目。因此晶体就有 $3nN$ 个自由度，其中 3 个是平移运动的，剩下 $3nN-3$ 个是线性独立的正则模。由于 N 是一个很大的数目 ($\sim 10^{24}$)，所以需要用一个类似于电子能带那样的函数，也就是振动频率作为布里渊区 (Brillouin zone, BZ) 中波矢 $\boldsymbol{q}$ 的函数来描述这些振动模式。此函数称为晶格振动谱 $\omega(\boldsymbol{q})$。由量子力学，每一个振动模式的能量都是量子化的，量子化的振动模式称为声子，具有能量 $\hbar\omega(\boldsymbol{q})$。

先从经典的观点导出晶体振动运动方程。晶体中原子的位置可以用两个指标 l 和 κ 表示：

$$\boldsymbol{r}(l,\kappa)=\boldsymbol{r}(l)+\boldsymbol{r}(\kappa) \tag{3.1}$$

式中，$\boldsymbol{r}(l)$ 是第 l 个元胞的位置矢量，$\boldsymbol{r}(\kappa)$ 是在一个元胞内第 κ 个原子的位置矢量 ($\kappa=1,2,\cdots,n$)。将晶体的势能用对每个原子的位移 $\boldsymbol{u}(l,\kappa)$ 作泰勒展开：

$$\begin{aligned}\varPhi =&\varPhi_0+\sum_{l\kappa\alpha}\varPhi_\alpha(l\kappa)\,u_\alpha(l\kappa)\\&+\frac{1}{2}\sum_{l\kappa\alpha}\sum_{l'\kappa'\beta}\varPhi_{\alpha\beta}(l\kappa,l'\kappa')\,u_\alpha(l\kappa)\,u_\beta(l'\kappa')+\cdots\end{aligned} \tag{3.2}$$

式中，下标 α、β 等表示直角坐标系的分量；$\varPhi_0$ 是静止势能：

$$\begin{aligned}\varPhi_\alpha(l\kappa)&=\left.\frac{\partial\varPhi}{\partial u_\alpha(l\kappa)}\right|_0\\\varPhi_{\alpha\beta}(l\kappa,l'\kappa')&=\left.\frac{\partial^2\varPhi}{\partial u_\alpha(l\kappa)\,\partial u_\beta(l'\kappa')}\right|_0\end{aligned} \tag{3.3}$$

式中，下标 0 表示在平衡位置。$\varPhi_\alpha(l\kappa)$ 是作用在平衡位置上原子的力，等于零。因此第一个不等于零的项是 $\varPhi_{\alpha\beta}(l\kappa,l'\kappa')$，它表示在原子 $l\kappa$ 与 $l'\kappa'$ 之间的耦合力常数。由于晶体中原子的位移很小，在 (3.2) 式中忽略三次以上的高级项，则得到谐振近似下晶格运动的哈密顿量：

$$H_{\mathrm{ph}}=\sum_{l\kappa\alpha}\frac{p_{\alpha}^{2}\left(l\kappa\right)}{2M_{\kappa}}+\frac{1}{2}\sum_{l\kappa\alpha}\sum_{l'\kappa'\beta}\varPhi_{\alpha\beta}\left(l\kappa,l'\kappa'\right)u_{\alpha}\left(l\kappa\right)u_{\beta}\left(l'\kappa'\right) \tag{3.4}$$

式中，$p_{\alpha}\left(l\kappa\right)$ 是第 $l\kappa$ 个原子动量的 α 分量，M_{κ} 是它的质量。由 (3.4) 式可得到运动的哈密顿方程：

$$\begin{aligned}\dot{u}_{\alpha}\left(l\kappa\right)&=\frac{\partial H_{\mathrm{ph}}}{\partial p_{\alpha}\left(l\kappa\right)}=\frac{p_{\alpha}\left(l\kappa\right)}{M_{\kappa}}\\ \dot{p}_{\alpha}\left(l\kappa\right)&=-\frac{\partial H_{\mathrm{ph}}}{\partial u_{\alpha}\left(l\kappa\right)}=-\sum_{l'\kappa'\beta}\varPhi_{\alpha\beta}\left(l\kappa,l'\kappa'\right)u_{\alpha}\left(l\kappa\right)\end{aligned} \tag{3.5}$$

式中，“·”表示对时间的微商，由此求得运动方程：

$$M_{\kappa}\ddot{u}_{\alpha}\left(l\kappa\right)=-\sum_{l'\kappa'\beta}\varPhi_{\alpha\beta}\left(l\kappa,l'\kappa'\right)u_{\alpha}\left(l\kappa\right) \tag{3.6}$$

由于晶体具有平移对称性，原子位移的解可以写成如下形式：

$$u_{\alpha}\left(l\kappa\right)=\frac{1}{\sqrt{M_{\kappa}}}u_{\alpha}\left(\kappa\right)\exp\left\{\mathrm{i}\left[\boldsymbol{q}\cdot\boldsymbol{r}-\omega t\right]\right\} \tag{3.7}$$

代入方程 (3.6)，得到

$$\omega^{2}u_{\alpha}\left(\kappa\right)=\sum_{\kappa'\beta}D_{\alpha\beta}\left(\kappa\kappa',\boldsymbol{q}\right)u_{\beta}\left(\kappa'\right) \tag{3.8}$$

注意到，方程 (3.8) 是一个 $3n$ 维的联立方程，$u_{\alpha}(\kappa)$ 与 l 无关。其中 $D_{\alpha\beta}(\kappa\kappa',\boldsymbol{q})$ 是一个 $3n\times3n$ 维厄米矩阵：

$$D_{\alpha\beta}\left(\kappa\kappa',\boldsymbol{q}\right)=\frac{1}{\sqrt{M_{\kappa}M_{\kappa'}}}\sum_{l'}\varPhi_{\alpha\beta}\left(l\kappa,l\kappa'\right)\exp\left\{-\mathrm{i}\boldsymbol{q}\cdot\left[\boldsymbol{r}\left(l\right)-\boldsymbol{r}\left(l'\right)\right]\right\} \tag{3.9}$$

称为动力矩阵。方程 (3.8) 有解的条件是系数行列式为零：

$$\left|D_{\alpha\beta}\left(\kappa\kappa',\boldsymbol{q}\right)-\omega^{2}\delta_{\alpha\beta}\delta_{\kappa\kappa'}\right|=0 \tag{3.10}$$

方程 (3.10) 对每个波矢 $\boldsymbol{q}$ 有 $3n$ 个 ω^{2} 的解，称为晶格振动的色散关系。

$$\omega=\omega_{j}\left(\boldsymbol{q}\right),\quad j=1,2,\cdots,3n \tag{3.11}$$

其中有 3 支是声学振动的，代表整个元胞整体运动，还有 $3n-3$ 支是光学振动的，代表每一元胞内各原子的相对运动。

由 (3.3) 式，可得到

$$\varPhi_{\alpha\beta}(l\kappa,l'\kappa')=\varPhi_{\beta\alpha}(l'\kappa',l\kappa) \tag{3.12}$$

从而可证明动力矩阵 (3.9) 具有下列性质：

$$\begin{aligned}D_{\alpha\beta}(\kappa\kappa',\boldsymbol{q})&=D^*_{\beta\alpha}(\kappa'\kappa,\boldsymbol{q})\\D_{\alpha\beta}(\kappa\kappa',-\boldsymbol{q})&=D^*_{\alpha\beta}(\kappa\kappa',\boldsymbol{q})\end{aligned} \tag{3.13}$$

(3.13) 式表明动力矩阵是厄米的，因此方程 (3.10) 的解是正交、归一和完备的：

$$\begin{aligned}&\sum_{\kappa\alpha}u^*_{\alpha}(\kappa|\,\boldsymbol{q}j)u_{\alpha}(\kappa|\,\boldsymbol{q}j')=\delta_{jj'}\\&\sum_{j}u^*_{\alpha}(\kappa|\,\boldsymbol{q}j)u_{\beta}(\kappa'|\,\boldsymbol{q}j)=\delta_{\kappa\kappa'}\delta_{\alpha\beta}\end{aligned} \tag{3.14}$$

由 (3.14) 式可得出

$$\begin{aligned}&\omega_j(-\boldsymbol{q})=\omega_j(\boldsymbol{q})\\&u^*_{\alpha}(\kappa|-\boldsymbol{q}j)=u_{\alpha}(\kappa|\,\boldsymbol{q}j)\end{aligned} \tag{3.15}$$

有时为了方便，利用修正的动力矩阵：

$$\begin{aligned}C_{\alpha\beta}(\kappa\kappa',\boldsymbol{q})&=\mathrm{e}^{-\mathrm{i}\boldsymbol{q}\cdot\boldsymbol{r}(\kappa)}D_{\alpha\beta}(\kappa\kappa',\boldsymbol{q})\,\mathrm{e}^{\mathrm{i}\boldsymbol{q}\cdot\boldsymbol{r}(\kappa')}\\&=\frac{1}{\sqrt{M_\kappa M_{\kappa'}}}\sum_{l'}\varPhi_{\alpha\beta}(l\kappa,l\kappa')\exp\left\{-\mathrm{i}\boldsymbol{q}\cdot\left[\boldsymbol{r}(l\kappa)-\boldsymbol{r}(l'\kappa')\right]\right\}\end{aligned} \tag{3.16}$$

$C_{\alpha\beta}$ 与 $D_{\alpha\beta}$ 就相差一个幺正变换，它的优点是指数因子对各相邻原子的求和是等价的，取决于两个原子的坐标之差 $\boldsymbol{r}(l\kappa)-\boldsymbol{r}(l'\kappa')$。这样得到的动力矩阵具有好的对称形式，在 3.2 节中将可看到。

3.2　二维半导体的声子色散关系

对于各种二维半导体，原子之间的相互作用力可以是共价键性质的 (如 Si、Ge)，还可以包括正负电荷之间的长程库仑相互作用。利用第一性原理计算方法得到力常数和动力学矩阵，就能求得声子色散关系式 (3.11)。声子计算提供了二维材料结构不稳定性的判据。如果它包含软模，它的结构将是不稳定的 [2]。所谓“软模”就是解动力方程 (3.10) 得到的本征值——频率平方 ω^2 是负值，得到的是虚频率。对这种特定的本征模，原子位移以后就没有恢复力。这样的结构将是不稳定的。

图 3.1 是 Ⅲ 族元素的硫族化合物 MX (M = B, Al, Ga, In; X = O, S, Se,

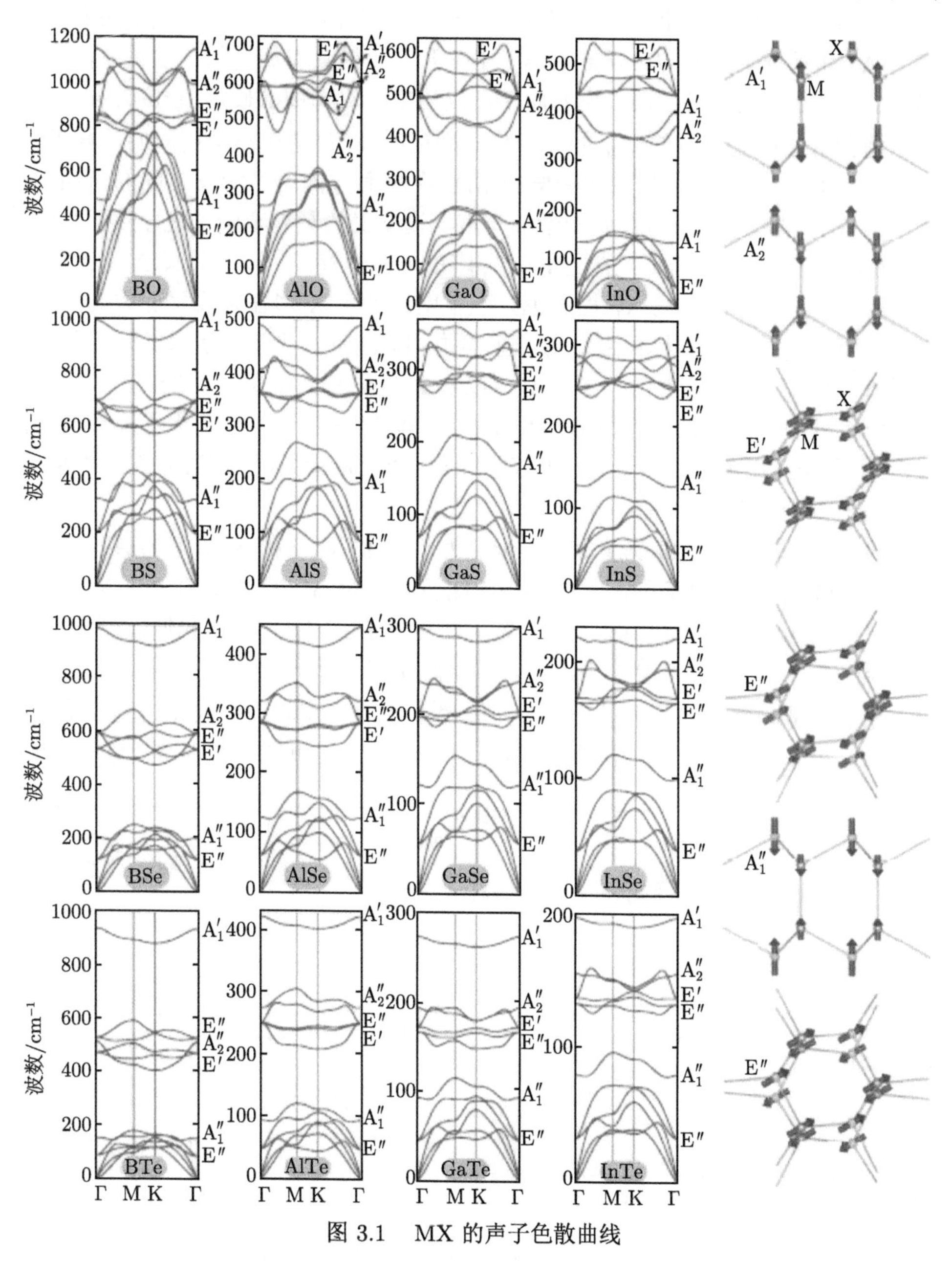

图 3.1 MX 的声子色散曲线

Te)[3] 的声子色散曲线。右图是 Γ 点各个模的振动模式和对称群表示。一共有 6 种不同的模式，分属 5 种对称性：A_1'、A_1''、A_2''、E'、E''，其中 E'、E'' 是二重简并的。其中没有虚频率的色散曲线，因此所有的结构都是稳定的。因为一个元胞中有 4 个原子，因此有 3 个声学支和 9 个光学支。3 个声学支是在平面内的纵 (LA)、横 (TA) 和垂直于平面的声学支 (ZA)。LA 和 TA 模具有线性的色散关系，而 ZA 模具有二次的色散关系。ZA 模的曲率可以用来计算弯曲的硬度 (stiffness)。

由图 3.1 可见，最低能量的光学模式对所有 MX 结构都是相同的，属于 E'' 表示。上面一层的 MX 与下面一层的 MX 在平面方向内做相反方向的运动。在每一种 MX 结构中，都有最低光学模与声学模交叉的频率范围，这导致了强的声学–光学散射，因此具有低的热导。一共有 6 个光学模式，分别具有 A_1'、A_2''、E'、E''、A_1''、E'' 对称性。在 A_1'' 振动模，上下两层的 MX 对在垂直平面方向上相对运动，而较低的 E'' 模上下 MX 对在平面内相对运动。光学声子谱的较高部分包含了 6 个带，2 个非简并的：A_1'、A_2''，以及 2 个在 Γ 点二重简并的：E'、E''。在氧化物系列中，InO 的 A_1' 和 A_2'' 模低于 E' 和 E'' 模，随着 M 原子原子量的减小，A_1' 和 A_2'' 声子带逐渐上升，与 E' 和 E'' 声子带交叉，到 BO，A_1' 和 A_2'' 声子带高于 E' 和 E'' 声子带。

M 原子和 X 原子振动模本征矢量的大小与 M 原子和 X 原子的原子量成反比。对于较轻的 M 原子 B，它的振幅就比较大，对 A_1' 模，M 原子与 X 原子振幅之比分别为 2.1、5.2、10.2、16.2(对 BO, BS, BSe, BTe)。当我们改变 X 原子从 S 到 Te，声子模的能量很少改变，就反映了以 B 原子的运动为主。

图 3.2 是砷烯和锑烯声子带色散曲线 [4]，没有发现软模，因此它们的结构是稳定的。每个 As 或者 Sb 原子 (具有 5 个价电子) 与单层中相邻 3 个原子成键，

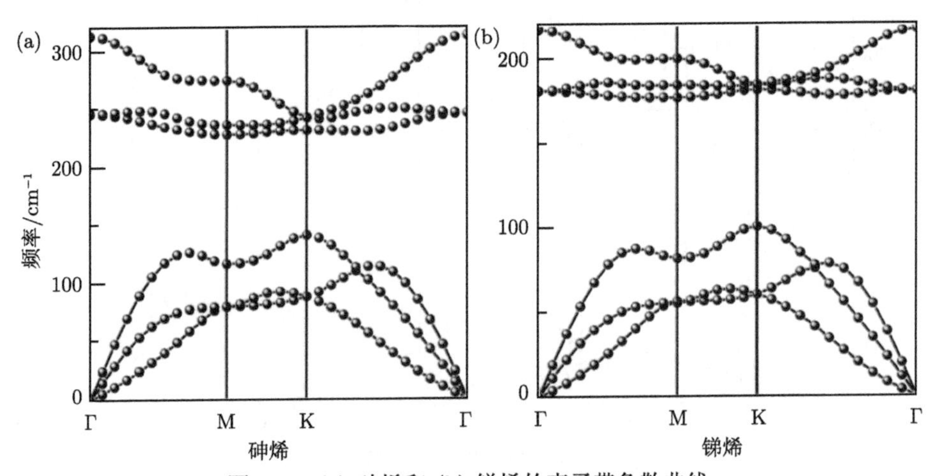

图 3.2 (a) 砷烯和 (b) 锑烯的声子带色散曲线

形成八面体的稳定性。As 和 Sb 的层间相互作用能量分别为 89.6 meV 每个原子和 86.0 meV 每个原子，与石墨烯的 63.5 meV 很接近。考虑到石墨烯在 SiC 或其他金属表面上成功生长，预期砷烯和锑烯也能用类似的方法生长。

3.3 力学性质

假设在二维材料平面内沿一定方向有压应变或张应变，原子坐标弛豫，可以计算出相应的能量。假定系统处于谐变的范围，可以将能量拟合为

$$E_T\left(\varepsilon_x,\varepsilon_y\right)=b_1\varepsilon_x^2+b_2\varepsilon_y^2+b_3\varepsilon_x\varepsilon_y+E_0 \tag{3.17}$$

式中，E_0 是每单位元胞的平衡能量；$\varepsilon_x(\varepsilon_y)$ 是在 $x(y)$ 方向的应变；b_1, b_2, b_3 是参数，具有能量的单位。二维材料的力学性质可用平面内的劲度系数 C 和泊松比 ν 表示：

$$\begin{aligned} C&=\left[2b_1-(b_3)^2/2b_1\right]/A_0 \\ \nu&=b_3/2b_1 \end{aligned} \tag{3.18}$$

式中，A_0 是零应变下的元胞面积。计算出的 MX 单层的 C 和 ν 见附录中表 A-8[3]，由表可见，当 X 原子固定不变时，随着 M 原子原子量的增加，C 减小。最高的 C 是 BO 的，等于 350 $\mathrm{J/m^2}$，与石墨烯 (341 $\mathrm{J/m^2}$) 可以相比。最低的 C 是 InTe 的，等于 39 $\mathrm{J/m^2}$，与磷烯的相当。

泊松比 ν 是横向应变与轴向应变之比。对一给定的 Ⅲ 族元素，从 O 到 Te，ν 是单调减小的。注意到，C 与晶格常数之间有一关联，晶格常数越小，平面内劲度 C 就越大。

在 Γ 点的垂直声子模 ZA 的色散曲线与 q 的关系是二次的，由这二次关系的曲率能求得弯曲硬度 (bending rigidity)D，由 Lifshitz 公式：

$$\omega=\sqrt{\frac{D}{\rho_{2\mathrm{D}}}}q^2 \tag{3.19}$$

式中，$\rho_{2\mathrm{D}}$ 是二维质量密度。先计算石墨烯的 D，利用它的 ZA 声子模的声子色数曲线，求得 D=1.5 eV，与文献中的值相符。然后计算 MX 结构的 D。由表可见，BO 具有最大的平面劲度系数 C(350 $\mathrm{J/m^2}$) 和弯曲硬度 D(30 eV)。D 比石墨烯的 D 大一个量级，因此它比石墨烯更加抗弯曲。由表还可见，其他的 MX 结构的 D 都比石墨烯大，它们的较大的 D 是由于 X-M-M-X 结构在垂直方向有共价的 M—M 键。

参 考 文 献

[1] Maradudin A. Dynamical Properties of Solids//Horton G, Maradudin A. Amsterdam: North-Holland, 1974.

[2] Li Y, Liao Y, Chen Z. Angew. Chem. Int. Ed., 2014, 53(28): 7248-7252.

[3] Demirci S, Avazli N, Durgun E, et al. Phys. Rev. B, 2017, 95(11): 115409.

[4] Zhang S, Yan Z, Li Y, et al. Angew. Chem. Int. Ed., 2015, 54(10): 3112-3115.

第 4 章　二维半导体的光学性质

4.1　半导体的带间跃迁

由量子力学，电子在一电磁场中的动能哈密顿量为 [1]

$$H_{\mathrm{k}}=\frac{1}{m_0}\left[\boldsymbol{p}+\frac{e\boldsymbol{A}\left(\boldsymbol{r},t\right)}{c}\right]^2 \tag{4.1}$$

式中，e 是电子电荷的绝对值；$\boldsymbol{A}$ 是电磁场的矢势。如果忽略 $\boldsymbol{A}$ 的二次项，则得到电子与辐射场相互作用的哈密顿量：

$$H_{\mathrm{eR}}=\frac{e}{m_0c}\boldsymbol{A}\left(\boldsymbol{r},t\right)\cdot\boldsymbol{p} \tag{4.2}$$

对于频率为 ω 的辐射场，矢势可以写为

$$\boldsymbol{A}\left(\boldsymbol{r},t\right)=A_0\boldsymbol{e}\exp\left[\mathrm{i}\left(\boldsymbol{\eta}\cdot\boldsymbol{r}-\omega t\right)\right]+\mathrm{c.c.} \tag{4.3}$$

式中，$\boldsymbol{e}$ 是电场偏振方向的单位矢量；$\boldsymbol{\eta}$ 是辐射场的波矢；c.c. 表示是前一项的复共轭。

根据一级微扰理论，由一个形式为 $A\mathrm{e}^{\pm\mathrm{i}\omega t}$ 的微扰项引起的，能量 E_{i} 的初态至能量 E_{f} 的末态的跃迁概率为

$$P_{\text{i-f}}=\frac{2\pi}{\hbar}\left|\langle f\left|A\right|i\rangle\ \right|^2\delta\left(E_{\mathrm{f}}-E_{\mathrm{i}}\pm\hbar\omega\right) \tag{4.4}$$

式中，$\pm$ 号分别对应于放出和吸收能量为 $\hbar\omega$ 的光子。对于半导体的带间吸收过程，初态和末态分别为价带和导带的布洛赫态。将 (4.2) 式和 (4.3) 式代入 (4.4) 式，得到

$$P_{v\text{i-c}\text{f}}=\frac{2\pi}{\hbar}\left(\frac{eA_0}{m_0c}\right)^2\left|\langle c\boldsymbol{k}_{\mathrm{f}}|\,\mathrm{e}^{\mathrm{i}\boldsymbol{\eta}\cdot\boldsymbol{r}}\boldsymbol{e}\cdot\boldsymbol{p}\,|v\boldsymbol{k}_{\mathrm{i}}\rangle\right|^2\delta\left(E_{\mathrm{f}}-E_{\mathrm{i}}-\hbar\omega\right) \tag{4.5}$$

因为 $|c\boldsymbol{k}_{\mathrm{f}}\rangle$ 和 $|v\boldsymbol{k}_{\mathrm{i}}\rangle$ 都是布洛赫函数，所以 (4.5) 式中的矩阵元为

$$\langle c\boldsymbol{k}_{\mathrm{f}}|\,\mathrm{e}^{\mathrm{i}\boldsymbol{\eta}\cdot\boldsymbol{r}}\boldsymbol{e}\cdot\boldsymbol{p}\,|v\boldsymbol{k}_{\mathrm{i}}\rangle$$

$$=\frac{1}{V}\int \exp\left[\mathrm{i}\left(-\boldsymbol{k}_{\mathrm{f}}+\boldsymbol{\eta}+\boldsymbol{k}_{\mathrm{i}}\right)\cdot\boldsymbol{r}\right]u_v^*\left(\boldsymbol{r}\right)\left(\boldsymbol{e}\cdot\boldsymbol{p}\right)u_c\left(\boldsymbol{r}\right)\mathrm{d}\boldsymbol{r} \tag{4.6}$$

(4.6) 式的被积函数中，第二部分是 $\boldsymbol{r}$ 的周期函数，第一部分指数函数是 $\boldsymbol{r}$ 的缓变函数，因此可写为

$$\frac{1}{N}\sum_n \exp\left[\mathrm{i}\left(-\boldsymbol{k}_{\mathrm{f}}+\boldsymbol{\eta}+\boldsymbol{k}_{\mathrm{i}}\right)\cdot\boldsymbol{R}_n\right]\int_{\Omega}u_v^*\left(\boldsymbol{r}\right)\left(\boldsymbol{e}\cdot\boldsymbol{p}\right)u_c\left(\boldsymbol{r}\right)\mathrm{d}\boldsymbol{r}$$

$$=\delta\left(-\boldsymbol{k}_{\mathrm{f}}+\boldsymbol{\eta}+\boldsymbol{k}_{\mathrm{i}}-\boldsymbol{G}\right)\int_{\Omega}u_v^*\left(\boldsymbol{r}\right)\left(\boldsymbol{e}\cdot\boldsymbol{p}\right)u_c\left(\boldsymbol{r}\right)\mathrm{d}\boldsymbol{r} \tag{4.7}$$

式中，$\boldsymbol{G}$ 是任一个倒格矢；δ 函数表示跃迁初态和末态的动态必须满足动量守恒条件：

$$\boldsymbol{k}_{\mathrm{f}}=\boldsymbol{\eta}+\boldsymbol{k}_{\mathrm{i}}-\boldsymbol{G} \tag{4.8}$$

因为光波的波长是 10^3 nm 量级，所以 $\eta\approx(2\pi/10^3)\ \mathrm{nm}^{-1}$。而 k_{i}，k_{f} 是 $2\pi/a$ 的量级，a 是晶格常数，大约 0.5 nm 的量级，所以 $\eta\ll k_{\mathrm{i}},k_{\mathrm{f}}$。同时 $\boldsymbol{k}_{\mathrm{i}}$、$\boldsymbol{k}_{\mathrm{f}}$ 又限制在布里渊区内，所以 (4.8) 式中$\boldsymbol{\eta}$ 和 $\boldsymbol{G}$ 可以近似地取为零，得到

$$\boldsymbol{k}_{\mathrm{f}}=\boldsymbol{k}_{\mathrm{i}} \tag{4.9}$$

这表示在半导体的带间光跃迁过程中，只有“垂直”跃迁是准许的。

为了求得由频率为 ω 的光所引起的单位体积、单位时间内跃迁数，则必须对所有可能的态求和，包括不同的导带态、价带态和布里渊区中不同的 $\boldsymbol{k}$ 态：

$$W(\omega)=\frac{2\pi}{\hbar}\left(\frac{eA_0}{m_0c}\right)^2\sum_{v,c}\int_{\mathrm{BZ}}\frac{2\mathrm{d}\boldsymbol{k}}{(2\pi)^3}\left|\boldsymbol{e}\cdot\boldsymbol{M}_{cv}\left(\boldsymbol{k}\right)\right|^2\delta\left(E_c(\boldsymbol{k})-E_v(\boldsymbol{k})-\hbar\omega\right) \tag{4.10}$$

其中，

$$M_{cv}\left(\boldsymbol{k}\right)=\int u_c^*\left(\boldsymbol{k},\boldsymbol{r}\right)\boldsymbol{p}u_v\left(\boldsymbol{k},\boldsymbol{r}\right)\mathrm{d}\boldsymbol{r} \tag{4.11}$$

半导体材料的光学性质可以用复介电函数 $\varepsilon=\varepsilon_1+\varepsilon_2$ 或者复折射指数 $N=n+\mathrm{i}\kappa$ 描写，其中 n 是折射指数，κ 称为消光系数。ε 与 N 之间有关系

$$\varepsilon=N^2 \tag{4.12}$$

吸收系数 α 与上述光学常数有关系式

$$\alpha=\frac{2\kappa\omega}{c}=\frac{\varepsilon_2\omega}{nc} \tag{4.13}$$

在一个辐射场的介质中，能量密度为

$$u=\frac{n^2A_0^2\omega^2}{2\pi c^2} \tag{4.14}$$

它的传播速度为 c/n。吸收系数 α 定义为单位体积、单位时间内吸收的能量除以能流，因此得到

$$\alpha(\omega)=\frac{\hbar\omega W(\omega)}{u\,(c/n)} \tag{4.15}$$

将 (4.10) 式和 (4.14) 式代入上式，得到

$$\alpha(\omega)=\frac{4\pi^2e^2}{ncm_0^2\omega}\sum_{v,c}\int_{\mathrm{BZ}}\frac{2\mathrm{d}\boldsymbol{k}}{(2\pi)^3}\left|\boldsymbol{e}\cdot\boldsymbol{M}_{cv}\left(\boldsymbol{k}\right)\right|^2\delta\left(E_c(\boldsymbol{k})-E_v(\boldsymbol{k})-\hbar\omega\right) \tag{4.16}$$

(4.16) 式将微观的跃迁概率与材料的宏观光学常数联系了起来。实际上往往测量材料的吸收系数α，然后由 (4.13) 式得到介电函数的虚数 ε_2，再由克拉默斯–克勒尼希 (Kramers-Kronig) 关系求得它的实部：

$$\varepsilon_1(\omega)=1+\frac{2}{\pi}P\int_0^{\infty}\frac{\omega'\varepsilon_2(\omega')}{\omega'^2-\omega^2}\mathrm{d}\omega' \tag{4.17}$$

式中，P 表示主值积分。

由于 $\boldsymbol{e}\cdot\boldsymbol{M}_{cv}\left(\boldsymbol{k}\right)$ 是 $\boldsymbol{k}$ 的一个缓变函数，可以将它看作一个常数，从积分号内提出，则吸收系数就与下列量成正比：

$$J_{cv}\left(\hbar\omega\right)=\int_{\mathrm{BZ}}\frac{2\mathrm{d}\boldsymbol{k}}{(2\pi)^3}\delta\left(E_c(\boldsymbol{k})-E_v(\boldsymbol{k})-\hbar\omega\right) \tag{4.18}$$

它给出了能量分离为 $\hbar\omega$ 时，导带态与价带态的联合态密度。假设导带底和价带顶都在 Γ 点，导带底和价带顶附近的能带可以用一个简单抛物带描述，它们分别具有有效质量 m_{e}^* 和 m_{h}^*：

$$E_c\left(\boldsymbol{k}\right)=E_{\mathrm{g}}+\frac{\hbar^2k^2}{2m_{\mathrm{e}}^*},\quad E_v\left(\boldsymbol{k}\right)=-\frac{\hbar^2k^2}{2m_{\mathrm{h}}^*} \tag{4.19}$$

式中，取能量零点为价带顶。将 (4.19) 式代入 (4.18) 式，得到

$$J_{cv}\left(\hbar\omega\right)=\frac{2\mu}{\pi^2\hbar^2}\left[\frac{2\mu}{\hbar^2}\left(\hbar\omega-E_{\mathrm{g}}\right)\right]^{1/2} \tag{4.20}$$

其中，μ 为导带和价带有效质量的折合质量：

$$\frac{1}{\mu}=\frac{1}{m_{\mathrm{e}}^{*}}+\frac{1}{m_{\mathrm{h}}^{*}} \tag{4.21}$$

对于直接能隙半导体，例如 GaAs，导带底和价带顶都在 Γ 点，$M_{cv}(k)\neq 0$。实验上测得的在能隙附近的吸收系数应该与 $(\hbar\omega-E_{\mathrm{g}})^{1/2}$ 成正比。由于半导体的价带不能用一个简单的抛物带 ((4.19) 式) 代表，所以实际情况要复杂一些。(4.20) 式是三维半导体的联合态密度。对二维半导体，如果在 Γ 点的导带和价带都是抛物带，则联合态密度是起点为 E_{g} 的台阶形函数，高度为 $(2\mu/\eta^2)/\pi$。能量高于能隙 E_{g} 的光子能够在布里渊区不同对称点上各能带之间跃迁而被吸收。由于各个对称点上能带的形式有各种类型，所以相应的联合态密度 ((4.18) 式) 也有与光子能量不同的函数关系，见文献 [1] 中的表 5.1。表现在实验上就是在该能量附近吸收峰的形状。

4.2 激子效应

实验发现，半导体能隙附近的吸收光谱有一些特征，它不能用 4.1 节的带间跃迁理论来解释，它是由激子产生的。激子是由激发到导带中的电子和留在价带中的空穴之间的库仑相互作用形成的准粒子。低温下在直接跃迁吸收光谱低于能隙能量处会出现一个尖锐的吸收峰，这就是激子形成的吸收峰。激子有两类：一类称为 Frenkel 激子，它的波函数是很局域的，相当于晶体中某一个原子的激发态。这种激子主要发生在离子和分子晶体中。另一类称为 Wannier 激子，它的波函数是扩展的，相互作用势在一个元胞尺度内变化缓慢，因此可以用有效质量理论处理。

假定导带和价带都是简单的抛物带，分别具有有效质量 m_{e} 和 m_{h}。在有效质量近似下，激子的哈密顿量是 [2]

$$H=-\frac{\hbar^2}{2m_{\mathrm{e}}}\nabla_{\mathrm{e}}^2-\frac{\hbar^2}{2m_{\mathrm{h}}}\nabla_{\mathrm{h}}^2-\frac{e^2}{\varepsilon\left|\boldsymbol{r}_{\mathrm{e}}-\boldsymbol{r}_{\mathrm{h}}\right|} \tag{4.22}$$

作坐标变换：

$$\boldsymbol{R}=\frac{1}{2}\left(\boldsymbol{r}_{\mathrm{e}}+\boldsymbol{r}_{\mathrm{h}}\right),\quad \boldsymbol{r}=\boldsymbol{r}_{\mathrm{e}}-\boldsymbol{r}_{\mathrm{h}} \tag{4.23}$$

则哈密顿量可写为

$$H=-\frac{\hbar^2}{2\mu}\nabla_{\mathrm{r}}^2-\frac{e^2}{\varepsilon r}-\frac{\hbar^2}{2}\left(\frac{1}{m_{\mathrm{e}}}-\frac{1}{m_{\mathrm{h}}}\right)\nabla_{\mathrm{r}}\cdot\nabla_{\mathrm{R}}-\frac{\hbar^2}{8\mu}\nabla_{\mathrm{R}}^2 \tag{4.24}$$

式中，μ 是电子、空穴有效质量的折合质量 ((4.21) 式)。由于算符 ∇_{R} 与 H 是对易的，所以本征函数可写为

$$\varPsi = \mathrm{e}^{\mathrm{i}\boldsymbol{K}\cdot\boldsymbol{R}}\psi(\boldsymbol{r}) \tag{4.25}$$

式中，$\boldsymbol{K}$ 是激子波矢；ψ 满足方程：

$$\left[-\frac{\hbar^2}{2\mu}\nabla_{\mathrm{r}}^2 - \frac{e^2}{\varepsilon r} - \frac{\hbar^2}{2}\left(\frac{1}{m_{\mathrm{e}}} - \frac{1}{m_{\mathrm{h}}}\right)\boldsymbol{K}\cdot\nabla_{\mathrm{r}} - \frac{\hbar^2}{8\mu}K^2\right]\psi(\boldsymbol{r}) = E\psi(\boldsymbol{r}) \tag{4.26}$$

假定 K 很小，可以利用微扰论来计算激子的能量。零级近似的哈密顿量为

$$H_0 = -\frac{\hbar^2}{2\mu}\nabla_{\mathrm{r}}^2 - \frac{e^2}{\varepsilon r} \tag{4.27}$$

它有类氢原子的本征能量

$$E_n^0 = -\frac{R_{\mathrm{y}}^*}{n^2} = -\frac{\mu}{\varepsilon^2 n^2}R_{\mathrm{y}} \tag{4.28}$$

和相应的类氢本征函数 ϕ_n，其中 R_{y} 是里德伯常量。

对二维半导体，如果参数与三维半导体的相同，则激子束缚能是 (4.28) 式的 4 倍。

对于小 K 值，微扰展开至 K^2 项，得到

$$E_n(\boldsymbol{K}) = E_n^0 + \frac{\hbar^2 K^2}{8\mu} + \left[\frac{\hbar}{2}\left(\frac{1}{m_{\mathrm{e}}} - \frac{1}{m_{\mathrm{h}}}\right)\right]^2 \sum_m \frac{\left|\langle\phi_n|\,\boldsymbol{K}\cdot\boldsymbol{p}\,|\phi_m\rangle\right|^2}{E_n^0 - E_m^0} \tag{4.29}$$

利用 f 求和规则：

$$\frac{2\hbar^2}{\mu}\sum_m \frac{\langle\phi_n|p_\alpha|\phi_m\rangle\langle\phi_m|p_\beta|\phi_n\rangle}{E_n^0 - E_m^0} = -\delta_{\alpha\beta} \tag{4.30}$$

式中，α、β 代表 x, y, z，就得到

$$E_n(\boldsymbol{K}) = E_n^0 + \frac{\hbar^2}{2}\frac{K^2}{m_{\mathrm{e}} + m_{\mathrm{h}}} \tag{4.31}$$

如果不作变换 (4.23) 式，而变换至质心坐标，

$$\boldsymbol{R}_M = \frac{m_{\mathrm{e}}\boldsymbol{r}_{\mathrm{e}} + m_{\mathrm{h}}\boldsymbol{r}_{\mathrm{h}}}{m_{\mathrm{e}} + m_{\mathrm{h}}}, \quad \boldsymbol{r} = \boldsymbol{r}_{\mathrm{e}} - \boldsymbol{r}_{\mathrm{h}} \tag{4.32}$$

则直接能得到 (4.31) 式。但是质心坐标变换不能用到由简并带组成的激子的情形。

可以证明，价带中一个电子被光激发到导带中产生一个激子态的概率为 [1]

$$\left|\langle 0|\,\boldsymbol{e}\cdot\boldsymbol{p}\,|n\rangle\right|^2=\left|\boldsymbol{e}\cdot\boldsymbol{M}_{cv}(0)\psi_n(0)\right|^2 \tag{4.33}$$

式中，$\psi_n(0)$ 是激子波函数在 r=0 处的值。因此激子光跃迁概率除了与带边光跃迁矩阵元 $\boldsymbol{M}_{cv}$ 有关外，还与激子波函数在 r=0 处的值有关。因此只有 s 态的激子才对光跃迁有贡献，所有角动量量子数 $l \geqslant 1$ 的激子态 (如 p 态、d 态等) 贡献为零。在导带和价带都是简单抛物带的情况下，激子态的哈密顿量由 (4.27) 式给出，它的方程就是类氢原子的方程。本征能量由 (4.28) 式给出，相应的基态本征波函数为

$$\psi_1(\boldsymbol{r})=\frac{1}{\sqrt{\pi a_{\mathrm{B}}^{*3}}}\mathrm{e}^{-r/a_{\mathrm{B}}^*} \tag{4.34}$$

式中，a_{B}^* 是有效玻尔半径：

$$a_{\mathrm{B}}^*=\frac{\varepsilon\hbar^2}{\mu e^2} \tag{4.35}$$

所有 s 态激子波函数在 r=0 处的平方为

$$|\psi_n(0)|^2=\frac{1}{\pi a_{\mathrm{B}}^{*3}n^3} \tag{4.36}$$

式中，n 是主量子数。因此激子线的强度与激子态的主量子数 n 的三次方成反比。当能量大于能隙时，激子态也能存在。这时本征能量 E>0 是连续变化的。

对二维半导体，如果不考虑屏蔽的变化，只考虑相互作用由三维变成二维，则激子的束缚能和基态波函数为 [3]

$$\begin{aligned}\varepsilon_{\mathrm{2D}}&=-4R_{\mathrm{y}}^*=-\frac{2e^4}{\hbar^2}\left(\frac{\mu}{\varepsilon^2}\right)\\ \varPhi_{\mathrm{2D}}(\boldsymbol{r})&=\sqrt{\frac{8}{\pi a_{\mathrm{B}}^{*2}}\mathrm{e}^{-2\rho/a_{\mathrm{B}}^*}}\end{aligned} \tag{4.37}$$

基态 s 态激子波函数在 r=0 处的平方为

$$\left|\varPhi_{\mathrm{2D}}(0)\right|^2=\frac{8}{\pi a_{\mathrm{B}}^{*3}} \tag{4.38}$$

与三维半导体的激子态相比，在同样的参数下，激子束缚能是三维的 4 倍，基态强度是三维的 8 倍。如果考虑二维半导体屏蔽的减弱，则其中的激子束缚能将比 4

倍还大。所以这时用有效质量理论计算二维半导体的激子束缚能就不太合适，一般需要采用第一原理的方法。

由 (4.28) 式可见，激子的结合能与电子和空穴有效质量的折合质量 μ 成正比。电子的有效质量一般远小于空穴的有效质量，因此 μ 稍小于电子有效质量。因此激子的结合能和施主态的束缚能相差不大，只有几 meV。室温下在体材料中，晶格的热运动将使激子态离解成为自由运动的电子和空穴，观察不到激子谱线。只有在低温下才能观察到，并且只观察到 $n=1$ 的激子线，大于 $n>1$ 的激子态，由于它的结合能为 R_{y}^*/n^2，在 77 K 下已经离解，不能观察到。

4.3 MX(M=Sn, Ge; X=S, Se) 的光学性质 [4]

根据文献 [4]，四种材料的体材料都是间接能隙 (见 1.7 节)，而单层材料都有准直接能隙，SnS、SnSe 在布里渊区的 X 和 Y 点，GeS 在 Γ 点，GeSe 在 X 点。要计算吸收谱，就要计算介电函数的虚部 (见 (4.13) 式和 (4.16) 式，但稍有不同)：

$$\varepsilon_2(\omega)_{\alpha\beta} = \frac{2\pi^2 e^2}{m_0^2 V} \sum_{v,c} \int \frac{M_{\alpha\beta}}{\left[E_c(\boldsymbol{k}) - E_v(\boldsymbol{k})\right]^2} \times \delta\left[E_c(\boldsymbol{k}) - E_v(\boldsymbol{k}) - \hbar\omega\right] \mathrm{d}\boldsymbol{k} \tag{4.39}$$

式中，V 是元胞体积。介电函数的实部可以利用 Kramers-Kronig 关系式 (4.17) 得到。由介电函数可以求得光导率：

$$\varepsilon(\omega) = 1 + \frac{\mathrm{i}}{\omega\varepsilon_0}\sigma(\omega), \quad \sigma(\omega) = -\mathrm{i}\omega\varepsilon_0\left[\varepsilon(\omega) - 1\right] \tag{4.40}$$

由 (4.40) 式可见，光导率 σ 与介电函数的虚部成正比。图 4.1 是计算的单层、双层和体材料的光导率作为光子能量 E 的函数。

由图可见，对体材料，理论和实验结果基本相符。光导率几乎是各向同性的，也就是 3 个对角项 σ_{xx}, σ_{yy} 和 σ_{zz}(体) 几乎有相同的大小和谱关系，这与它们的导带和价带结构有关，在 3 个方向上有相似的能带色散。

由介电函数实部的零点，Re[ε]=0，能确定这些材料的等离子体能量。图 4.2 是 4 种 MX 材料的单层、双层和体相的计算介电函数实部和实验结果。

由图 4.2 可以得出低频 (ω=0) 和高频 ($\omega\to\infty$) 介电常数、等离子体频率 ω_{p} 及其实验值 (列于表 4.1)。

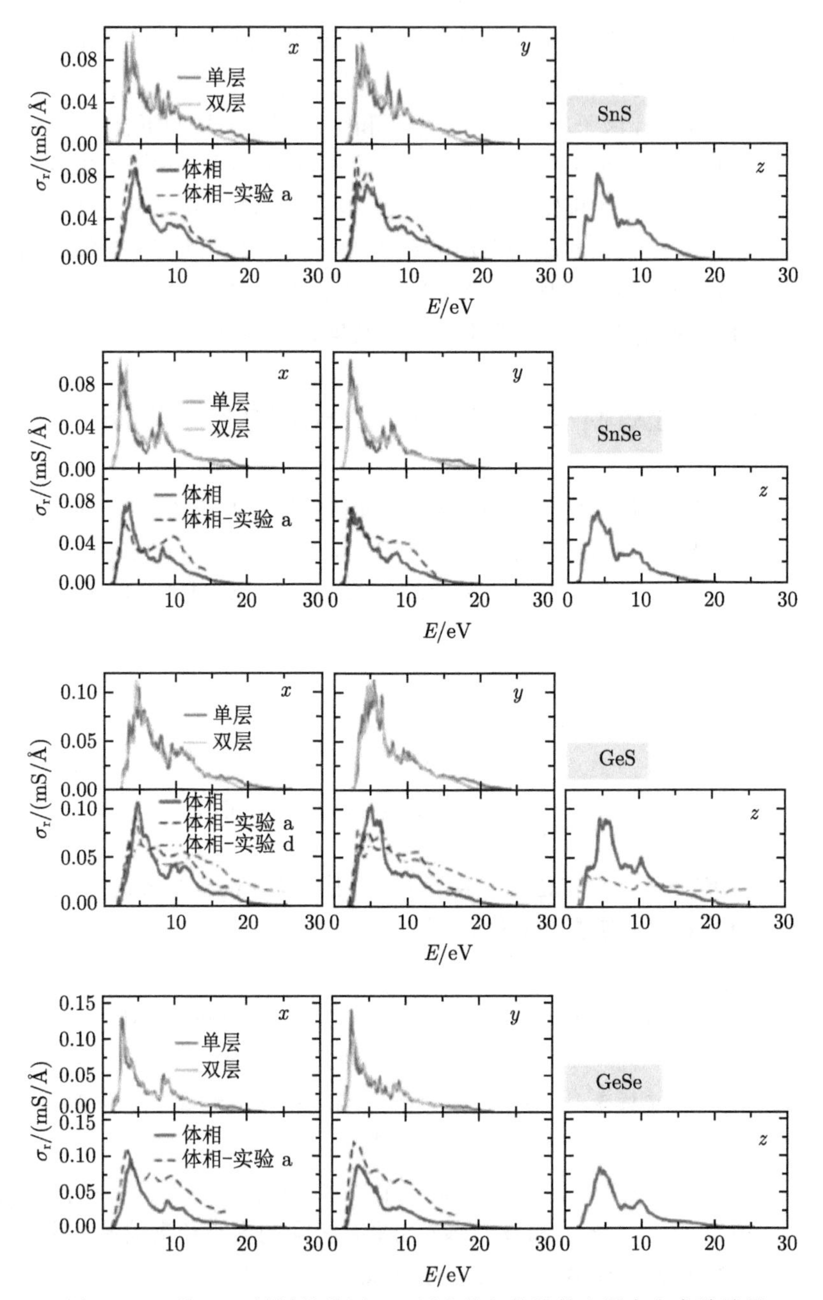

图 4.1　4 种 MX 材料的单层、双层和体相的计算光导率和实验结果

a 和 d 对应不同实验

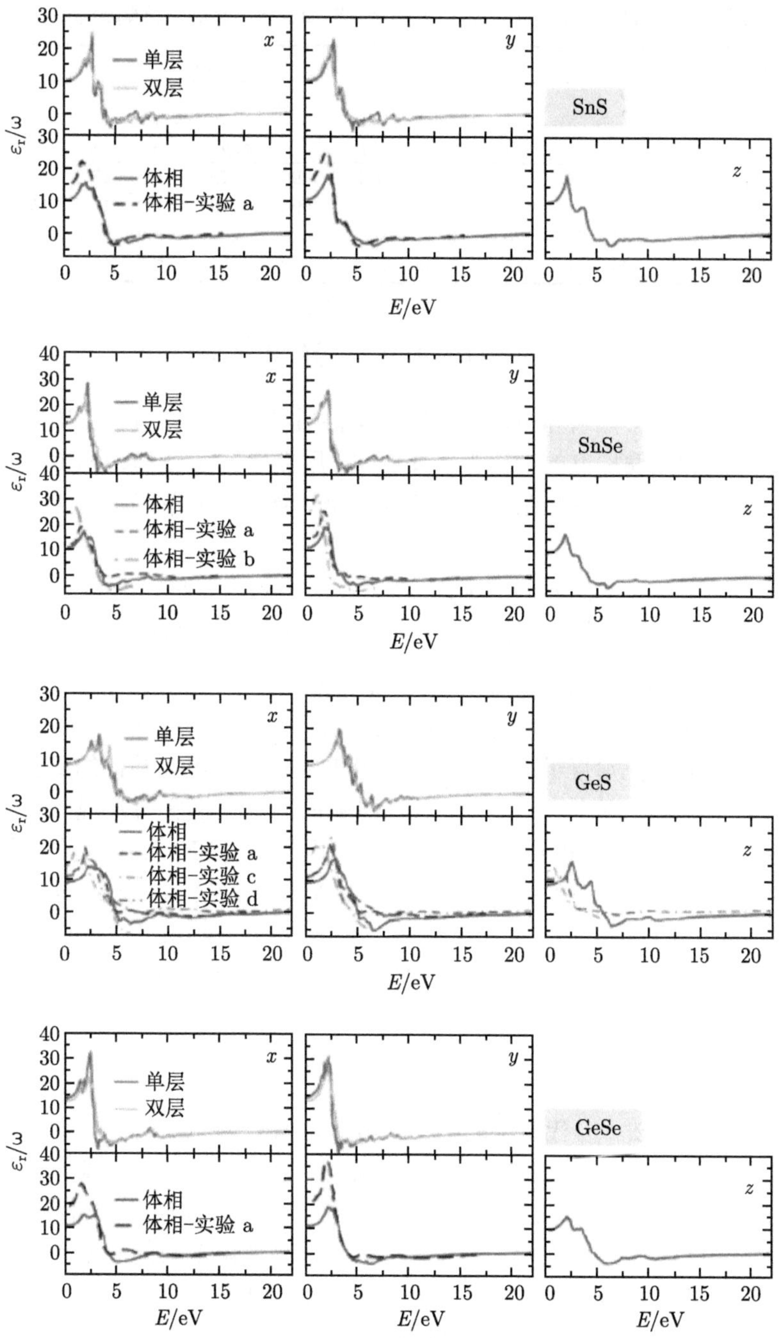

图 4.2 4 种 MX 材料的单层、双层和体相的计算介电函数实部和实验结果

a~d 分别对应不同实验

表 4.1　单层和体 MX 的低频和高频介电函数 ε_r^0 和 ε_r^∞、等离子体频率 ω_p (单位：eV)

	单层					体相							
	ε_r^0		ε_r^∞	ω_p		ε_r^0			ε_r^∞	ω_p			ω_p-实验
	x	y	x,y	x	y	x	y	z	x,y,z	x	y	z	x,y,z
SnS	9.9	10.0	0.69	19.3	19.2	10.30	10.94	9.90	0.72	18.1	17.8	18.0	16.22
SnSe	12.5	12.8	0.77	14.8	14.8	10.90	11.50	9.90	0.78	15.7	15.7	15.9	15.44
GeS	8.7	8.6	0.63	20.4	20.4	9.20	9.45	9.10	0.64	20.2	20.1	20.2	18.21
GeSe	13.8	14.7	0.70	17.2	16.5	10.60	10.96	9.80	0.72	17.7	17.2	17.8	17.30

4.4　黑磷多层的光学性质

实验发现，多层黑磷和单层黑磷的光学性质有很大的差别，光吸收谱显示了对层数、掺杂和光偏振度的敏感性。文献 [5] 用黑磷的 $\boldsymbol{k}\cdot\boldsymbol{p}$ 理论和 Kubo 公式计算了多层黑磷结构的光导性张量。用 $\boldsymbol{k}\cdot\boldsymbol{p}$ 理论计算得到的单层黑磷 $\boldsymbol{k}\cdot\boldsymbol{p}$ 微扰哈密顿量为

$$H_{\text{eff}}=\begin{pmatrix} E_c+\eta_c k_x^2+\nu_c k_y^2 & \gamma_1 k_x+\beta k_y^2 \\ \gamma_1^* k_x+\beta k_y^2 & E_v+\eta_v k_x^2+\nu_v k_y^2 \end{pmatrix} \tag{4.41}$$

拟合 Γ 点附近的导带和价带，得到其中非对角项中αk_x^2 的系数α=0；能隙 $E_c-E_v\approx$0.3 eV。其他参数值已在文献 [6] 中给出。

黑磷中的电子在垂直于层面方向是高度非局域的，不像其他的层状材料，如石墨烯和过渡金属二硫化物 (TMD)。体黑磷的回旋共振实验发现，垂直方向的有效质量远小于 TMD 和石墨烯，角分辨光电子谱 (ARPES) 证实，体黑磷垂直方向 Γ-Z 有抛物形的能带，带宽度 ~0.7 eV。在文献 [4] 中取 $m_{cz}\approx 0.2m_0$，$m_{vz}\approx 0.4m_0$。在多层结构中有多个子带 $E_{c,v}^j$，因此方程 (4.41) 中的 E_c 和 E_v 将被 $E_{c,v}^j$ 代替。在多层结构中还有一个约束能量 (在 z 方向的能带能量)：

$$\delta E_c^j=\frac{j^2\hbar^2\pi^2}{2m_{cz}t_z^2}+\delta_c(t_z) \tag{4.42}$$

式中，j=0, ±1, ±2, ··· 代表层的指标；m_{cz} 是黑磷体沿垂直 z 方向的导带有效质量；t_z=10.7 Å 是 z 方向的晶格常数，层与层之间的距离是它的一半。空穴也有与 (4.2) 式类似的式子，其中$\delta_{c,v}(t_z)$ 选得使计算的多层结构的带隙在 2 eV(单层) 与 0.3 eV(体相) 之间变化。在文献 [5] 中选择黑磷薄膜的厚度为 4 nm 或更大，使得约束能量在带宽 ~0.7 eV 以内，有效质量近似成立。

在 Γ 点附近，平面内的有效质量为 [2]

$$m_{cx}^j=\frac{\hbar^2}{2\left[\gamma^2/\left(E_c^j-E_v^j\right)+\eta_c\right]},\quad m_{cy}^j=\frac{\hbar^2}{2\nu_c} \tag{4.43}$$

对单层，取带隙 ~2 eV，得到 $m_{cx}=m_{vx}\approx 0.15m_0$，而对体黑磷，得到 $m_{cx}=m_{vx}=0.08m_0$，$m_{cy}=0.7m_0$，$m_{vx}=1.0m_0$，取 $\beta\approx 2a^2/\pi^2$。

在光学实验中观察到的物理量能用光导性表示。导电性张量的 Kubo 公式是频率和动量的函数：

$$\sigma_{\alpha\beta}=-\mathrm{i}\frac{g_s\hbar e^2}{(2\pi)^2}\sum_{ss'jj'}\int \mathrm{d}k\frac{f\left(E_{sjk}\right)-f\left(E_{s'j'k'}\right)}{E_{sjk}-E_{s'j'k'}}$$

$$\times\frac{\left\langle\Phi_{sjk}\left|\hat{v}_\alpha\right|\Phi_{s'j'k'}\right\rangle\left\langle\Phi_{s'j'k'}\left|\hat{v}_\beta\right|\Phi_{sjk}\right\rangle}{E_{sjk}-E_{s'j'k'}+\hbar\omega+\mathrm{i}\eta}\tag{4.44}$$

式中，$\hat{v}_\alpha=\hbar^{-1}\partial_{k\alpha}$ 是速度算符；g_s=2 考虑了自旋简并度；$\eta\approx$10 meV 考虑了有效阻尼；$f(\cdot)$ 是费米–狄拉克 (Fermi-Dirac) 分布函数，在所有计算中温度取为 300 K；指数 $\{s,s'\}=\pm1$ 分别表示导带和价带；E_{sjk} 和 Φ_{sjk} 分别是本征能量和本征函数。

由 $\boldsymbol{k}\cdot\boldsymbol{p}$ 微扰哈密顿量 (4.41) 式，解相应的久期方程可以求得 E_{sjk} 的解析表示式：

$$\begin{aligned}E_{\pm jk}=&\frac{1}{2}\left[\left(E_c^j+E_v^j\right)+k_x^2\left(\eta_c-\eta_v\right)+k_y^2\left(\nu_c-\nu_v\right)\right]\\&\pm\frac{1}{2}\Big\{\Delta^2+2\Delta\left[k_x^2\left(\eta_c+\eta_v\right)+k_y^2\left(\nu_c+\nu_v\right)\right]\\&+\left[k_x^2\left(\eta_c+\eta_v\right)+k_y^2\left(\nu_c+\nu_v\right)\right]^2+4\left(\gamma k_x+\beta k_y\right)^2\Big\}^{1/2}\end{aligned}\tag{4.45}$$

式中，$\Delta=E_c^j-E_v^j$。

对黑磷多层结构，光跃迁的选择定则为：$ss'=\pm1$ 和 $j=j'$。也就是跃迁只发生在一层内的导带与价带之间。否则，(4.44) 式中的 $\langle\cdot\rangle$ 等于零。因为光子的动量 $\boldsymbol{q}$ 与电子的动量 $\boldsymbol{k}$ 相比可忽略，所以只需求电导率 $\sigma_{\alpha\beta}(q\to 0,\omega)$。这里只有电导率的对角分量 $\sigma_{xx}(\omega)$ 和 $\sigma_{yy}(\omega)$ 不等于零。

以下为多层黑磷吸收谱的理论计算结果。图 4.3(a) 是 10 nm 黑磷的光导率实部 $\mathrm{Re}(\sigma_{xx})$ 和 $\mathrm{Re}(\sigma_{yy})$ 作为频率 ω 的函数 [5]。由图可见，σ_{xx} 有 3 个峰，分别对应于 $11'$, $22'$, $33'$ 能级之间的跃迁。纵坐标以 $\sigma_0=e^2/4\hbar$ 作为单位，这是石墨烯的普适电导率。两条 σ_{yy} 曲线分别取 $2\times\beta$ 和 $10\times\beta$ 得到的。注意到 σ_{xx} 和 σ_{yy} 有很大的差别，σ_{yy} 只随带间耦合项 β 值从 $1\text{–}10a^2/\pi^2(\mathrm{eV\cdot m^2})$ 线性增加，这与平面内有效质量各向异性无关，因为即使取 $m_x=m_y$，还是不改变定性的图像，这与 x 和 y 方向电子结构的差别有关。

图 4.3(b) 是 $\mathrm{Re}(\sigma_{xx})$ 作为 ω 的函数与黑磷层厚度的关系，厚度在 4~20 nm 变化。当厚度减小时，吸收边从 0.3 eV 增加到 0.6 eV，由于能隙增加了，σ_{xx} 也增加了，在厚度 20 nm 时 σ_{xx} 接近饱和。

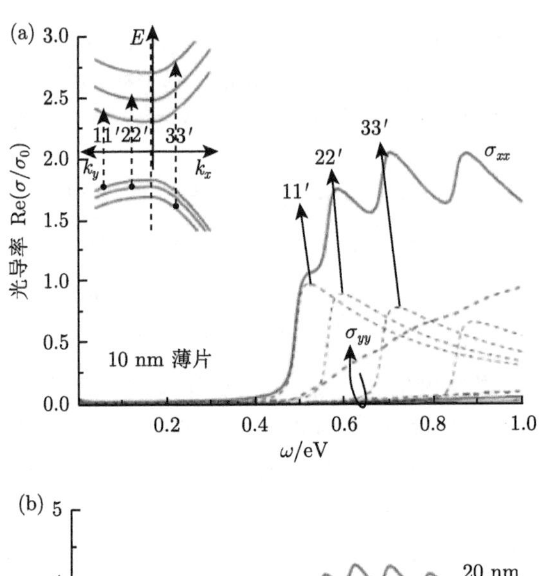

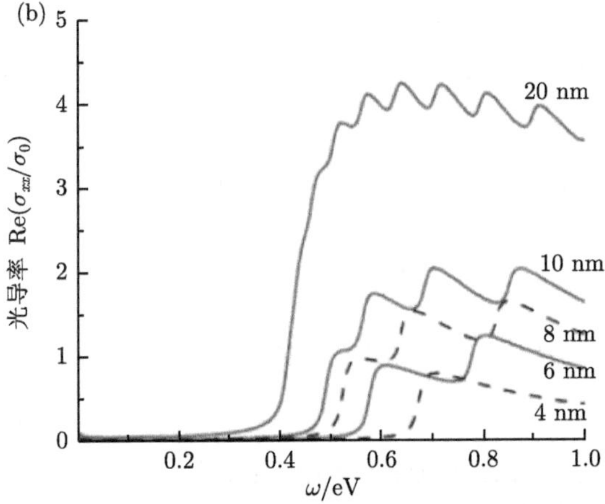

图 4.3　(a) 10 nm 黑磷的光导率实部 $\mathrm{Re}(\sigma_{xx})$ 和 $\mathrm{Re}(\sigma_{yy})$ 作为频率 ω 的函数，插图是能带和光跃迁的示意图；(b) $\mathrm{Re}(\sigma_{xx})$ 作为 ω 的函数与黑磷层厚度的关系

4.5　SnS_2 和 $SnSe_2$ 二维材料的激子效应 [7]

对二维半导体，只考虑库仑相互作用是二维的，则得到的激子束缚能和波函数如 (4.37) 式所示。但介质屏蔽的情况比较复杂，对单层结构，两边都是真空，所以有效里德伯能量 (4.28) 式和有效玻尔半径 (4.35) 式中的介电常数 ε 应取 1。对多层材料，ε 既不等于 1，也不等于体材料的值，而是介于两者之间。假定材料是 N 层结构，则有效介电常数等于

$$\varepsilon_{\text{eff}} = [(N-1)\,\varepsilon + 1]/N \tag{4.46}$$

此外，二维激子的束缚能 (4.37) 中还要加一个修正因子$\gamma(r_0/a_{\mathrm{B}}^*)$：

$$
\begin{aligned}
E_{2\mathrm{D}} &= -4\left(\frac{\mu}{\varepsilon_{\mathrm{eff}}^{2}}\right)\gamma\left(\frac{r_0}{a_{\mathrm{B}}^{*}}\right)R_{\mathrm{y}} \\
r_0 &= 2\pi\chi_{2\mathrm{D}}/\varepsilon_{\mathrm{eff}} \\
\varepsilon_{xy}(L) &= 1+4\pi\chi_{2\mathrm{D}}/L
\end{aligned}
\tag{4.47}
$$

式中，r_0 是屏蔽长度；$\chi_{2\mathrm{D}}$ 是二维极化率，由平面内的介电常数 ε_{xy} 确定；L 是层的厚度；a_{B}^{*} 是有效玻尔半径，如 (4.35) 式，但其中的 ε 要换成 $\varepsilon_{\mathrm{eff}}$。

由 (4.46) 式可见，当材料由单层变到体材料时，有效介电常数由 1 变到 ε。屏蔽长度 $r_0 \propto 1/\varepsilon_{\mathrm{eff}}$，修正因子$\gamma$ 描写了非局域屏蔽效应，在 $r_0=0$ 时为 1，当 r_0 增大时逐渐变小。物理上可以理解，屏蔽长度变大，屏蔽作用增加，使激子束缚能减小，$\gamma(x)$ 已由表列出 [8]。

图 4.4 是 SnS_2 和 $SnSe_2$ 的二维极化率 $\chi_{2\mathrm{D}}$、屏蔽长度 r_0、激子束缚能 $E_{2\mathrm{D}}$ 的层数依赖关系。计算中考虑到这两种材料在 x 和 y 方向的高度各向异性，分别取两个方向的约化有效质量，以及平均有效质量：

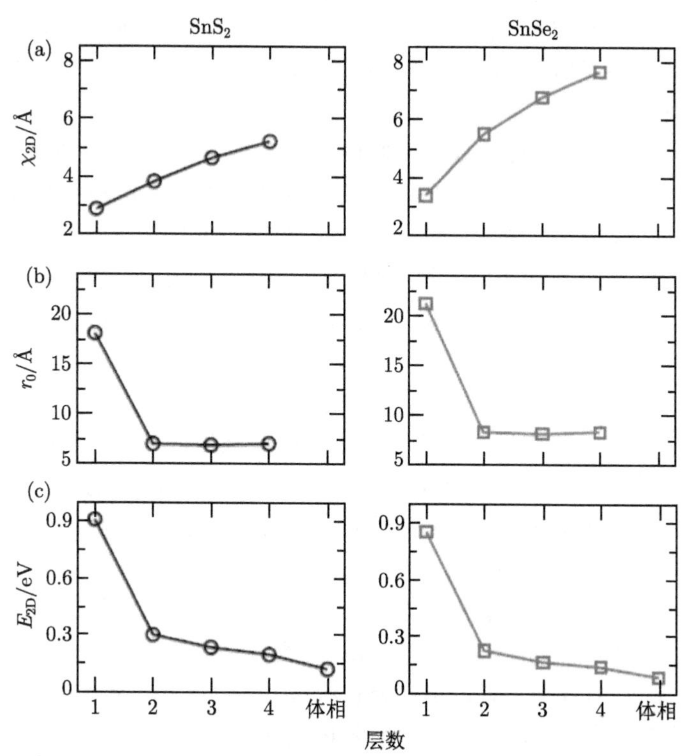

图 4.4 SnS_2 和 $SnSe_2$ 的 (a) 二维极化率 $\chi_{2\mathrm{D}}$，(b) 屏蔽长度 r_0，(c) 激子束缚能 $E_{2\mathrm{D}}$ 的层数依赖关系

$$\mu_i = \left(m_i^{\mathrm{e}} m_i^{\mathrm{h}}\right) / \left(m_i^{\mathrm{e}} + m_i^{\mathrm{h}}\right), \quad i = (x, y)$$
$$\mu^{\mathrm{2D}} = 2\left(\mu_x^{-1} + \mu_y^{-1/3} \mu_x^{-2/3}\right) \tag{4.48}$$

(4.48) 式中的第二式是由各向异性激子的变分计算 [9] 得到的。

由图可见，对 SnS_2 和 $SnSe_2$，单层激子的束缚能 E_{2D} 分别为 0.91 eV 和 0.86 eV。对 2 层，由于 $\varepsilon_{\mathrm{eff}}$ 增加和 γ 增大的综合效果，E_{2D} 减小到原来的 1/3。当层数进一步增加时，激子束缚能接近于体材料的束缚能 0.14 eV(SnS_2) 和 0.09 eV ($SnSe_2$)。

4.6　黑磷的激子效应 [10]

单层黑磷的能带如图 4.5(a) 所示，给出了用两种方法计算的能带，虚线是用 DFT 计算的 (同图 1.3)，实线是用多体理论计算的准粒子能带，包括了自能修正。由图可见两者相差较大，特别是在 Γ 点的能隙，由 0.8 eV 增大到 2.0 eV。能隙增大 150%，远大于其他的二维半导体。这是由于最低导带和最高价带的高度各向异性，特别是沿 Γ-Y (锯齿形) 方向价带非常平，有效质量很大，约为 $6.2m_{\mathrm{e}}$。因此限制了粒子在扶手椅 (armchair) 方向的一维环境中的运动。有效的低维对较大的自能修正有贡献。

单层、2 层、3 层和体黑磷的光吸收谱示于图 4.5，假定光的偏振沿 Γ-X(扶手椅) 方向。其中体材料的吸收谱是每层平均的，虚线是单粒子吸收谱，实线是包括电子–空穴 (e-h) 相互作用的结果，也就是激子效应的吸收谱。由图可见，除了体材料，层状材料的激子效应很明显，所有的主要光学特性都是由激子态决定的。例如单层黑磷，第一激子峰位于 1.2 eV，激子束缚能高达 800 meV，与其他单层半导体和一维纳米结构的相当，主要原因是维数减小和屏蔽减小。实验上测得的单层吸收峰在 1.45 eV，与图 4.5 的理论激子峰位置 1.25 eV 基本相符。其他影响到实验值的因素有缺陷、掺杂等。对体材料来说，如图 4.5(d)，激子效应很小，吸收谱几乎不变。理论计算激子束缚能约为 30 meV，与其他体半导体相似。因为它的层间相互作用很大，在垂直方向的能带色散也大，类似于真正的体材料，而不同于某些层间耦合弱的材料，如 BN，体 BN 的激子束缚能高达 600 meV。

各向异性的激子。由于黑磷结构在 x-y 平面内的各向异性，当光偏振方向沿 y 方向 (锯齿形) 时，只有能量大于 2.8 eV 的光才被吸收 (从单层到体材料)。当偏振方向沿 x 方向 (扶手椅) 时，单层材料吸收 1.1~2.8 eV 能量的光，如图 4.5(a) 所示。这种吸收与偏振方向敏感的材料可以用作自然的线偏振器，在液晶显示、三维可见技术、(生物) 皮肤学、光量子计算机等中有重要的应用。

同样，如果偏振沿扶手椅方向，激子波函数也沿该方向扩展。对单层材料，激

发态激子 E_2^1 的波函数与基态激子 E_1^1 的波函数相比，在锯齿形方向分成 2 片，中间是节点。

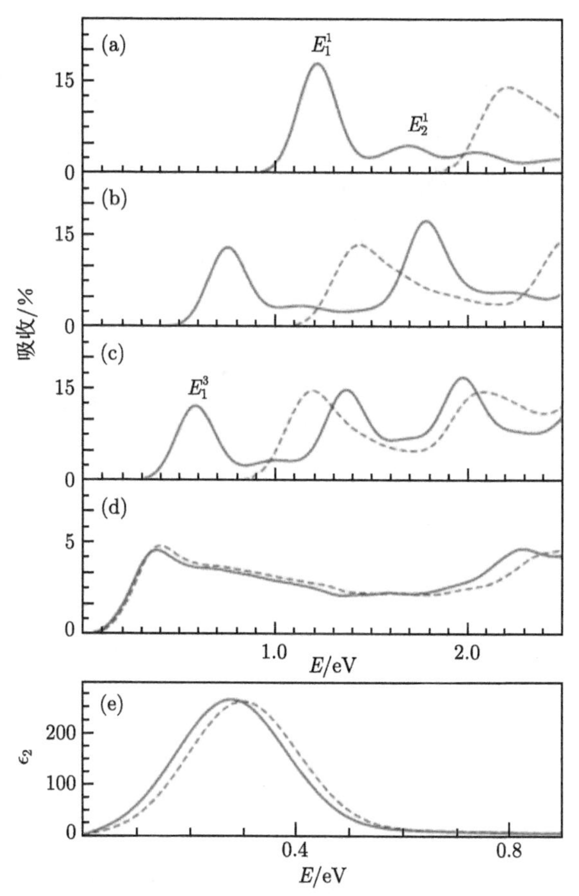

图 4.5 (a) 单层、(b) 2 层、(c) 3 层和 (d), (e) 体黑磷的光吸收谱
其中体材料的吸收谱每层是平均的，虚线是单粒子吸收谱，实线是包括 e-h 相互作用的结果，也就是激子效应的吸收谱

4.7 单层 MoS_2 的发光 [11]

MoS_2 体材料是间接带隙的，因此不发光，但 MoS_2 单层材料却发光。图 4.6 是在石英衬底上的超薄 MoS_2 材料的反射谱和发光谱。反射谱与吸收常数成正比，观察到的吸收峰在 1.85 eV(670 nm) 和 1.98 eV(6.27 nm)，对应于 A1 和 B1 直接跃迁激子峰 (见图 4.6(a) 中的插图)，这是由于价带顶的自旋轨道能量分裂。插图是体材料的能带，显示了一个约 1 eV 的间接带隙，在 K 点有一个能量较高的直

接激子跃迁。图 4.6(b) 显示了单层 MoS_2 的强发光峰，在体材料中没有观察到这种发光。

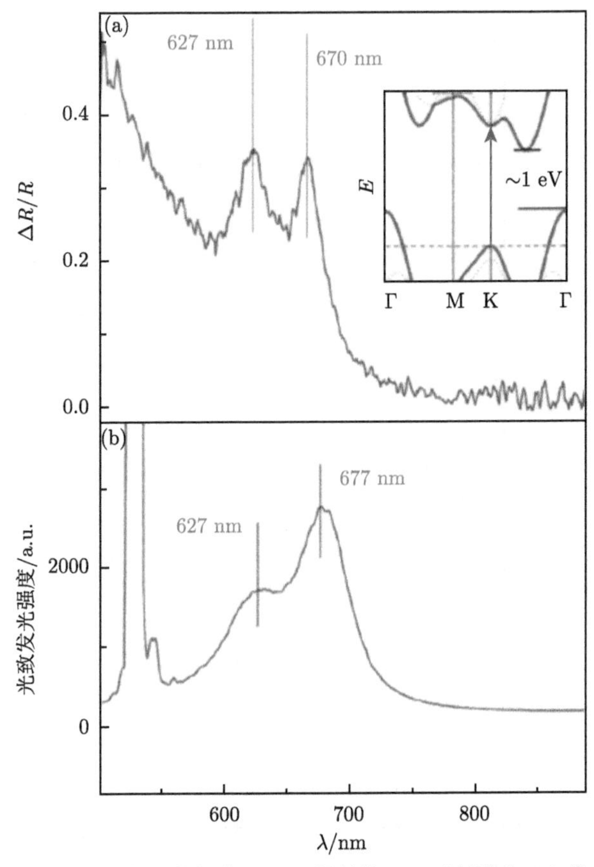

图 4.6　石英衬底上的超薄 MoS_2 材料的 (a) 反射谱和 (b) 发光谱

图 4.7(a) 是 MoS_2 单层、2 层、6 层和体材料的发光谱和拉曼谱，图 4.7(b) 是按拉曼 (Raman) 强度归一的发光谱。由图可见，发光谱随层数减小而增大。单层 MoS_2 的拉曼信号是相对弱的，因为很少材料被激发，但是它的发光是最强的。图 4.7(b) 中由拉曼强度归一的发光强度就更大了。

图 4.8 是计算的 MoS_2 能带，箭头表示 $\boldsymbol{k}$ 空间中的电子跃迁，只有单层 MoS_2 是直接跃迁，发生在布里渊区的 K 点。这直接解释了实验上观察到的单层 MoS_2 的强发光现象。

图 4.9(a) 是单层和 2 层 MoS_2 的发光谱 [12]，由图可见，它们主要包括 A 和 B 峰。对单层，在 1.9 eV 的 A 峰与吸收峰相重，所以将单层的光致发光 (PL) 归于直接带隙发光。对双层样品，A 和 B 峰归于直接带隙的热发光，可能是杂质

或缺陷发光 (量子效率低)。在 1.59 eV 较低的 I 峰 (低于直接带隙吸收峰 ~300 meV) 归于间接带隙发光。

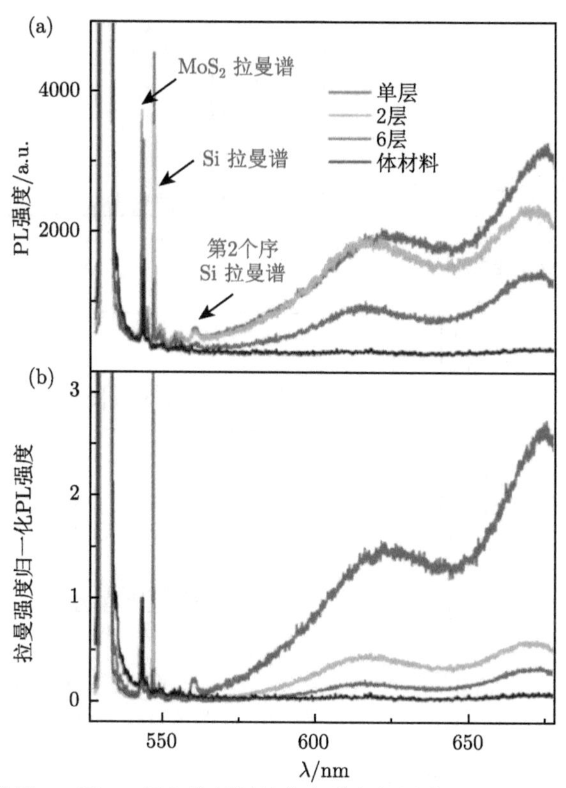

图 4.7 MoS_2(a) 单层、2 层、6 层和体材料的发光谱和拉曼谱；(b) 按拉曼强度归一的发光谱

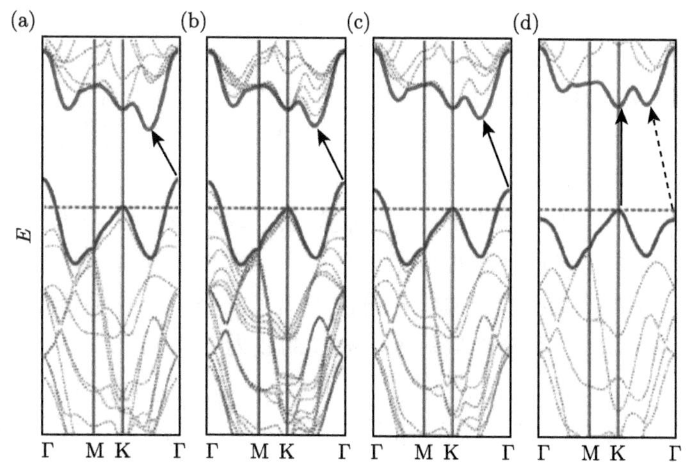

图 4.8 计算的 MoS_2 能带，(a) 体材料，(b)4 层，(c)2 层，(d) 单层

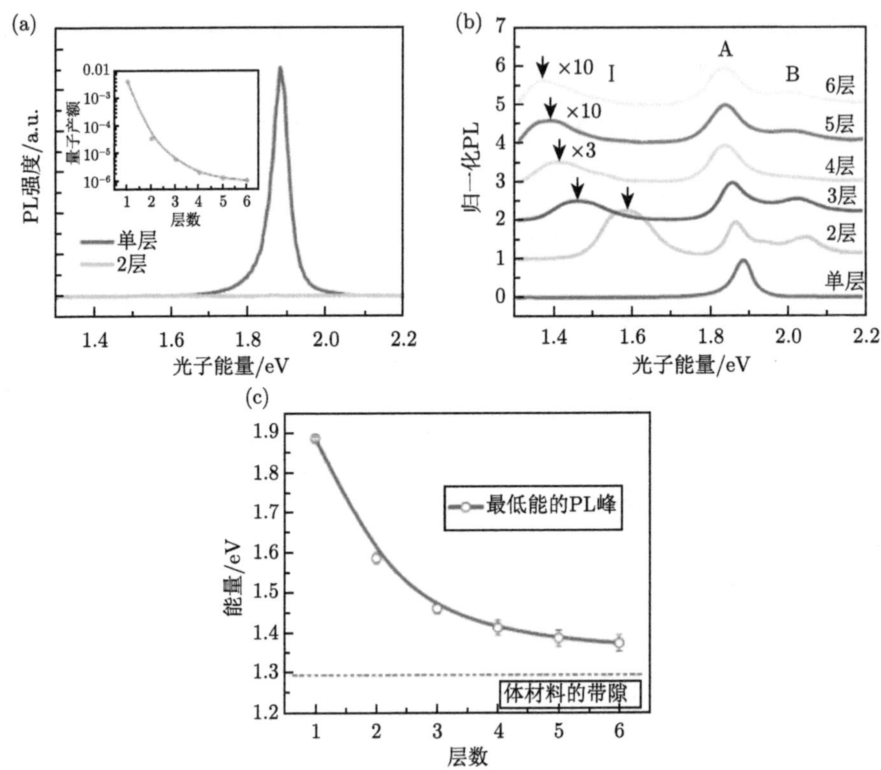

图 4.9　(a) 单层和 2 层 MoS_2 的发光谱，插图：1~6 层的 PL 量子产额；(b) 1~6 层归一化的 PL 谱，其中 I 峰被放大；(c) 带隙能量作为层数的函数

在少数层 MoS_2 中，其间接带隙光跃迁的测量受到吸收测量灵敏度的限制。在弱激子结合能的情况下，例如室温 MoS_2，光电导谱可以使吸收谱减到最小。所以光电导谱研究表明，单层和 2 层 MoS_2 低于直接带隙的光学响应。图 4.10(a) 是归一化的吸收和发光谱；(b) 是光电导谱 [12]。由图可见，对 2 层 MoS_2，光电导谱在 1.6 eV 处产生，与 PL 的 I 峰相符。电导率随光子能量的增加逐渐上升，趋于直接带隙。另一方面，对单层 MoS_2，光导率在 1.8 eV 处上升，近 3 个数量级，对应于从直接带隙的光吸收。

对二维材料，直接带隙附近的光吸收与它的联合态密度 $\Theta(\hbar\omega - E_g)$ 成正比，这是一个阶梯函数。考虑了温度和散射效应，吸收曲线还有 30 meV 的加宽，与图 4.10(b) 中的单层 MoS_2 的曲线相符，证明了它是一个直接带隙材料。另一方面，对 2 层 MoS_2，在间接带隙附近，吸收曲线为

$$A(\hbar\omega) \propto \sum_{\alpha}\left[\frac{\hbar\omega - \hbar\Omega_\alpha - E'_g}{1-\exp(-\hbar\Omega_\alpha/kT)} + \frac{\hbar\omega + \hbar\Omega_\alpha - E'_g}{\exp(-\hbar\Omega_\alpha/kT)-1}\right] \propto \left(\hbar\omega - E'_g\right) \tag{4.49}$$

式中，E_g' 和 $\hbar\Omega_\alpha$ 分别表示间接带隙能量和声子能量。取间接带隙 $E_g' = 1.6$ eV，由 (4.49) 式计算的双层 MoS_2 的吸收曲线，与图 4.10(b) 符合得很好。

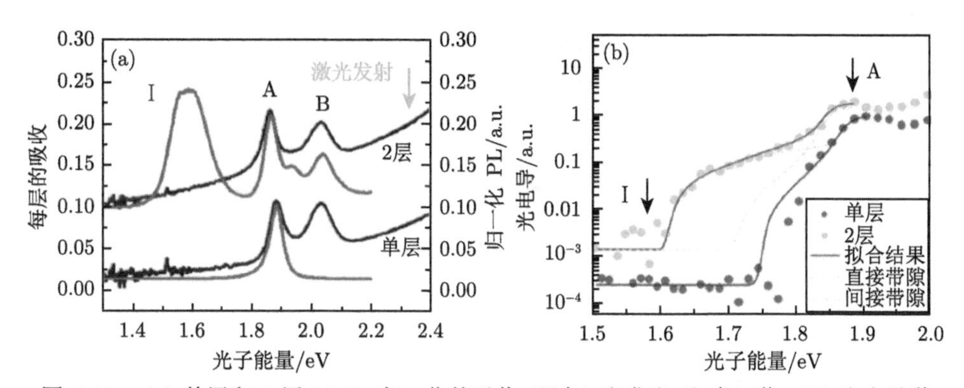

图 4.10 (a) 单层和 2 层 MoS_2 归一化的吸收 (黑色) 和发光 (红色) 谱；(b) 光电导谱

4.8 α-tellurene 的激子态和振荡强度 [13]

近年来，单元素半导体碲烯 (tellurene) 受到了越来越多的关注，实验和理论上都证明其存在多种相：1T 相 (α-tellurene)、亚稳四方相 (β-tellurene)、2H 相 (γ-tellurene)。其中，α-tellurene 被预测具有 1.15 eV 的间接带隙和量级为 10^3 $cm^2/(V{\cdot}s)$ 的高载流子迁移率 [14]，此外，它还具有大的开关比 (约为 10^6) 以及强的宽光谱吸收。Xia 等研究了激子效应对 α-tellurene 光学性质的影响。

图 4.11(a) 和 (b) 是少层 α-tellurene 的俯视图和侧视图，单层 α-tellurene 由 3 层原子组成。图 4.11(d) 是单层、2 层、3 层 α-tellurene 的准粒子能带，它们的带隙分别为 1.19 eV、0.69 eV、0.65 eV。当考虑了自旋轨道耦合效应之后，单层、2 层、3 层 α-tellurene 的带隙分别减少到 0.71 eV、0.31 eV、0.24 eV。由于层间的库仑相互作用，真空层的厚度对于获得收敛的准粒子能带结构和激子结合能非常重要。通过计算真空层厚度为 20 Å 和 30 Å 的准粒子能带结构和光谱发现：在两种厚度情况下，准粒子能带结构和吸收光谱之间没有差异。所以 20 Å 的真空层厚度足以确保收敛。此外，图 4.11(d) 表明带隙随层数的增加而减小，这是由量子限制效应的减弱所致。这些结果表明，二维 α-tellurene 具有厚度可调的能带结构，并且可以是近红外光电应用的理想候选者。

图 4.12(a) 是少层 α-tellurene 的介电函数的虚部，橙线和红线分别代表在考虑激子效应后有无自旋轨道耦合的情况，青色阴影代表未考虑激子效应情况，蓝色竖线表示激子的振荡强度。结果表明，当考虑激子态时，光谱出现红移现象，表明激子效应对材料的光学性质有很大影响。此外，少层 α-tellurene 激子的振荡强

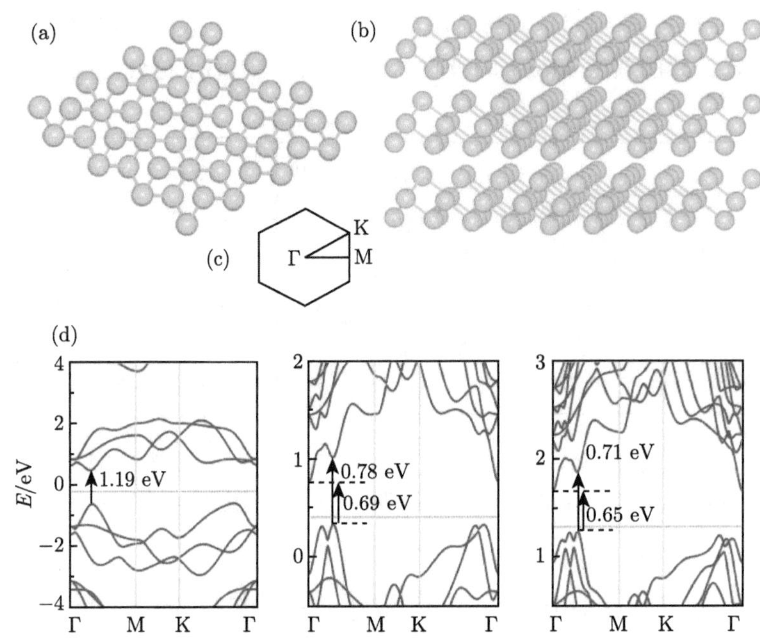

图 4.11 少层 α-tellurene 的 (a) 俯视图，(b) 侧视图，(c) 布里渊区和 (d) 单层、2 层、3 层准粒子能带

度主要分布在 1~2 eV 光谱范围内，并且与激子峰匹配得很好，这表明在所考虑的能量范围内电子与空穴之间的复合率很高。对比不同层数的光谱图可以发现，增加厚度会导致第一个激子峰出现明显的红移。对于单层 α-tellurene，第一个激子峰位于 1.01 eV 处，具有较高的振荡强度，这个高的强度起源于从价带边缘到导带边缘的光学跃迁。然而，对于 2 层和 3 层 α-tellurene，第一激子峰分别位于 0.65 eV 和 0.63 eV 处。这是由于当层数增加时，量子限制效应减小，从而导致带隙值减小。图 4.12(b) 是用来描述面内偏振的光电导的实部，它是针对法向入射而测量的。共振峰源自激子效应，与图 4.12(a) 中所示的光谱一致。

激子结合能可以用来描述少层 α-tellurene 中激子效应的强度，其定义为 G_0W_0-BSE 光吸收能与最小 G_0W_0 直接带隙之间的差。如图 4.11(d) 所示，2 层和 3 层 α-tellurene 是间接带隙半导体，所以它们的激子结合能需使用最小的直接带隙来计算。单层、2 层和 3 层 α-tellurene 的激子结合能分别为 0.18 eV、0.13 eV 和 0.08 eV。如图 4.12(a)，考虑 SOC 效应后，单层、2 层和 3 层 α-tellurene 的第一个激子峰分别在 0.78 eV、0.49 eV 和 0.34 eV，相应的最小直接跃迁带隙减小至 0.93 eV、0.59 eV 和 0.41 eV。在此情况下，单层、2 层和 3 层 α-tellurene 的激子结合能分别为 0.15 eV、0.10 eV 和 0.07 eV。与没有 SOC 效应的情况相比，激子结合能略有降低。这是因为 SOC 效应通常会减小带隙并增加介电屏蔽，这可能会削弱电子–空穴相互作用从而降低激子结合能。因此，不考虑 SOC 时的 GW 计算高估了激子结合能，而 GW-SOC 计算给出了更精确的值。

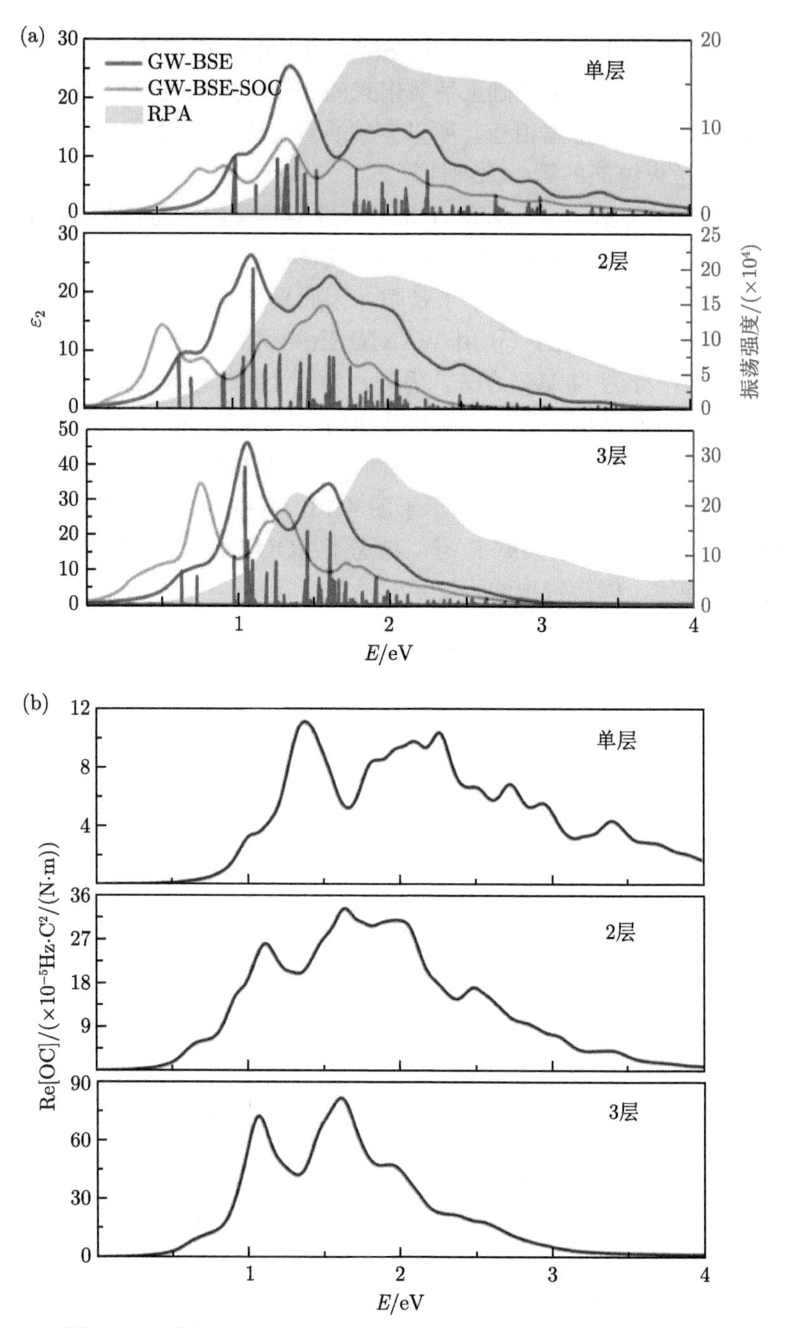

图 4.12 少层 α-tellurene 的 (a) 光吸收谱和 (b) 光电导的实部

4.9　二维半导体 SnSSe 激子效应的理论计算 [15]

在 4.5 节中已经介绍了二维半导体 SnS_2 和 $SnSe_2$ 中的激子效应 [7]，其中激子束缚能是在有效质量理论基础上估算出来的，分别为 0.91 eV 和 0.86 eV。这样大的激子束缚能已经与带隙相当，所以有效质量理论不再成立。本节介绍二维半导体 SnSSe 激子束缚能的第一原理计算。

这里采用了三种第一原理方法计算了二维半导体的能带：① DFT，以及在 Perdew-Bruke-Ernzerhof(PBE) 框架内的广义梯度近似 (GGA)，以下简称 PBE 方法；② PBE 泛函方法通常低估了带隙，因此采用 Heyd-Scuseria-Ernerhof 泛函 HSE06，称为 HSE 方法；③ 用 WANNIER90 程序，在 G_0W_0 近似下计算准粒子 (QP) 能带，称为 G_0W_0 方法。另外，为了计算二维半导体的光学性质，特别是激子效应，也就是电子和空穴的相互作用，采用在 Tamm-Dancoff 近似下解 Bethe-Salpeter 方程 (BSE) 求吸收和激子谱。详见文献 [15] 和第 2 章。

用三种方法计算的 SnSSe 能带示于图 4.13，其中导带底总是在 M 点，没有考虑 SOC 效应时，价带顶偏离 Γ 点，考虑了 SOC 以后，价带顶移到 Γ 点。这是间接带隙半导体，间接带隙约为 2 eV。

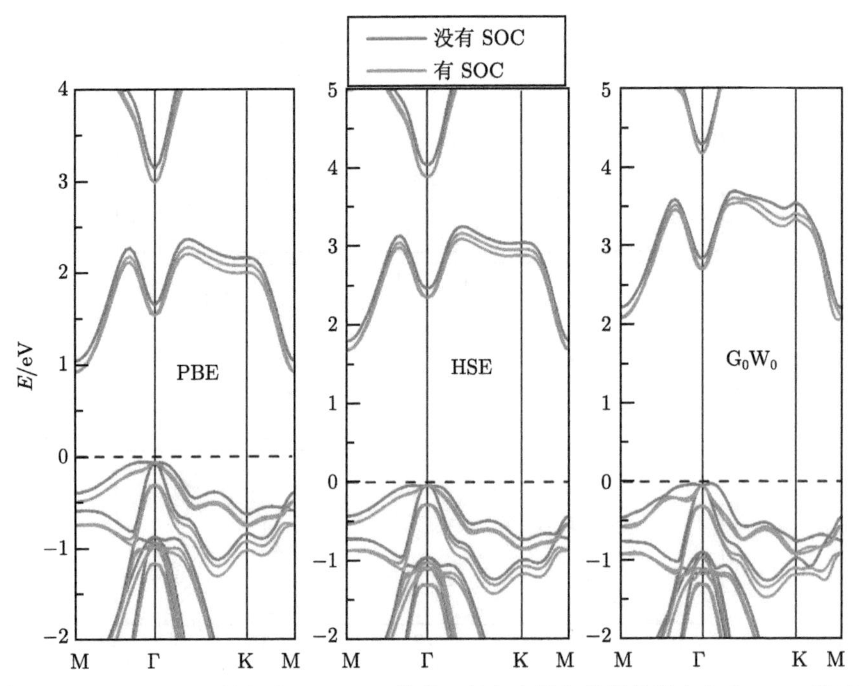

图 4.13　用三种方法计算的单层 SnSSe 能带，绿色和橙色分别是没有和有 SOC 的结果

解 Bethe-Salpeter 方程计算单层 SnSSe 的介电函数虚部 $\varepsilon_2(\omega)$，结果如图 4.14 所示，其中绿色和橙色分别是没有和有 SOC 的结果，点线是无规相近似 (RPA) 的结果。由图 4.13 可见，由 HSE 计算得到的在 M 点的直接带隙为 2.68(2.86)eV(分别对应没有 SOC 和有 SOC 的情况)。

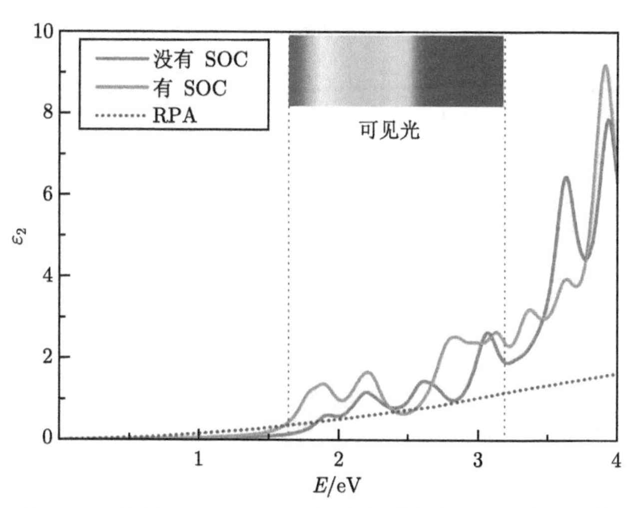

图 4.14 单层 SnSSe 介电函数的虚部作为光子能量的函数

激子束缚能定义为第一个激子峰能量与最小的直接 G_0W_0 带隙能量之差，因此得到了一个大的激子束缚能 0.76(0.97) eV。这是由屏蔽的减小导致的。由于激子束缚能大，则二维激子相对三维激子更加稳定，计算发现，在一个宽的电场范围内 (−1.0∼+1.0 eV)，激子的束缚能仍保持不变。

用同样的方法计算了双层 SnSSe 的能带结构，由于计算 SOC 的工作量太大，双层问题就不再考虑 SOC 效应。图 4.15 是用 G_0W_0 方法计算的双层 SnSSe 能带。双层 SnSSe 有三种不同的位形 (模型 1 ∼ 模型 3)，区别在于从上到下，Se 原子和 S 原子的相对排列，如模型 1，排列是 Se-S-Se-S，也就是第一层是 Se-Sn-S 排列，第 2 层是 Se-Sn-S 排列，依此类推。由图可见，三种不同位形的能带差别不大。

解 Bethe-Salpeter 方程计算双层 SnSSe 的介电函数虚部 $\varepsilon_2(\omega)$，结果如图 4.16 所示，其中阴影是单层的结果。由图可见，双层的最低吸收峰相对于单层蓝移了许多。模型 1∼ 模型 3 的第一个吸收峰分别位于 1.92 eV、1.92 eV 和 1.75 eV，而由 G_0W_0 计算的相应的最小直接带隙分别为 2.13 eV、2.27 eV 和 2.23 eV，所以模型 1、2、3 的激子束缚能分别为 0.48 eV、0.35 eV 和 0.48 eV，几乎是单层激子束缚能的一半，这是由于维度增加，屏蔽效应减弱。值得注意的是，单层的

SnS_2 激子束缚能为 0.41 eV，比单层的 SnSSe 小得多，与双层的 SnSSe 激子束缚能相当。由图 4.14 和图 4.16 可见，单层和双层的 SnSSe 激子峰都在可见和红外范围，这将在太阳能电池方面有广泛应用。

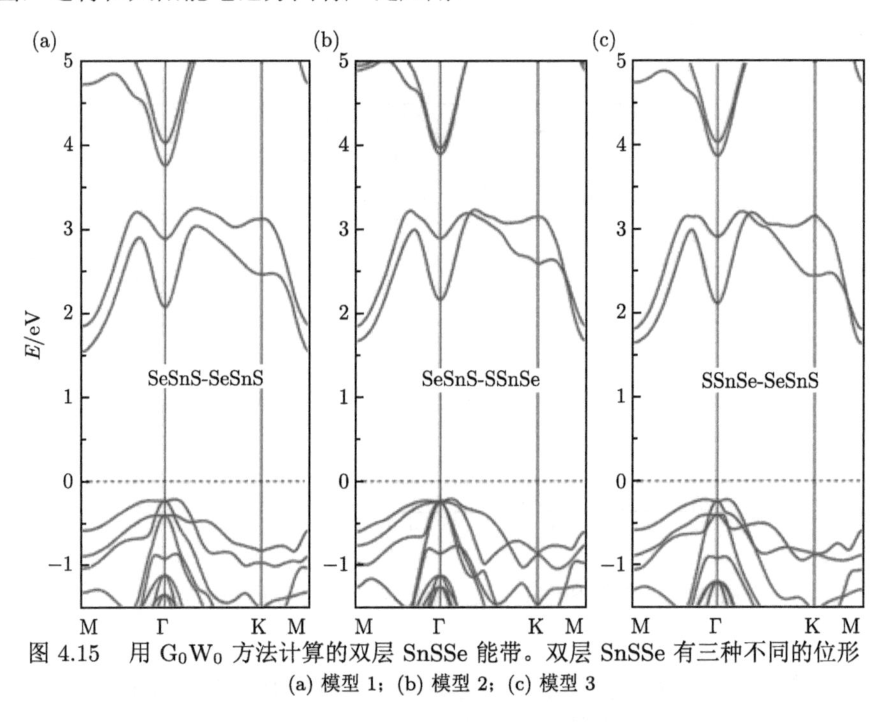

图 4.15　用 G_0W_0 方法计算的双层 SnSSe 能带。双层 SnSSe 有三种不同的位形
(a) 模型 1；(b) 模型 2；(c) 模型 3

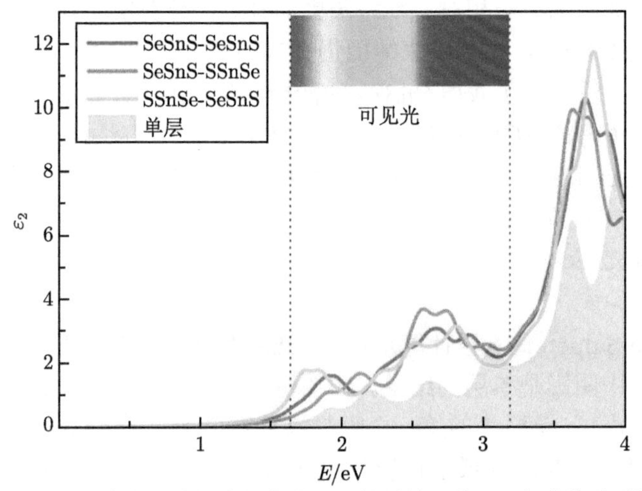

图 4.16　用双层 SnSSe 介电函数的虚部作为光子能量的函数，3 条曲线分别代表 3 个模型，阴影是单层材料的结果

4.10 二维半导体 MM′XX′ (M, M′=Ga, In; X, X′=S, Se, Te) 激子效应的理论计算 [16]

图 4.17(a) 是雅努斯 (Janus) MM′XX′ (M, M′=Ga, In; X, X′=S, Se, Te) 晶体的一般结构，中间两层由金属原子 Ga, In 组成，顶部和底部由硫族原子 S, Se 或 Te 组成。由于垂直方向上的对称破缺，该晶体的上下两层会产生一个势能差，如图 4.17(b) 所示。

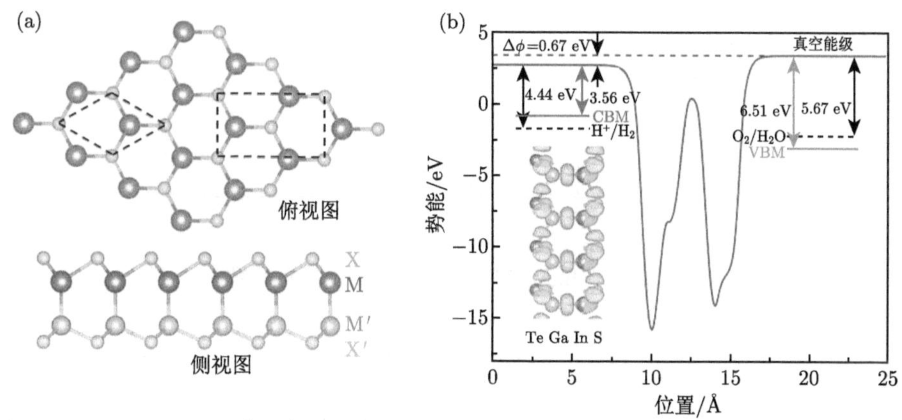

图 4.17 (a) Janus MM′XX′ 晶体的一般结构；(b) GaInSTe 沿 z 方向的平面平均静电势，插图是其电荷密度差

与 4.8 节相同，本节使用 G_0W_0-BSE 方法计算了 MM′XX′ (M, M′=Ga, In; X, X′=S, Se, Te) 的准粒子能带结构和介电函数，依据公式 (4.50)，进而得出其光吸收谱。如图 4.18 所示，这 6 种材料在可见光区域内的光吸收系数都达到了 10^4 cm^{-1}，说明它们对太阳光具有很高的利用效率。GaInSSe, GaInSTe, GaInSeTe, InGaSSe, InGaSTe, InGaSeTe 的最小准粒子直接带隙 (第一个激子峰的位置) 分别为 3.47(3.01) eV，2.50(2.07) eV，1.48(0.98) eV，2.44(1.95) eV，1.08(0.70) eV，2.69(2.24) eV。用获得的最小准粒子直接带隙减去光谱中第一个激子峰的位置，便可以得到它们的激子结合能，GaInSSe, GaInSTe, GaInSeTe, InGaSSe, InGaSTe, InGaSeTe 分别为 0.46 eV，0.43 eV，0.50 eV，0.49 eV，0.38 eV，0.45 eV。

$$\alpha(\omega)=\sqrt{2}\omega\left[\sqrt{\varepsilon_1^2(\omega)+\varepsilon_2^2(\omega)}-\varepsilon_1(\omega)\right]^{1/2} \tag{4.50}$$

总之，二维半导体的激子束缚能相对于三维半导体激子的束缚能大很多，这在光吸收和光发射方面将有重要的应用。在理论计算方面，有效质量理论已经不再适用，只能做一些定性的分析。严格的理论应该是第一原理的 Bethe-Salpeter 方程。

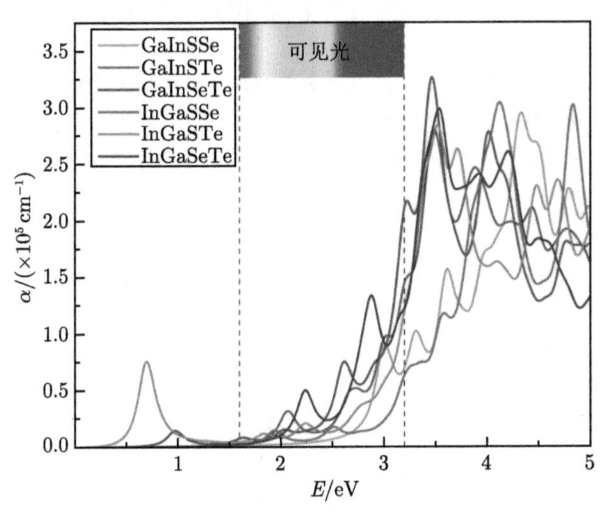

图 4.18 Janus MM′XX′ 单层的光吸收系数

参考文献

[1] Bassani F, Parravicini G P. Electronic States and Optical Transitions in Solids. Oxford: Pergamon Press, 1975.

[2] Macfarlane G G, Mclean T P, Quarrington J E, et al. Proc. Phys. Soc., 1958, 71: 863.

[3] 夏建白，朱邦芬. 半导体超晶格物理. 上海：上海科学技术出版社，1995.

[4] Gomes L C, Carvalho A. Phys. Rev. B, 2015, 92: 085406.

[5] Low T, Rodin A S, Carvalho A, et al. Phys. Rev. B, 2014, 90: 075434.

[6] Rodin A S, Carvalho A, Castro Neto A H. Phys. Rev. Lett., 2014, 112: 176801.

[7] Gonzalez J M, Oleynik I I. Phys. Rev. B, 2016, 94: 125443.

[8] Velizhanin K A, Saxena A. Phys. Rev. B, 2015, 92: 195305.

[9] Prada E, Alvarez J V, Narasimha-Acharya K L, et al. Phys. Rev. B, 2015, 91: 245421.

[10] Tran V, Soklaski R, Liang Y F, et al. Phys. Rev. B, 2014, 89: 235319.

[11] Splendiani A, Sun L, Zhang Y B, et al. Nano Lett., 2010, 10: 1271.

[12] Mak K F, Lee C, Hone J, et al. Phys. Rev. Lett., 2010, 105: 136805.

[13] Gao Q, Li X, Fang L, et al. Appl. Phys. Lett., 2019, 114: 092101.

[14] Zhu Z, Cai X, Yi S, et al. Phys. Rev. Lett., 2017, 119: 106101.

[15] Wang P, Zong Y, Liu H, et al. J. Phys. Chem. C, 2020, 124: 23832.

[16] Wang P, Zong Y, Liu H, et al. J. Mater. Chem. C, 2021, 9: 4989.

第 5 章　二维半导体中的缺陷态和合金

5.1　三维半导体中的杂质和缺陷 [1]

半导体中除了施主、受主杂质外，还有各种各样的杂质和缺陷，它们都能在半导体能隙中产生能级，影响半导体的性质。按照 Pantelides[1]，半导体中的杂质可分为以下 4 种。

(1) 替代杂质。杂质原子替代主体晶体中的一个原子。按照杂质原子和被替代原子的化学价之差：

$$\Delta Z = Z_{\text{杂质}} - Z_{\text{本体原子}} \tag{5.1}$$

又可分为

$$\begin{aligned} \Delta Z &> 0, \quad \text{施主杂质} \\ \Delta Z &< 0, \quad \text{受主杂质} \\ \Delta Z &= 0, \quad \text{等电子杂质} \end{aligned}$$

(2) 间隙杂质。杂质原子处于本体晶体原子的间隙中，它基本上不破坏周围原子已经有的键结构。

(3) 准间隙杂质 (interstitialcy)。它虽然也处于本体晶体的间隙中，但是它破坏了周围原子的键，在两个本底原子之间形成了一个桥。间隙杂质和准间隙杂质的差别见示意图 5.1。

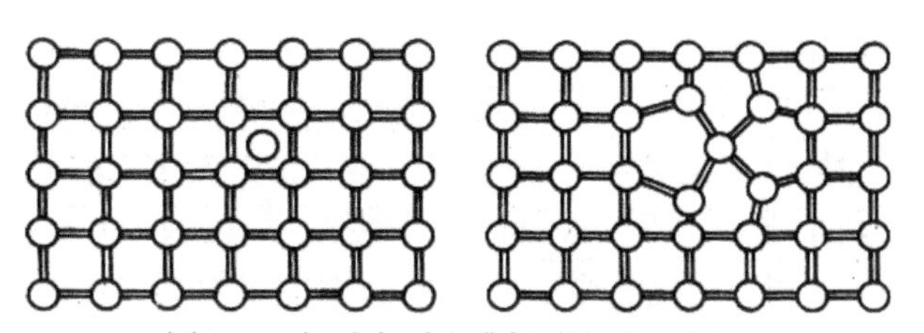

图 5.1　间隙杂质和准间隙杂质示意图

(4) 杂质对以及几个杂质的复合体。

半导体中的缺陷可分为以下三种。

(1) 点缺陷。包括空位，由缺少一个本体晶体原子形成的间隙缺陷。间隙缺陷，在本体晶体的间隙中，多一个本体晶体的原子。反位缺陷，在化合物中组成晶体的两个不同类相邻原子交换了位置。

(2) 线缺陷，又称位错，包括刃型位错和螺旋位错。

(3) 面缺陷，又称堆垛层错。

如果按照杂质能级在能隙中的位置，杂质、缺陷微扰势和杂质态波函数的特点来区分，则主要分浅能级杂质和深能级杂质、缺陷两大类。两类的特点如下所述。

(1) 浅能级杂质一般离带边比较近，而深能级杂质则不定，大部分离带边较远，位于能隙的中间部位，但也有少数离带边较近，例如，GaP: N，能级在导带底下面 35 meV 处。

(2) 浅能级杂质的微扰势是屏蔽库仑势，它是长程的、缓变的。而深能级杂质的微扰势是短程的，例如，由空位缺陷或者等电子杂质产生的微扰势，基本上局域在缺陷或杂质原子附近，而它的绝对值又相对很大。

(3) 浅能级杂质态的波函数是类氢波函数，它在空间的扩展范围是有效玻尔半径，为 10 nm 左右。而理论计算表明，深能级杂质态的波函数是相对局域的，只扩展到缺陷或杂质周围几层原子上。通过傅里叶变换可以了解到，凡是在实空间中扩展的波函数在 $\boldsymbol{k}$ 空间中分布范围是小的；而反过来，在实空间中局域的波函数在 $\boldsymbol{k}$ 空间中都是扩展的。

(4) 由于上述第 (3) 个特点，对浅能级杂质，它的能级位置 (结合能) 主要由一个带的有效质量决定，可以忽略其他带的贡献。而对深能级杂质，由于它的波函数在 $\boldsymbol{k}$ 空间是扩展的，所以在计算它的能级位置时，不能忽略其他带的贡献，也就是有效质量理论不再成立，必须寻找其他理论方法。理论计算表明，在确定深能级杂质的能级时，通常要考虑包括导带、价带在内的若干个带的贡献。

(5) 在实验上，可根据流体静压下杂质能级相对于能带边的变化而区分浅能级杂质和深能级杂质。对浅能级杂质，由于它的能级位置由一个带决定，在压力下，这个带边移动时，杂质能级跟随着这个带边移动，相对位移很小。而深能级杂质位置由多个带共同决定，它相对于带边的移动则较大。Jantsch 等 [2] 用深能级瞬态谱 (DLTS) 测量了硅中 S、Se、Te 能级位置在流体静压力下与导带边位置的相对变化。S、Se、Te 是 Ⅵ 族元素，在 Si 中它们是二价的施主。由于在施主能级上可以填充一个或者两个电子，所以它们有两个能级：A 能级 ($\mathrm{D}^+ \to \mathrm{D}^{2+}$) 和 B 能级 ($\mathrm{D}^0 \to \mathrm{D}^+$)。将实验测得的这三个杂质的 A、B 能级位置和压力系数示于表 5.1。而对于一价施主，例如 As，实验上测得它的能级位置相对于导带边的压力约数是非常小的，为 -5×10^{-10} meV/Pa。因此一价施主是真正的浅能级杂质。而由表 5.1 可见，二价施主、一价施主的压力系数同带隙的压力系数 (-1.5×10^{-8} meV/Pa) 在同一个数量级，但比单带浅能级有效质量理论的结果大了两个数量级。并且二价施主能级位置又深入能隙中间，因此具有深能级杂质的特点。他们用 10 带紧束缚模型格林函数方法计算了 S 和 Se 的压力系数，大约为 $\gamma = -3\times10^{8}$ meV/Pa，与实验结果基本相符。压力系数的负值反映了深能级态具有反键特性。他们将硅中的各种施主杂质进行排序：Bi, Sb, As, P, Te, I, Se, S, N, Br, Cl, O, F，认为前四种是浅能级杂质，后面的是深能级杂质，而 Te，由于它的压力系数较小 (表 5.1)，所以是浅、深能级杂质的分界。

表 5.1 硅中硫族杂质能级相对于导带边位置及压力系数

施主	A 能级 $(D^+ \to D^{2+})$		B 能级 $(D^0 \to D^+)$	
	$(E_c - E_T)/eV$	$\gamma/(\times 10^{-8}$ meV/Pa)	$(E_c - E_T)/eV$	$\gamma/(\times 10^{-8}$ meV/Pa)
S	0.59	-2.05 ± 0.1	0.32	-1.7 ± 0.1
Se	0.52	-2.1 ± 0.1	0.30	-1.8 ± 0.1
Te	0.37	-1.2 ± 0.05	0.19	-0.9 ± 0.05

杂质在半导体中起了很大的作用，可以认为，没有杂质就没有半导体的应用。杂质在半导体中的作用如下。

(1) 控制电导率。由于浅施主杂质和浅受主杂质的能级距离导带底或者价带顶只有几十 meV，所以在室温下，施主能级上多余的一个电子将被热激发而进入导带，成为自由载流子。同样，受主能级上多余的一个空穴也被热激发而进入价带，成为自由载流子。因为大多数施主杂质或受主杂质，其掺入半导体的浓度可以人为地精确控制，而且浓度可以在很大的范围内变化，从 10^{14} cm^{-3} 直至 10^{20} cm^{-3}(几乎每一千个原子中有一个杂质原子)，这使得半导体在室温下的电导率可以从 10^{-9} Ω/cm 变化至 10^3 Ω/cm，能相差 12 个数量级。在半导体的不同区域中分别掺入施主和受主杂质，形成 pn 结，构成了大部分半导体器件的基本单元：整流器、发光管、激发器、晶体管、调制器、检测器、光电池等。

(2) 控制载流子的寿命。深能级杂质只能以很小的浓度掺进半导体中，在硅中是 10^{12}~10^{13} cm^{-3}，在化合物中是 10^{17} cm^{-3}。它们对载流子的贡献很小，主要作用是形成复合中心或者捕获中心。一般深能级由于荷电状态或者 Jahn-Teller 效应，在能隙中形成一系列的能级。导带中的被激发电子可以通过这些能级无辐射跃迁至价带，与价带中的空穴复合，同时放出声子。或者在某一个能级上较长时间地捕获电子。因此利用深能级杂质可以控制载流子的寿命。在某些器件中要求载流子有较长的寿命，如光电池、激光器等，而在有些器件中则要求有较短的载流子寿命，如快速开关。

(3) 促进间接带隙半导体有效地发光。GaP 和 $GaAs_xP_{1-x}(x < 0.4)$ 是间接能隙半导体，不能发光。但其中掺入等电子杂质 N(N 是 V 族，替代 P) 后，就能非常有效地发光。这是由于以上所说的深能级杂质的第 (3) 个特点，它的波函数在 k 空间是非常扩展的，除了有导带极小处，$k \approx (1,0,0)(2\pi/a)$ 的分量外，还包括较大的 k=0 的分量。电子由价带激发至导带，再由导带弛豫到 N 能级上，这

时它就有较大的概率跃迁至价带，发出光来。利用这一特性，已经制成了红、绿的发光管。

测量杂质能级的方法主要依靠光谱，包括荧光谱、光导谱、吸收光谱、荧光激发谱、红外光谱、拉曼光谱以及热激发谱等。测量深能级杂质主要用深能级瞬态谱 (DLTS)，可以参考文献 [1] 中的一般性介绍。

5.2 研究深能级杂质的集团模型方法

理论上研究深能级杂质主要有两种方法。一种是在实空间中计算，是集团模型方法，或者大元胞方法，两者的差别是，集团模型是空间孤立的，表面键需要钝化，而大元胞方法则仍保持周期性条件。另一种是在 k 空间中计算，是格林函数方法。实空间中的计算，由于杂质原子的引入，破坏了晶体中的平移对称性，所以能带计算的方法不再适用。通常采用大元胞方法，以杂质原子为中心，与周围晶体原子组成一个大元胞，晶体仍保留周期性。现在，由于计算机能力的大大提高，一般采用大元胞方法。为了得到比较精确的杂质态能量和波函数，大元胞取得越大越好，但是受到计算机能力的限制，只能取一定大小的大元胞。

深能级计算的一个比较重要也比较麻烦的问题是杂质微扰势的自洽问题。在开始计算的时候，可以取纯的原子势 (或者离子势) 差作为杂质原子的微扰势。但是电子的填充结果改变了杂质原子周围的静电势和交换相关势，从而改变了杂质能级位置和电子填充情况。在计算中，需要考虑这种互相影响和调制的情形，经过多次迭代，最后达到自洽。这样得到的才是真正的微扰势、能级位置和波函数。

集团模型方法虽然现在用得比较少了，但它计算得到的杂质波函数物理图像比较清楚。下面以硅空位的计算为例说明之。首先需要检验在没有杂质原子时 (纯晶体)，集团方法是否能获取由能带理论得到的晶体的能带结构信息。为此我们用紧束缚模型构造了一个 Si 的集团 [3]，每个原子有四个原子态：s 和 p_x，p_y，p_z。只考虑相邻和次近邻原子的原子态之间的相互作用，它们由经验紧束缚参数给出 [4]。表面原子的悬键由它相对的杂化键饱和。我们计算了包括 6 层原子在内的各种集团的能级和波函数。由集团方法得到一系列能级。如果集团包括了 N 个原子，M 个基函数，则计算得到 M 个能级。由于每个能级上可以填正、负自旋两个电子，所以集团中所有的价电子填满了下面 $M/2$ 个能级，而上面 $M/2$ 个能级是空的。在量子化学中将下面填满的 $M/2$ 个态称为最高占据分子轨道 (HOMO) 态，上面空着的 $M/2$ 个态称为最低未占据分子轨道 (LUMO) 态。最高的 HOMO 态对应于价带顶的态，最低的 LUMO 态对应于导带底的态。实际计算中，由于集团中围绕着空位具有四面体群对称性 T_d，所以可以将基函数按照 T_d 群的不可约表示分类，例如 A_1、T_2 表示等。由于不同表示的基函数之间没有相互作用，所以可以对不同表示的基函数分别计算，使计算量大大减小，详见文献 [3]。表 5.2 给出了由集团方法求得的价带顶和导带底能级位置随集团大小的变化。

表 5.2 集团方法求得的 Si 价带顶、导带底能级位置和禁带宽度随集团大小的变化，以及与能带计算结果的比较

原子层数	集团原子数 N	基函数 M	价带顶/eV	导带底/eV	禁带宽度/eV
3	17	104	−1.63	2.34	3.97
4	41	224	−1.18	3.39	4.57
5	83	440	−0.87	2.05	2.92
6	147	736	−0.67	1.91	2.58
能带计算			0	1.41	1.41

由表 5.2 可见，随着集团的增大，价带顶、导带底能级将逐渐趋近于由能带计算得到的价带顶、导带底位置。当集团变为无穷大时，两者将相等。所以在有限集团的情况，由集团方法求得的“禁带宽度”总是大于晶体的禁带宽度。这也是量子限制效应的一种表现。导带底的能级是 A_1 群表示能级，价带顶能级是 T_2 群表示能级。这是由于，导带底和价带顶波函数分别是由 s 和 p 原子波函数组成的。

集团方法虽然不能计算晶体的能带，因为这时波矢 k 不是一个好量子数，但是它计算得到的能级的疏密反映了晶体的态密度。为此计算中心原子的局域态密度：

$$n(E)=\sum_n |\langle 0|n\rangle|^2 \delta(E-E_n) \tag{5.2}$$

式中，E_n 是集团的本征能量；$|n\rangle$ 是相应的本征函数；$|0\rangle$ 表示中心原子的对称波函数。由于中心原子波函数只有 $\mathrm{A}_1(\mathrm{s})$ 和 $\mathrm{T}_2(\mathrm{p})$ 两种对称性，所以只需要计算集团的 A_1 和 T_2 对称性的解。在具体计算时，由于集团能级是一系列分立的能级，因此将 (5.2) 式中的 δ 函数用一个有一定宽度 Γ 的洛伦兹 (Lorentz) 型函数代替：

$$\delta(E-E_n)\approx \frac{\Gamma/\pi}{(E-E_n)^2+\Gamma^2} \tag{5.3}$$

由于晶体中每一个原子都是等价的，所以一个原子的局域态密度 ((5.2) 式) 应该等于晶体的态密度。另一方面，由计算能带可直接求得晶体的态密度。将两者进行比较，结果发现符合是相当好的。在能量 $E<0$ 区域是价带态密度，$E>1.4$ eV 区域是导带态密度。它的形状以及各个峰的能量位置都与由能带计算方法计算的结果相对应 [3]。因此集团模型虽然不能求得晶体的能带，但只要集团取得足够大，就能求得晶体的能带位置以及态密度。

5.3　二维半导体杂质缺陷类型

5.1 节中提到的三维体材料中存在的杂质类型，在二维材料中同样存在。而对于缺陷类型，由于维度关系，单层二维材料中不存在面缺陷及螺旋位错，但同样存在空位、间隙和反位等点缺陷以及刃型位错。不过由于维度降低，二维材料的刃型位错呈现出点缺陷形式，而呈现出线缺陷形式的则是晶界 (grain boundary)。除此之外，二维材料还具有一种特有的缺陷结构，即化学键旋转引起的旋转缺陷，这种结构并不涉及原子的增加或减少，同刃型位错相同，属于拓扑缺陷。下面我们将逐一介绍这些结构类型。

我们首先以研究得较多的石墨烯为例介绍二维材料中的刃型位错结构，如图 5.2 所示 [4]。图中以整数对 (n, m) 来表示 Burgers 矢量，$\boldsymbol{b}=n\boldsymbol{a}_1+m\boldsymbol{a}_2$，其中 $\boldsymbol{a}_1$、$\boldsymbol{a}_2$ 为元胞基矢。图 5.2(a)、(b) 是两种比较简单的 5-7 环位错，分别对应 (1,0) 和 (1,1) 位错，(c) 为 (1,0) 和 (0,1) 位错的组合体。(a) 中位错的存在，使得完美晶格中在扶手椅 (armchair) 方向插入了半无限长的 C 原子链，由虚线所包围部分所

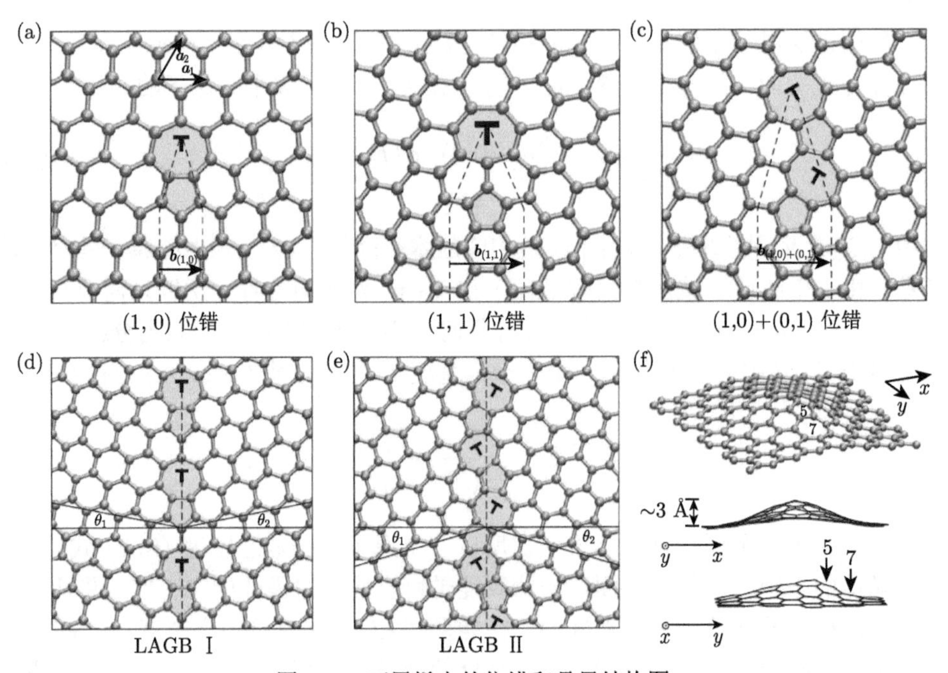

图 5.2　石墨烯中的位错和晶界结构图

(a)、(b) 分别为以 Burgers 矢量 (1,0) 和 (1,1) 表示的两种不同的位错。(c) 为 (1,0) 和 (0,1) 位错的组合体。(a)、(b)、(c) 中的虚线所包围部分是由于位错的存在插入到晶格中的半无限原子。(d)、(e) 是两种不同角度的晶界，(d) 中 $\theta_1=\theta_2$=21.8°，(e) 中 $\theta_1=\theta_2$=32.2°。(f) 为独立石墨烯由于位错 (a) 的存在导致的结构皱起。图中的非六角环以阴影显示

示。(b) 中则是在锯齿 (zigzag) 方向插入了原子链。图 5.2(c) 是 (1,0) 和 (0,1) 位错组合体，它的 Burgers 矢量与 (b) 相同。晶界在二维材料中属于一维缺陷，它是晶相不同的晶粒间的界面，可视为位错的周期排列 [5]。图 5.2(d)、(e) 分别为 (a)、(c) 位错排列形成的晶界，其边界线以虚线标示。图 5.2(f) 则是自由石墨烯由图 5.2(a) 中位错导致的结构皱起，该皱起结构可减小位错形成能。

刃型位错及相应晶界在非平面的二维材料中同样存在。但由于多元组分及多原子层的特性，其位错核呈现更复杂的结构。以 MoS_2 为例，实验上观察到的晶界及其中包含的刃型位错示于图 5.3[6]。除了石墨烯中常见的 5-7 环结构外，还存在 6-8、4-6 环结构。除此以外，位错核中也可存在反位缺陷，如图 5.3(e) 中的 Mo 替代 S 原子的 4-6 环结构。

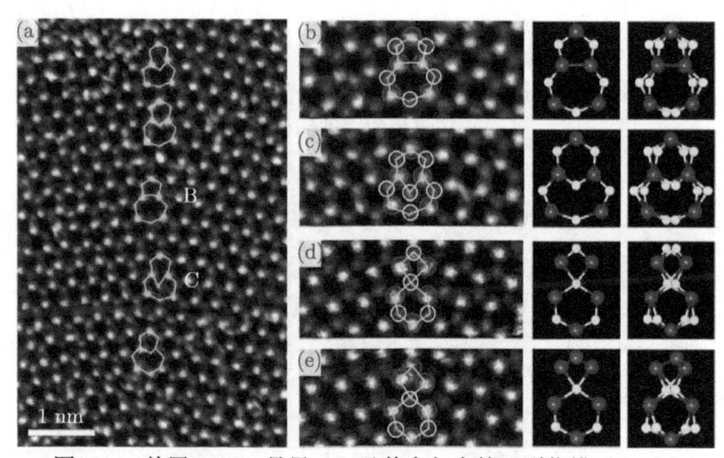

图 5.3 单层 MoS_2 晶界 (a) 及其中包含的刃型位错 (b)~(e)

(b) 5-7 环；(c) 6-8 环；(d) 4-6 环；(e) Mo 替位的 4-6 环；最右侧两列是相应的 2D 和 3D 结构示意图

下面我们介绍二维材料中独有的缺陷结构——旋转缺陷。最常见的旋转缺陷是石墨烯中的 SW(Stone-Wales) 缺陷，最早是在 C_{60} 的研究中提出的 [7]。将两个 C 原子间 π 键旋转 90°，4 个近邻 6 环结构演化为 5-7-7-5 环结构，该结构即 SW 缺陷，如图 5.4(a) 所示。该旋转并没有生成悬挂键，每个 C 原子依然保持 3 个最近邻原子。该缺陷无论在实验还是理论上都得到了广泛的研究 [8]，SW 缺陷的形成有助于稳定空位缺陷。实际上，早在石墨烯成功制备之前，就有理论计算预言 [9]，SW 转换可生成纯 5-7 环组成的二维体系，如图 5.4(b) 所示，其导电性是金属，但到目前为止并没有在实验上成功制备的报道。类似的 5-7 结构 SW 缺陷在黑磷中同样存在 [10]。

SW 旋转在石墨烯这样的单组分纯平面结构中比较简单，也比较容易观测到。对于像具有三层原子的 MX_2 TMD 结构，由于多元组分以及键的三维特性，旋转缺陷的产生非常困难。实际上，在 2015 年，该类缺陷才第一次在单层 WSe_2 系统中被观测到 [11]，被称为三叶草缺陷，如图 5.5 所示。图 5.5(a) 为 MX_2 结构顶

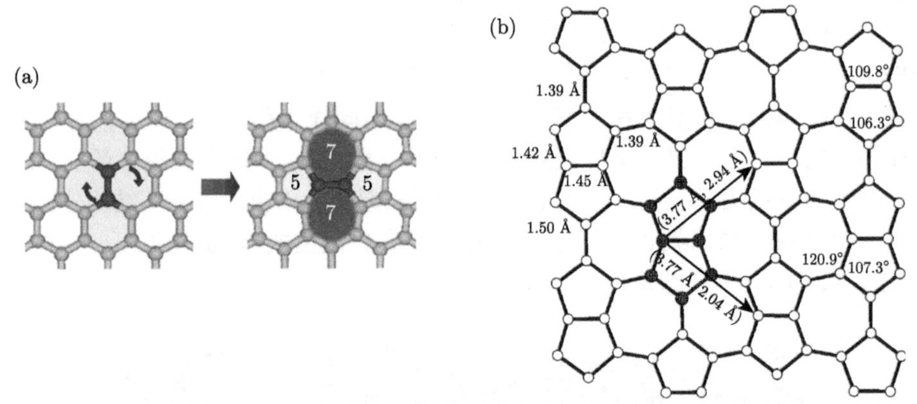

图 5.4　(a) SW 缺陷，C—C π 键旋转 90° 后，四个近邻 6 环形成 5-7-7-5 结构；(b) 纯 5-7 环组成的二维结构

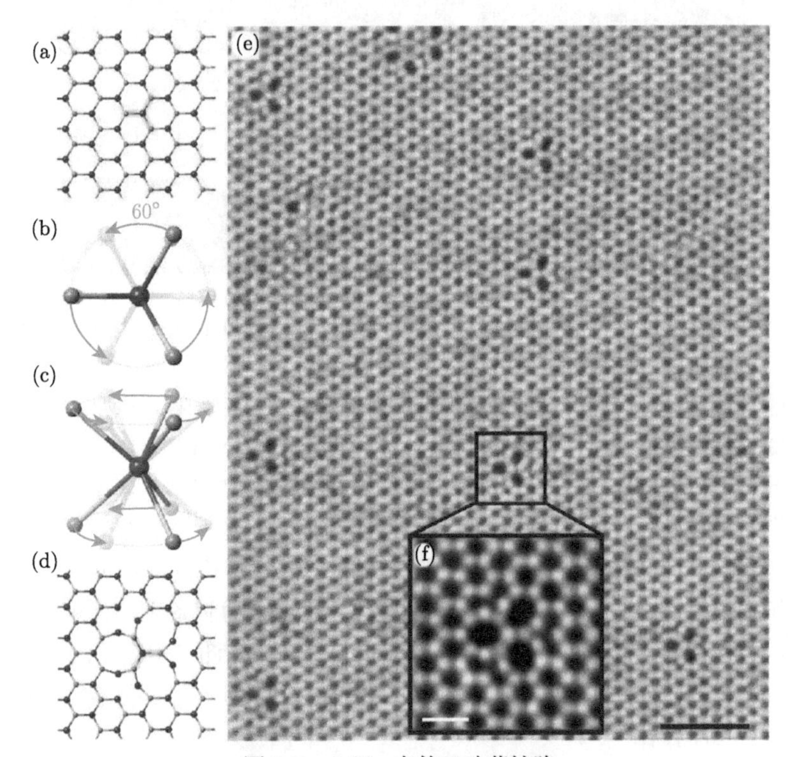

图 5.5　MX_2 中的三叶草缺陷

(a) 顶视图；(b)、(c) M—X 键旋转 60° 的顶视图及侧视图；(d) 伴随空位的三叶草缺陷结构；(e) 实验中观察到的 WSe_2 晶格结构；(f) 局部放大图

视图，(b)、(c) 分别为 M—X 键旋转 60° 的顶视图和侧视图，(d) 为生成的三叶草型缺陷结构，同时伴随有空位的生成。(e)、(f) 为实验上观测到的 WSe_2 中的三叶草缺陷。文献 [11] 中并没有观测到 MoS_2 具有该类旋转缺陷，而且迄今为止，对于含 S 的过渡金属二硫化物 (TMD) 未见观测到同类缺陷的报道。最近的关于旋转缺陷的报道是 Pd_2Se_3[12]，该体系拥有四方晶格，键的旋转角度是 90°，Se 原子间共价键的存在使得键旋转变得容易。需要指出的是，二维 Pd_2Se_3 是近年才成功合成的材料，它在自然界并不存在对应的三维材料，所以无法通过机械剥离制备。

5.4 二维半导体杂质缺陷态结合能的第一性原理计算

半导体中杂质和缺陷最重要的作用之一是为宿主提供自由载流子。电离能的大小直接决定了能提供的载流子的浓度。而要计算电离能，必须先计算电中性和带电缺陷的结合能。文献中点缺陷态结合能一般由密度泛函第一性原理计算得到，目前采用得最多的方法则是平面波展开，以点缺陷为中心构筑大元胞并做周期性延展。所以实际计算的系统中人为包含了周期镜像间的相互作用。由于目前计算能力的限制，人们总希望以较小的元胞来实现实验上典型的缺陷浓度 (体材料中是 10^{-6}，二维材料中是 10^{-3}) 的模拟计算。将元胞逐步扩大以减小镜像波函数间相互作用，最终得到收敛结果。对电中性的缺陷，该结合能随元胞的扩大收敛很快。然而对于带电缺陷，情况就变得复杂了。一方面，元胞带净电荷 q 的周期系统，其总能量是发散的，这就必须人为引入总电荷为 $-q$ 的均匀背景，即凝胶模型来消除这个发散，但人为引入的电荷又使得系统的绝对静电势无法确定。另一方面，由于库仑力是长程作用，采用逐步扩大元胞来计算其结合能的方法，收敛过程非常缓慢。为此人们提出了不同的修正方案来解决上述问题 [13-15]，主要目的是：① 引入能量修正项消除带电缺陷、其镜像和背景电荷间的虚假长程静电相互作用，加速收敛过程；② 引入势能修正项解决大元胞和体材料间的电子势能失配问题。

对二维系统的缺陷态的计算，可以在垂直于平面方向加隔离的真空层，将整个系统看成体材料，上述大元胞方法同样适用。然而，由于真空层的存在，层间库仑作用完全没有屏蔽，层内库仑作用只有部分屏蔽，并且凝胶电荷也被填充到真空层，库仑作用引起的收敛性问题更加突出。对此，文献中也有一些解决方案，如选取高斯型电荷模型 [16]，选取特别的真空层厚度以抵消误差 [17]，或从电离能随元胞尺寸的渐进关系入手 [18]。总之，无论对体材料还是低维材料，带电缺陷态的计算一直是很活跃的研究领域，不断有不同的修正方案提出，但目前为止并没有普适的解决方法。

5.5　二维半导体中的杂质缺陷态

在二维半导体中往往不可避免地存在着晶格缺陷或杂质，如 TMD 中存在着缺陷，例如硫族空位，它们强烈地影响了材料性质和器件功能。缺陷在二维半导体的光学性质中往往起着重要的作用，缺陷态与体态之间的跃迁能产生新的激子。TMD 中最多的点缺陷是硫族原子的空位，它们修正了 TMD 的电子结构和光谱，特别是在光致发光 (PL) 谱中产生了低于带隙的低能峰，这些缺陷能破坏谷偏振 (valley polarization)。局域在缺陷上的激子被认为能用作单光子源。掺入杂质原子能控制二维半导体的导带类型、载流子浓度、导带率、带隙等。另外掺入磁性原子 (Fe、Co、Ni、Mn 等) 还能改变二维半导体的磁性质。

二维半导体中的掺杂完全与三维半导体不同：① 杂质能级位置不可控；② 产生载流子的类型不可控，例如，电子还是空穴，n 型还是 p 型不可控；③ 载流子浓度不可控。所以二维半导体的掺杂，不论是理论，或者是实验，还有许多物理问题没有解决。理论上只有第一原理计算，全凭计算结果，缺乏物理分析。实验上没有像研究三维半导体输运性质那样的系统的实验方法，如霍尔测量等。

二维半导体中的杂质和缺陷类似，结合能比在体材料中的浅杂质能级大多了，一方面是因为介电屏蔽小了，几乎等于 0。另一方面根据有效质量理论，二维类氢方程计算得到的杂质束缚能是在三维中的 4 倍。杂质能级往往在带隙中间，波函数也很局域。因此在二维半导体中，不论是缺陷，例如空位，还是带电的杂质原子，三维半导体中广泛应用的有效质量理论不再适用，一般都用大元胞的第一原理法计算。研究二维半导体中的缺陷态的理论方法与研究电子态的理论方法一样，即 DFT 加上准粒子自能修正 GW[19]。

另外，如果二维半导体中掺杂浓度较高，可以看成是合金，可以用相似的方法处理。不同的二维半导体合金具有可调的带隙。可以调控光学和电子性质。例如，单层的掺 Pb 的 $SnSe_2$ 合金 $Pb_{0.036}Sn_{0.964}Se_2$ 制成的单层场效应晶体管 (FET)，其开关比比单层 $SnSe_2$ FET 高两个数量级 [19]。因为 $SnSe_2$ 的电子浓度很高，所以用它做 FET 很难截断电流。而 $Pb_{0.036}Sn_{0.964}Se_2$ 的电子浓度大约是 $SnSe_2$ 的 1/6，用它做 FET，开关比可以小 2 个量级，达到 10^6。图 5.6(a) 和图 5.6(c) 是 $SnSe_2$ 和 $Pb_{0.036}Sn_{0.964}Se_2$ FET 的不同源–漏电压下源–漏电流 I_{ds} 与栅压 V_{g} 的关系；图 5.6(b)、图 5.6(d) 同前，但为对数关系。由图可见，$Pb_{0.036}Sn_{0.964}Se_2$ FET 的开关比达到 10^6，比 $SnSe_2$ FET 的大 2 个数量级。

由于缺少二维半导体输运性质的常规测量方法，所以往往通过制成 FET，由 FET 的特性曲线来测定二维半导体的输运性质。例如迁移率可以由下列公式得到：

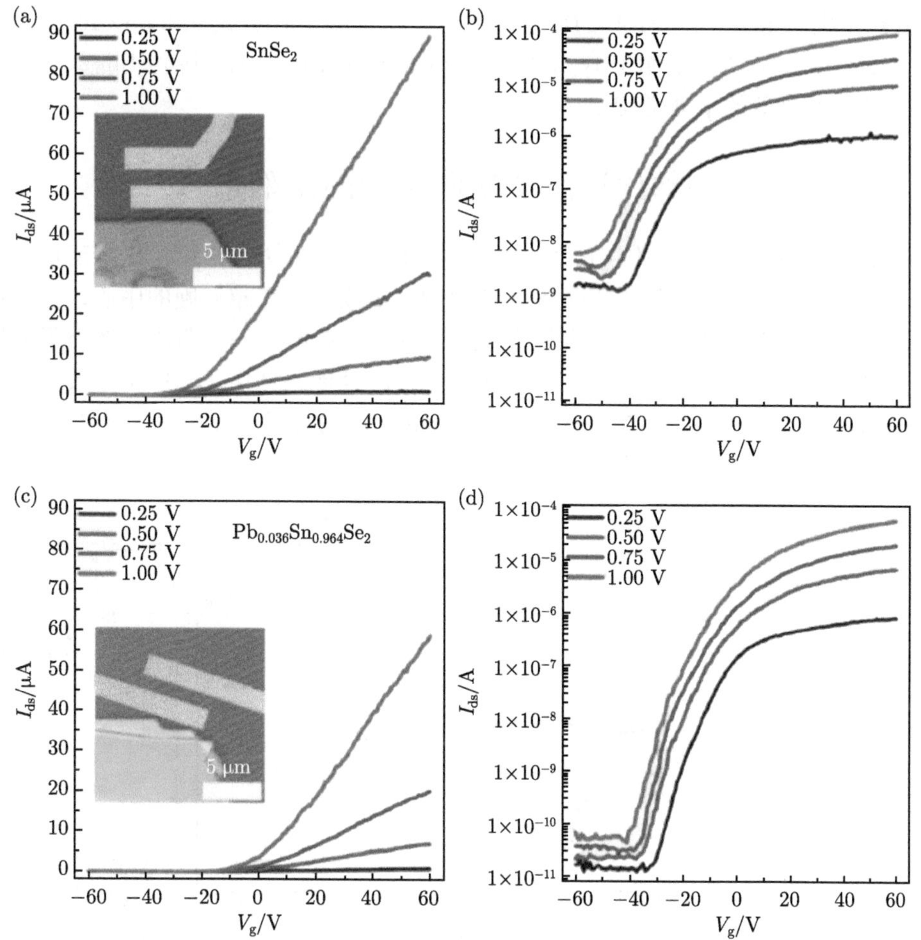

图 5.6 $SnSe_2$ 和 $Pb_{0.036}Sn_{0.964}Se_2$ FET 的 (a)、(c) 不同源–漏电压下源–漏电流 I_{ds} 与栅压 V_g 的关系；(b)、(d) 同前，但为对数关系。插图是 FET 的光学显微镜图，标尺是 5 μm

$$\mu = \frac{\mathrm{d}I_{ds}}{\mathrm{d}V_g} \cdot \frac{L}{WC(\mathrm{SiO_2})V_{ds}} \tag{5.4}$$

式中，I_{ds} 和 V_{ds} 分别是源–漏电流和电压；V_g 是背栅压；L 和 W 分别是器件的长度和宽度；$C(\mathrm{SiO_2})$=11.6 nF/cm^2 是 300 nm SiO_2 层的电容。由 (5.4) 式计算得到，$SnSe_2$ 和 $Pb_{0.036}Sn_{0.964}Se_2$ FET 的室温迁移率分别为 19.37 cm^2/(V·s) 和 15.9 cm^2/(V·s)。

为了估计样品的载流子浓度，利用下列公式：

$$I_{ds} = qn_{2D}W\mu\frac{V_{ds}}{L} \tag{5.5}$$

式中，I_{ds} 和 V_{ds} 分别是在零栅压下的源–漏电流和电压；n_{2D} 是二维载流子浓度；q 是电子电荷。由 FET 的输出特性，可以算得 n_{2D} 分别为 2.08×10^{12} cm^{-2} 和 3.31×10^{11} cm^{-2}。说明 $Pb_{0.036}Sn_{0.964}Se_2$ 的电子浓度约为 $Pb_{0.036}Sn_{0.964}Se_2$ 的 1/6，Pb 是有效的 p 型掺杂。

5.6　单层过渡金属硫化物的缺陷态 [20]

这里采用 5×5 超元胞法计算 TMD 中的硫族空位态，如图 5.7(a) 所示。两个边界分别沿着晶轴，每个边包含 5 个单胞，硫族空位在超元胞的中心，由黑点线表示，相当于 2%的空位。将晶格原子位置取为室温时的平衡值，然后用在局域密度泛函近似下的 DFT 计算空位原子附近的弛豫。利用 DFT 波函数作为一次 G_0W_0 计算的出发点，在 Hybertsen-Louie 推广的等离子体极点 (HL-GPP) 模型下计算屏蔽的动力学效应。

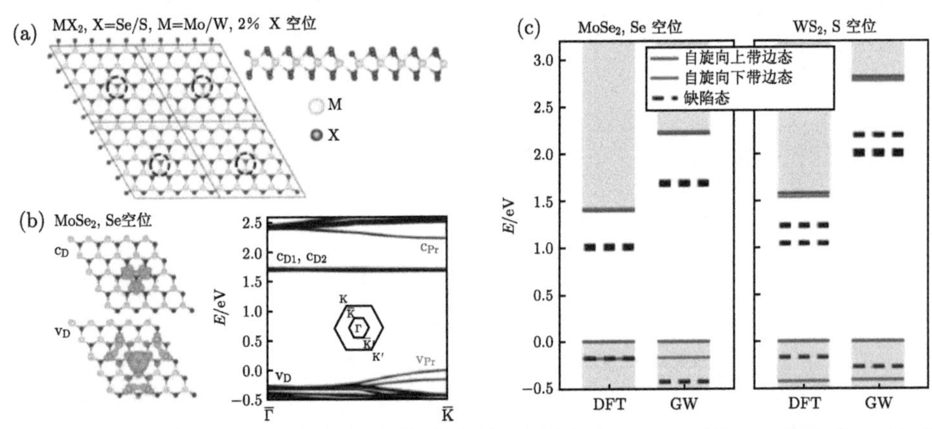

图 5.7　(a) 5×5 超元胞。两个边界分别沿着晶轴，每个边包含 5 个单胞，硫族空位在超元胞的中心，由黑点线表示。(b) 左图是 $MoSe_2$ 中空位的准粒子波函数平方分布，上图是未占据态 c_D，下图是占据态 v_D，右图是缺陷态的“能带”，插图是超元胞形成的小布里渊区和体材料的布里渊区 (不成比例)；(c) 用 DFT(LDA) 和 GW 方法计算的缺陷态和带边态 (包括自旋) 能级

图 5.7(b) 左图是 $MoSe_2$ 中空位的准粒子波函数，上图是未占据态 c_D，下图是占据态 v_D，右图是缺陷态的“能带”。由右图可见，Se 空位在价带中形成一个单缺陷态 v_D 及带隙中 2 个近似简并的未占据的缺陷态 c_{D1} 和 c_{D2}。它们在 $\bar{K}$ 点的波函数平方的分布在左图中显示，它们局域在缺陷位置附近，主要是过渡金属 d 轨道的特性。

图 5.7(c) 是用 DFT(LDA) 和 G_0W_0 方法计算的缺陷态和带边态 (包括自旋) 能级。由图可见，GW 修正扩大了能隙。但占据和未占据缺陷态的定性图像没有改变。对 $MoSe_2$，体态的准粒子能隙是 2.3 eV，占据和未占据缺陷态能量之差为

2.1 eV。而 WS_2 的能隙是 2.8 eV，缺陷态能量差为 2.2 eV。在 WS_2 中，自旋–轨道耦合分裂了带隙中的准粒子态 0.2 eV。

下面用解 BSE 的方法 [21,22] 计算具有缺陷系统的激子态。图 5.8(a) 是计算的考虑激子效应后有 1 个空位的 $MoSe_2$(在 5×5 的超元胞中) 的吸收谱，A 和 B 是自旋轨道分裂的激子峰，$X_{D1,A}$，$X_{D1,B}$ 和 X_{D2} 是缺陷引起的附加低能激子峰。假定激子态是由本征态和缺陷态组成的，由数值计算结果可以得出组成激子态的波函数分量，图 5.8(b) 是各激子态 (只包含 A 系列) 的波函数分量，横坐标是激子态能量，例如 1.75 eV 就对应于 A 峰激子态，纵坐标是各本征态导带底 (CBM)，价带顶 (VBM)，以及各空位态 c_{D1}，c_{D2}，v_D。每个圆点的大小正比于来自每个带的贡献，以激子态的振子强度作为权重。

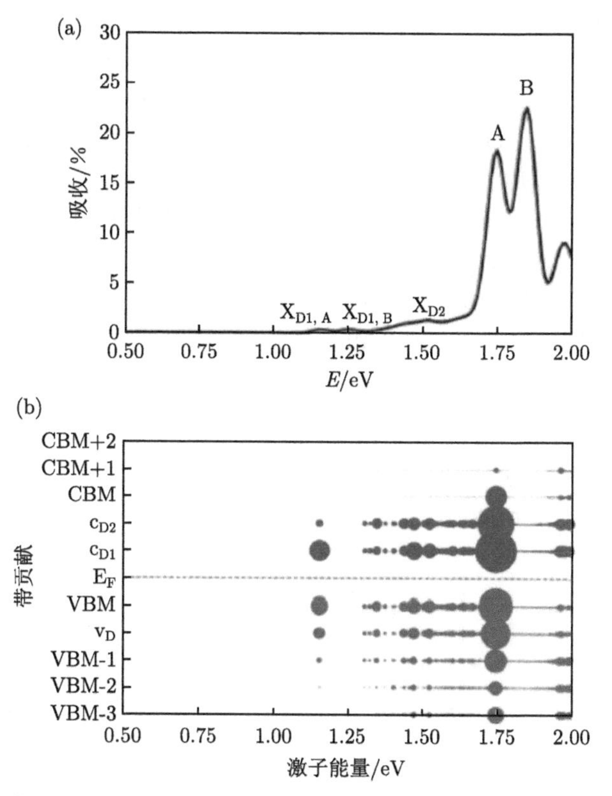

图 5.8 (a) 5×5 的 $MoSe_2$ 元胞中一个 Se 空位的吸收谱；(b) 每个激子态中各个态 (纵坐标所示) 的贡献，只有自旋轨道分裂的 A 系列激子列出了。每个点的大小正比于 k 空间中来自每个带的贡献乘以激子态振子强度

由图 5.8(b) 可见，最低能量 (在 1.2 eV) 的激子态 $X_{D1,A}$ 主要来自于 VBM 和未被占据的缺陷带 c_{D1}，占了带间跃迁的 90%。激子态 $X_{D1,B}$ 是激子态 $X_{D1,A}$

的自旋–轨道分裂态，具有与 $X_{D1,A}$ 相同的特性，在图中没有列出。X_{D1} 激子态的束缚能约为 0.6 eV，类似于完整单层的 A 激子的束缚能，但是 $X_{D1,A}$ 激子的半径约为 0.6 nm，是 A 激子的一半。激子态 X_{D2}(在 1.5 eV) 高度局域在 K 和 K′ 谷，包含了从占据的缺陷态到未占据的缺陷态的跃迁，因此它有缺陷的特性。最后虽然 A 和 B 激子态的能量与完整单层 A 和 B 激子态的能量相近，但它们混合了从缺陷态的跃迁，这种混合是从占据到未占据缺陷态跃迁的能量与本征准粒子带隙的能量相近的结果。由于能量相近，缺陷态的波函数参与到与本征激子的杂化，它减小了 A 与 B 激子的自旋轨道分裂能量。

5.7 单层 MX_2 中的其他缺陷 [23]

实验上用各种方法制造的单层 MX_2 半导体材料，其迁移率总是比理论预言的低得多，于是人们提出实验与理论的矛盾是由于在生长过程中杂质缺陷的引入，最有可能的是空位。在过去十来年中，对缺陷在二维材料中剪裁电子和光学性质的研究成为主要的研究方向。当维度减小时，空位作为捕获载流子中心，以及它们与带电粒子相互作用变得越来越强。单层 TMDC 中的点缺陷已经在理论和实验中进行了研究。最近的发光实验发现，WSe_2 中与空位有关的局域激子态能用作单光子发射器。已经发现，与空位有关的一种局域缺陷态能在单层 TMDC 中引起铁磁性，它们能在自旋器件中用作自旋通道。

WSe_2 的原子结构如图 1.6 和图 5.9 所示，图 5.9 中黄色球代表 X 原子，黑色球代表 M 原子。这里采用 7×7 大元胞方法研究了三种空位，如图 5.9 所示：(a)X 空位，(b)X_2 双空位 (由 M 原子包围)，(c)M 空位 (由 X 原子包围)。计算采用局域密度近似，结合 Perdew-Zunger 参量化方法。

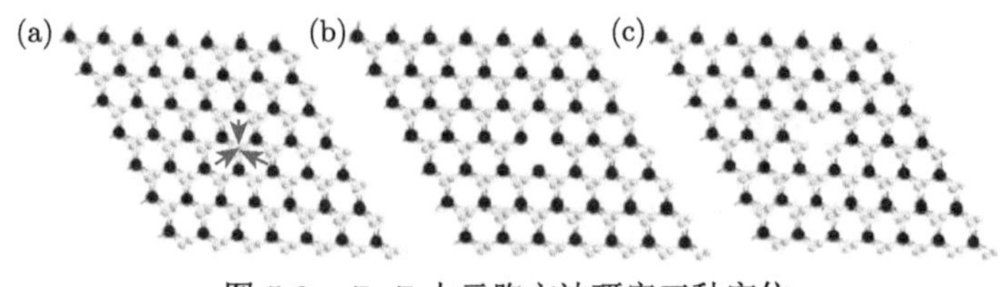

图 5.9 7×7 大元胞方法研究三种空位

(a) X 空位；(b) X_2 双空位；(c) M 空位

先用大元胞方法计算了纯 MX_2 的能带。7×7 的超元胞有 147 个原子 (图 5.9)，每边长 21.354 Å。计算得到的能带和极化率虚部 (吸收系数) 作为能量的函数示于图 5.10，有关的能带参数列于表 5.3。由图可见，吸收曲线的形状与二维态密度成正比，与能量呈台阶状。

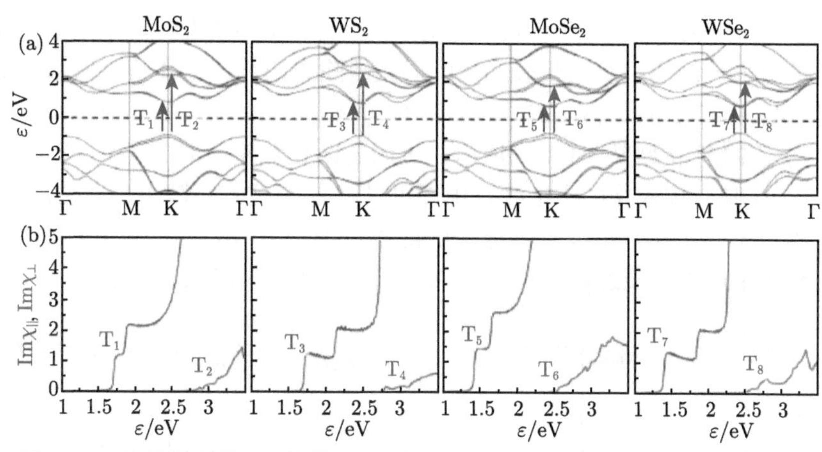

图 5.10 计算得到的 (a) 能带和 (b) 极化率虚部 (吸收系数) 作为能量的函数

表 5.3 平面内和垂直方向的带隙 $E_{g||}$ 和 $E_{g\perp}$，在 K 点的最高占据价带的自旋轨道分裂能量 Δ_{SO}

系统	MoS_2	WS_2	$MoSe_2$	WSe_2
$E_{g\|\|}$/eV	1.716	1.684	1.438	1.37
$E_{g\perp}$/eV	3.109	3.263	2.516	2.66
Δ_{SO}/meV	150	438	195	482

用紧束缚模型解释空位在能带中产生的局域缺陷态。三种空位波函数能够按照对称性分成两类。X 空位相对于原子的 M 面缺少空间反演对称性，也就是 σ_h 对称性破缺，只有 C_{3v} 群。相反地，X_2 和 M 空位保持了 σ_h 对称性，能够用 D_{3h} 群描述。

基于 σ_h 对称性，空位周围的原子轨道可以分成偶和奇的，包括 p, d 轨道。由大元胞法计算的 X 空位和 X_2 空位的能带分别如图 5.11(a) 和 (b) 所示。费米

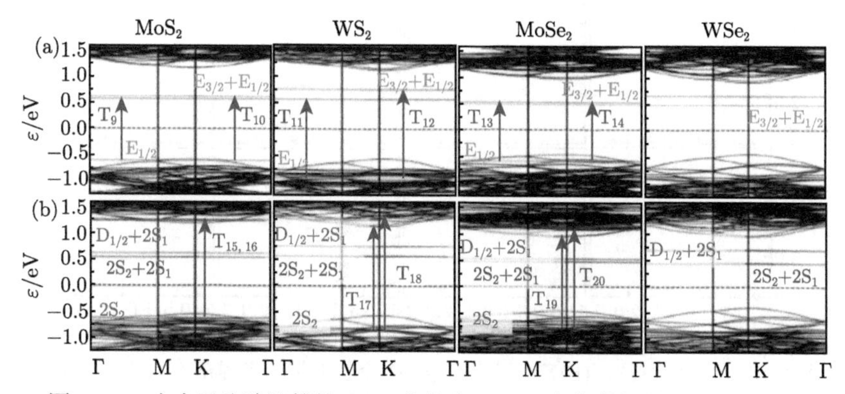

图 5.11 由大元胞法计算的 (a)X 空位和 (b)X_2 空位的能带和可能的跃迁

能级位于 $\varepsilon_F=0$ eV。红 (蓝) 线代表相对于 σ_h 的偶态和奇态，而 (a) 中的绿线没有确定的对称性。图中箭头代表不同的局域缺陷态的跃迁，在 (a) 和 (b) 中分别为双群 D_{3h}^D 和 C_{3v}^D 的 $D_{1/2}$, $2S_2$, $2S_1$ 和 $E_{1/2}$, $E_{3/2}$。

M 空位的能带如图 5.12(a) 所示，不同的跃迁对应于双群 D_{3h}^D 的 $D_{1/2}$, $2S_2$ 和 $2S_1$。(b) 是自旋极化的态密度。由图可见，M 空位在带隙中也产生局域态。

三种空位的极化率虚部作为能量的函数示于图 5.13。由图可见，双空位 X_2 主要在导带中产生共振态，而单空位 X 和 M 在带隙中产生局域态。

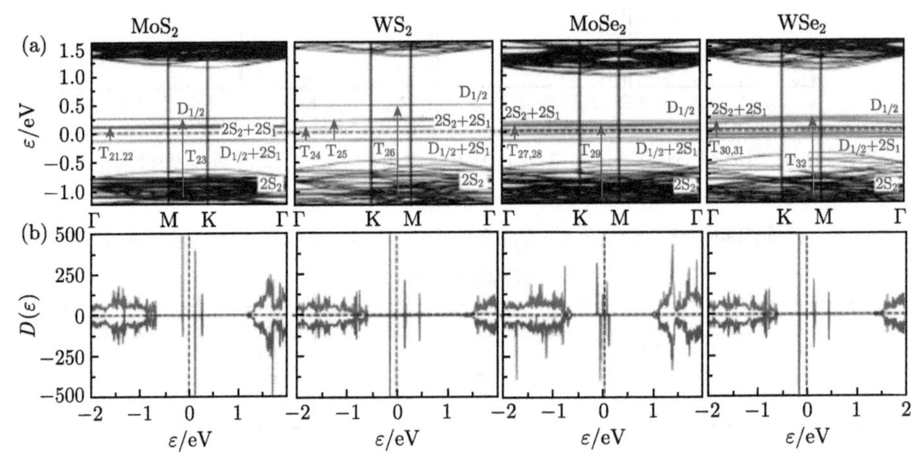

图 5.12　由大元胞法计算的 (a)M 空位的能带和可能的跃迁，(b) 自旋极化态密度

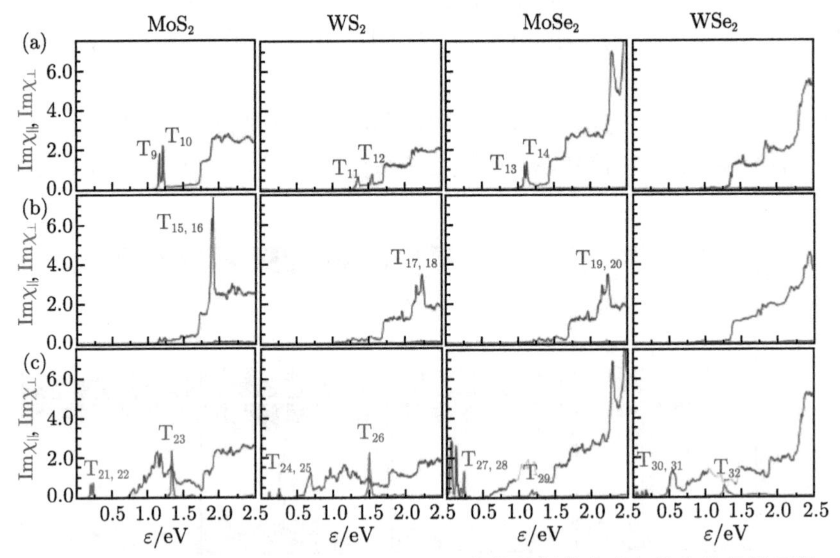

图 5.13　(a)X 空位，(b)X 双空位，(c)M 空位的极化率虚部作为能量的函数

5.8 $Mo_{1-x}W_xS_2$ 单层合金的能带和发光性质 [24]

三维半导体中可以利用合金来调控它的能隙，但在二维半导体中还没有证实，因为实验上没有原子级的二维合金。理论上先证明了二维合金，如 BNC 单层和二硫化合物单层能有组分依赖的带隙。

实验上做出了 $Mo_{1-x}W_xS_2$ 单层合金，并观察到了与组分有关的发光谱随组分 x 的变化 (1.82~1.99 eV)。理论上用大元胞法计算了它们的能带，方向带隙随 x 的变化不是线性的，而是有 “弯曲”(bowing) 效应，与光谱的实验结果相符。

图 5.14 是 $Mo_{0.47}W_{0.53}S_2$ 合金的体材料、3 层、2 层和单层的 (a) 拉曼谱和 (b) PL 谱。由图 5.14(b) 可见，对单层有一个 PL 峰，说明由间接带隙转变为直接带隙。两个发光峰分别指定为 A 和 B 激子，它们的分裂是由价带顶的自旋轨道分裂引起的。图 5.14(a) 的拉曼谱主要有两个模，在 ~416 nm^{-1} 的 A_{1g} 模主要与 S 原子垂直于平面的振动相联系，单层相对于体向下位移了 ~6 cm^{-1}，在 ~350 nm^{-1} 的 E_{2g} 模对应于 Mo 原子和 S 原子在平面内的振动，在少 Mo 的合金中较弱。

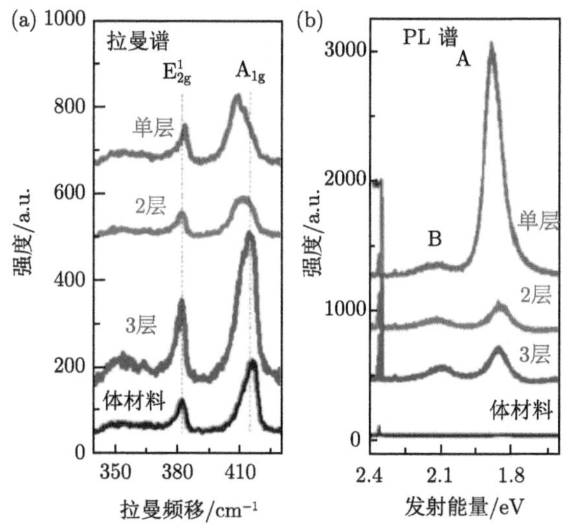

图 5.14 $Mo_{0.47}W_{0.53}S_2$ 合金的体材料、3 层、2 层和单层的 (a) 拉曼谱和 (b)PL 谱

图 5.15 是不同组分 x 的单层合金的 A 激子和 B 激子的 PL 谱，以及 A 激子和 B 激子峰的能量变化。由图可见，两个激子峰的能量随 x 平稳而连续地变化，说明合金的质量与单晶的质量相当。由图 5.15(c) 可见，PL 峰能量不是线性地随 x 变化，而是具有弯曲效应，如下式所示：

$$E_{PL} = (1-x)E_{PL,MoS_2} + xE_{PL,WS_2} - bx(1-x) \tag{5.6}$$

式中,b 是弯曲因子。将 (5.6) 式与图 5.15(c) 拟合,得到 A 激子的 b=(0.25±0.04) eV,B 激子的 b=(0.19±0.06) eV。由于二维半导体中激子的束缚能很大,所以 (5.6) 式与图 5.15(c) 中的 E_{PL} 不能直接看作带隙,真正的带隙要比 E_{PL} 大得多。

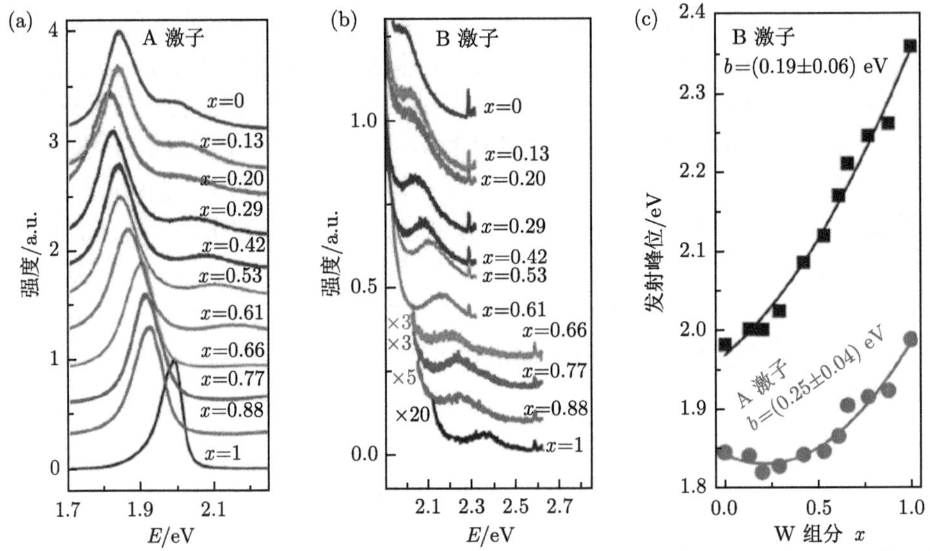

图 5.15　不同组分 x 的单层合金的 (a)A 激子和 (b)B 激子的 PL 谱;(c)A 激子和 B 激子峰的能量变化

理论上用 DFT 第一原理方法计算了 $Mo_{0.5}W_{0.5}S_2$ 大元胞的能带。取 6×6 的大元胞来模拟 $Mo_{0.5}W_{0.5}S_2$ 合金,如图 5.16(a) 所示,其中 Mo 原子和 W 原子按照比例 0.5 随机地选取,然后将计算结果平均。大元胞的晶格常数是单晶晶格常数的 6 倍,因此它的布里渊区是单晶 1/6。通常将大布里渊区的能带化到小布里渊区的能带,一般用能带折叠的方法。现在需要将小布里渊区的能带化到大布里渊区,则需要用“反折叠”的方法,如图 5.16(b) 所示。其中每一个竖条代表一个小布里渊区,将其中的能带反折叠以后,就变成合金“单晶”的能带。图 5.16(b) 中 3 个图分别是单层、双层和体材料的能带。由图可见,双层和体材料都是间接带隙,只有单层是直接带隙,位于布里渊区的 K 点。图 5.16(c) 是理论带隙随 W 组分 x 的变化,由图可见,它也有弯曲效应,并且弯曲因子 b=(0.28±0.04) eV,与 PL 实验符合得很好。但能隙的绝对值较小,比激子峰的能量 (图 5.15(c)) 小很多,这是由密度泛函第一原理方法本身的缺点产生的。

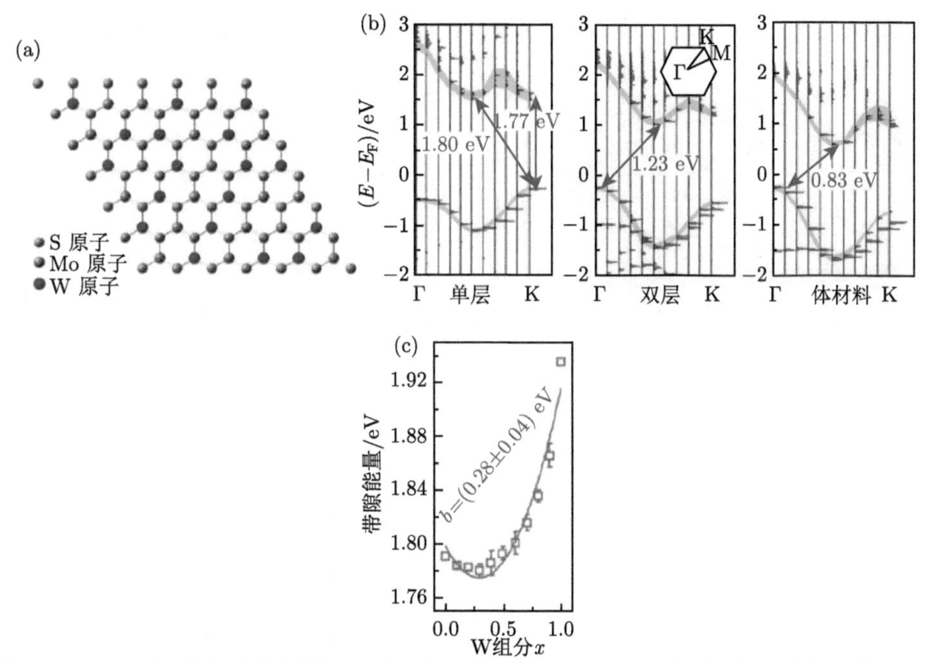

图 5.16 (a) 6×6 的大元胞来模拟 $Mo_{0.5}W_{0.5}S_2$ 合金；(b) 用“反折叠”的方法得到单层、双层和体材料的“能带”；(c) 理论带隙随 W 组分 x 的变化

5.9 $WS_{2x}Se_{2-2x}(x=0\sim1)$ 合金二维半导体及器件 [25]

利用化学气相沉积 (CVD) 在 SiO_2/Si 衬底上，通过控制不同比例的 WS_2 和 WSe_2 蒸气相反应，就得到单层的 $WS_{2x}Se_{2-2x}(x=0\sim1)$ 合金二维半导体。其形状是三角形的，大小为 20 μm，如图 5.17(a) 所示。不同 x 含量的合金二维半导体的 PL 谱如图 5.17(b) 所示。PL 峰的能量随 x 的变化如图 5.17(c) 所示，显示了明显的线性关系。PL 峰在 1.65~2.0 eV 变化，波长由 751.9 nm(WSe_2) 变至 626.6 nm (WS_2)。它的半宽度为 25 nm。

为了研究合金的结构性质，对与 PL 研究同样的样品进行了拉曼谱测量，如图 5.18 所示。由图可见，对大多数的合金样品，拉曼谱一共有 5 个主要的模，它们的波数随 x 的变化见图 5.18(a)。根据它们的波数位置可以分别指定为 $A_{1g(S—W)}$，$A_{1g(S—W—Se)}$，$E_{2g(S—W)}$，$A_{1g(Se—W)}$ 和 $E_{2g(S—W)}$-$LA_{(S—W)}$+$A_{1g(Se—W)}$-$LA_{(S—W)}$ 模，见图 5.18(e)。所有模的拉曼谱分别示于图 5.18(b)~(d)。由图可见，$E_{2g(S—W)}$ 模的波数 (频率) 基本不随 x 变化，而 $E_{2g(Se—W)}$ 的强度很弱。

利用背栅场效应晶体管研究了合金的电子输运性质，见图 5.19(a)。通道长度约为 5 μm，利用电子束刻蚀制造源和漏的电极，再利用电子束蒸发进行金属化。SiO_2/Si

衬底作为背栅，300 nm SiO_2 作为栅极。在这上面进行了标准的晶体管测量。

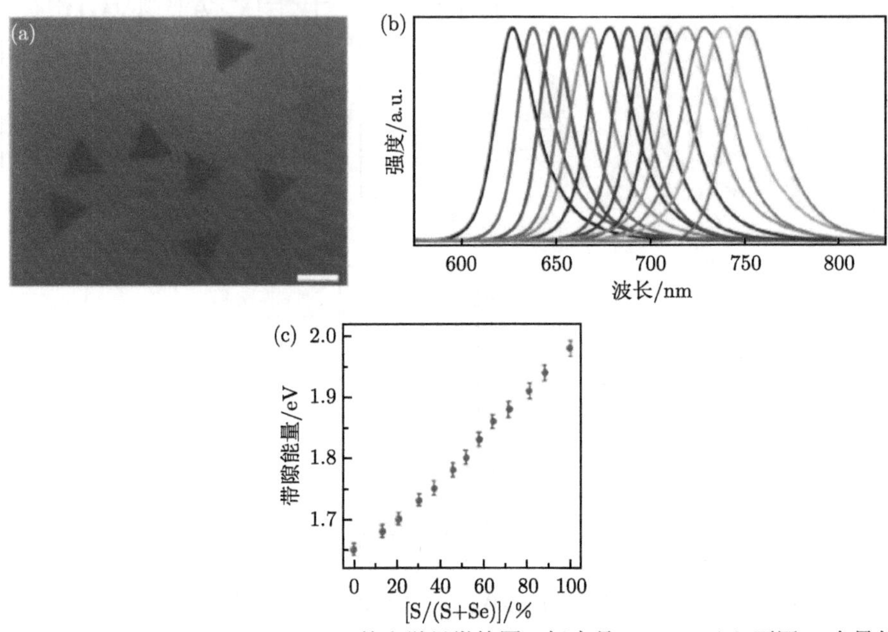

图 5.17　(a) $WS_{2x}Se_{2-2x}$(x=0.454) 的光学显微镜图，标度是 20 μm；(b) 不同 x 含量的合金二维半导体的 PL 谱；(c) PL 峰的能量随 x 的变化

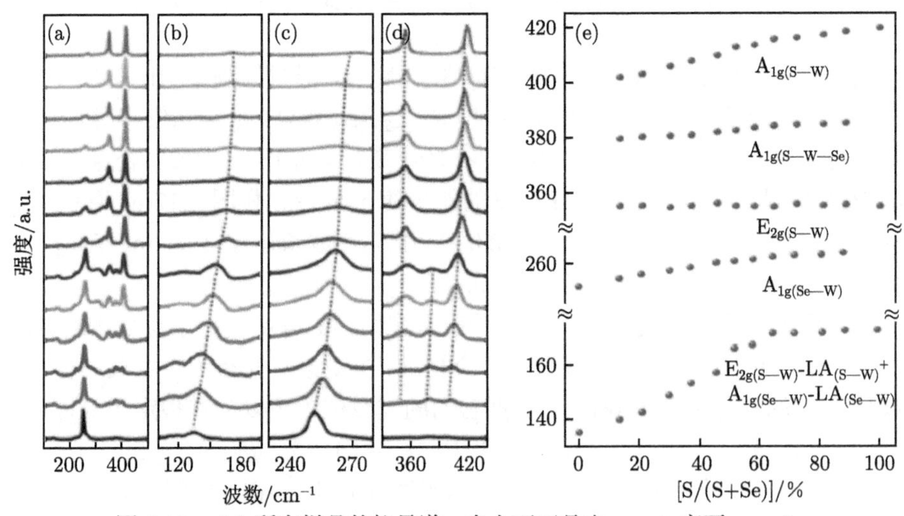

图 5.18　(a) 所有样品的拉曼谱，自上而下是由 $x = 1$ 变至 $x = 0$；
(b) $E_{2g(S—W)}$-$LA_{(S—W)}$+$A_{1g(Se—W)}$-$LA_{(S—W)}$ 模的拉曼谱；(c) $A_{1g(Se—W)}$ 模的拉曼谱；(d) $A_{1g(S—W)}$, $A_{1g(S—W—Se)}$, $E_{2g(S—W)}$ 模的拉曼谱；(e) 5 个主要模的波数随 x 的变化

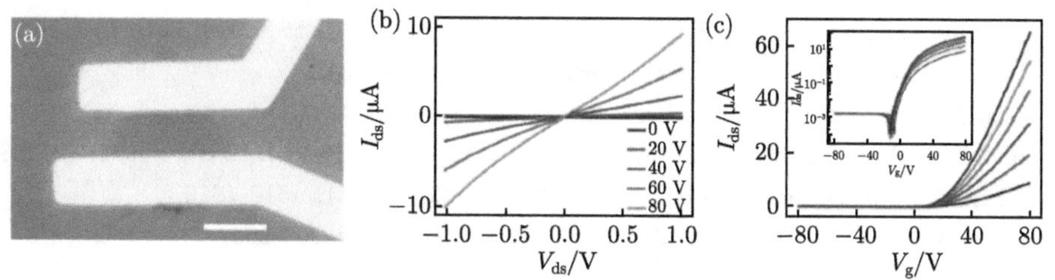

图 5.19 (a) FET 的光学显微镜图，标度是 5 μm；(b) 输出特性，即在不同的背栅电压下，源–漏电流 I_{ds} 作为源–漏电压 V_{ds} 的函数；(c) 晶体管特性，在不同的源–漏电压下，电流 I_{ds} 与栅压 V_g 的关系，插图是 I_{ds}-V_g 的对数图

测量是对一个典型的 $WS_{2x}Se_{2-2x}$(x=0.813)FET 进行的。图 5.19(b) 是输出特性，即在不同的背栅电压下，源–漏电流 I_{ds} 作为源–漏电压 V_{ds} 的函数，说明电极的接触是欧姆接触。随着正栅压的增加，电流的振幅增加，说明是 n 型半导体。图 5.19(c) 是晶体管特性，在不同的源–漏压下，电流 I_{ds} 与栅压 V_g 的关系，插图是 I_{ds}-V_g 的对数图。由图可见，开关比能达到 $10^5 \sim 10^6$。输运研究发现，导电类型还与 x 有关。能够从大 x 材料 (富 WS_2) 的 n-型变到小 x 材料 (富 WSe_2) 的 p-型。

参 考 文 献

[1] Pantelides S. Rev. Mod. Phys., 1978, 50(4): 797-858.

[2] Jantsch W, Wünstel K, Kumagai O, et al. Phys. Rev. B, 1982, 25(8): 5515-5518.

[3] 夏建白. 半导体学报, 1982, 3(6): 417-425.

[4] Yazyev O, Louie S. Phys. Rev. B, 2010, 81(19): 195420.

[5] Read W, Shockley W. Phys. Rev., 1950, 78(3): 275.

[6] Zhou W, Zou X, Najmaei S, et al. Nano Lett., 2013, 13(6): 2615-2622.

[7] Stone A, Wales D. Chem. Phys. Lett., 1986, 128(5,6): 501-503.

[8] Terrones H, Lv R, Terrones M, et al. Rep. Prog. Phys., 2012, 75: 062501.

[9] Crespi V, Benedict L, Cohen M, et al. Phys. Rev. B, 1996, 53(20): R13303-R13305.

[10] Liu Y, Xu F, Zhang Z, et al. Nano Lett., 2014, 14(12): 6782-6786.

[11] Lin Y, Björkman T, Komsa H, et al. Nat. Comm., 2015, 6:6736.

[12] Chen J, Ryu G, Sinha S, et al. ACS Nano, 2019, 13(7): 8256-8264.

[13] Makov G, Payne M. Phys. Rev. B, 1995, 51(7): 4014-4022.

[14] Lany S, Zunger A. Phys. Rev. B, 2008, 78(23): 235104.

[15] Freysoldt C, Neugebauer J, van de Walle C. Phys. Rev. Lett., 2009, 102(1): 016402.

[16] Komsa H, Pasquarello A. Phys. Rev. Lett., 2013, 110(9): 095505.

[17] Komsa H, Berseneva N, Krasheninnikov A, et al. Phys. Rev. X, 2014, 4(3): 031044.

[18] Wang D, Han D, Li X, et al. Phys. Rev. Lett., 2015, 114(19): 196801.

[19] Liu J, Zhong M, Liu X, et al. Nanotechnology, 2018, 29(47): 474002.

[20] Refaely-Abramson S, Qiu D, Louis S, et al. Phys. Rev. Lett., 2018, 121(16): 167402.
[21] Rohlfing M, Louie S. Phys. Rev. Lett., 1998, 81(11): 2312.
[22] Rohlfing M, Louie S. Phys. Rev. B, 2000, 62(8): 4927-4944.
[23] Khan M, Eremenchouk M, Hendrickson J, et al. Phys. Rev. B, 2017, 95(24): 245435.
[24] Chen Y, Xi J, Dumcenco D, et al. ACS Nano, 2013, 7(5): 4610-4616.
[25] Duan X, Wang C, Fan Z, et al. Nano Lett., 2016, 16(1): 264-269.

第 6 章　二维半导体能带的紧束缚表述

6.1　三维半导体的键轨道理论和紧束缚方法

目前研究二维半导体能带主要用的是第一原理方法，得到的能带比较精确，但是带隙的大小不太准确。为了得到正确的带隙，人们在原来的密度泛函理论基础上又发展了改进的方法，如 HSE 方法和 G_0W_0 求准粒子能带方法 (见第 2 章)。但第一原理方法有一个缺点，就是波函数、价键的特性不清楚，不便于物理分析。本章采用最初研究三维半导体能带的紧束缚方法、键轨道方法来研究二维半导体的能带。其中的经验常数靠拟合第一原理计算的能带得到，而得到的波函数 (原子轨道或键轨道的线性组合) 能比较清楚地反映原子之间的键轨道分布随能带的变化。下面先介绍三维半导体的紧束缚理论。

Ⅳ 族半导体，如锗、硅等是共价晶体，Ⅲ-V 族半导体基本上是共价晶体，但因为组成晶体的两类原子荷电性不同，所以具有部分离子性。而 Ⅱ-Ⅵ 族半导体的离子性则更强一些。共价键与金属键、离子键不同，金属键的电子比较均匀地分布在固体中，离子键的电子则集中在离子上，而共价键的电子则比较集中地分布在两个原子之间的连线上。根据这一概念，人们提出了键轨道理论，它比较适合描述具有共价键的半导体能带结构。

先考虑一个一维链固体，链上每个原子有一个 s 电子态和一个 p 电子态，它们的波函数空间分布如图 6.1(a) 所示。在固体中，两相邻原子之间的距离较近，因此相邻原子的电子态之间会有相互作用。根据键轨道理论，将 s 态和 p 态重新线性组合成

$$
\begin{aligned}
\phi_1 &= \frac{1}{\sqrt{2}}\left(|s\rangle + |p\rangle\right) \\
\phi_2 &= \frac{1}{\sqrt{2}}\left(|s\rangle - |p\rangle\right)
\end{aligned}
\tag{6.1}
$$

它们的波函数分布如图 6.1(b) 所示。ϕ_1 主要集中在原子的右边，ϕ_2 主要集中在原子的左边。也就是 ϕ_1，ϕ_2 都有了方向性，各自指向相邻的原子，我们称 ϕ_1，ϕ_2 态为杂化键。

键轨道理论认为，当原子形成半导体晶体时，只有相邻原子的两个相对杂化键之间的相互作用最大，由此构成了共价晶体。如果用 ϕ_{n1}，ϕ_{n2} 分别代表第 n 个

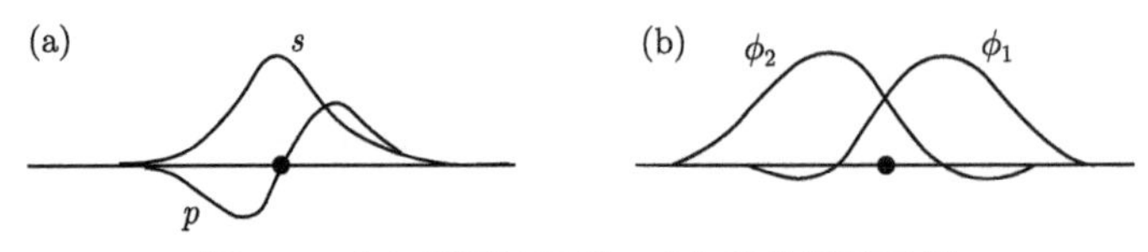

图 6.1 (a) 原子波函数；(b) 杂化键波函数

原子的两个杂化键，则有

$$\begin{gathered}\langle\phi_{n1}|\,H\,|\phi_{n1}\rangle=\langle\phi_{n2}|\,H\,|\phi_{n2}\rangle=E_0\\ \langle\phi_{n1}|\,H\,|\phi_{n+1,2}\rangle=-V_2\\ \langle\phi_{n1}|\,H\,|\phi_{n2}\rangle=V_1\end{gathered}\tag{6.2}$$

式中，E_0 是键轨道自身的能量；V_2 是相对杂化键之间的相互作用能，小于零；V_1 是同一原子两杂化键之间的相互作用能，$|V_1|<|V_2|$。键轨道之间的其他相互作用 (如次近邻键) 很小，我们暂时先忽略。由紧束缚理论，固体的波函数为各原子键轨道的线性组合：

$$\begin{aligned}\psi_1&=\frac{1}{\sqrt{N}}\sum_n\phi_{n1}\mathrm{e}^{\mathrm{i}kR_n}\\ \psi_2&=\frac{1}{\sqrt{N}}\sum_n\phi_{n2}\mathrm{e}^{\mathrm{i}kR_n}\end{aligned}\tag{6.3}$$

式中，k 是波矢，$-\dfrac{\pi}{a}<k<\dfrac{\pi}{a}$。这里 $\left[-\dfrac{\pi}{a},\dfrac{\pi}{a}\right]$ 是一维晶体的布里渊区，a 是晶格常数，也就是相邻原子间的距离。将波函数 (6.3) 代入薛定谔方程，就得到久期方程：

$$\begin{vmatrix}E_0-E & V_1-V_2\mathrm{e}^{\mathrm{i}ka}\\ V_1-V_2\mathrm{e}^{-\mathrm{i}ka} & E_0-E\end{vmatrix}=0\tag{6.4}$$

解这个方程就能得到本征能量：

$$E=E_0\pm\sqrt{V_1^2+V_2^2-2V_1V_2\cos ka}\tag{6.5}$$

由 (6.5) 式得到的能带如图 6.2(a) 所示，在布里渊区内有上下两个能带，分别对应于导带和价带，中间是能隙。能带的形成过程如图 6.2(b) 所示，当原子分离得很远时，每个杂化键的能量是 E_0。当原子逐渐靠近时，相对杂化键的相互作用 V_2 形成了上、下两个带。再由相互作用 V_1 使每个带有能量色散，有一定宽度 $2V_1$。可以证明，在 $k=0$ 处导带底和价带顶的波函数分别为

$$
\begin{aligned}
\Psi_{\mathrm{c}} &= \frac{1}{\sqrt{2}}(\psi_1 - \psi_2) \\
\Psi_{\mathrm{v}} &= \frac{1}{\sqrt{2}}(\psi_1 + \psi_2)
\end{aligned}
\tag{6.6}
$$

所以我们通常称价带的波函数由成键态组成，两个键轨道布洛赫函数 (6.3) 相加；而导带波函数由反键态组成，两个键轨道布洛赫函数相减。

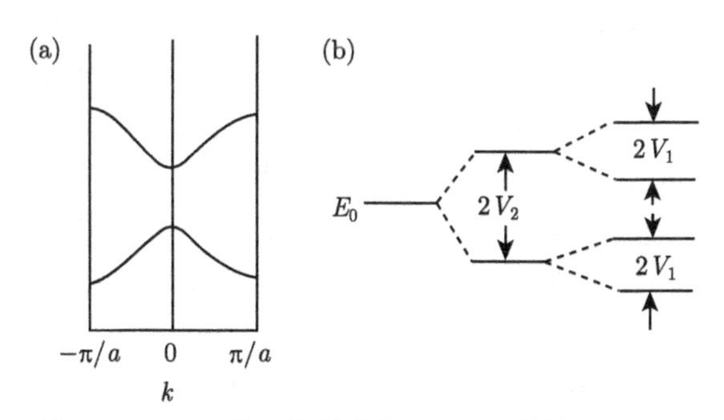

图 6.2　(a) 一维晶体的能带；(b) 能带的形成过程

以上是键轨道理论的一些基本概念，可以将它们直接推广到实际半导体晶体 (三维晶体)。大多数半导体是金刚石或闪锌矿结构，每个原子与周围最近邻四个原子组成正四面体。为一般起见，考虑闪锌矿结构，也就是由 A、B 两种原子组成的晶体。每个原子的价电子有一个 s 态和三个 p 态。组成 A 原子的杂化波函数为

$$
\begin{aligned}
\phi_1 &= \frac{1}{2}(s + p_x + p_y + p_z) \\
\phi_2 &= \frac{1}{2}(s - p_x - p_y + p_z) \\
\phi_3 &= \frac{1}{2}(s - p_x + p_y - p_z) \\
\phi_4 &= \frac{1}{2}(s + p_x - p_y - p_z)
\end{aligned}
\tag{6.7}
$$

它们也有方向性，分别指向 [111]、$[\bar{1}\bar{1}1]$、$[\bar{1}1\bar{1}]$ 和 $[1\bar{1}\bar{1}]$ 各相邻 B 原子的方向。B 原子的杂化波函数则分别指向 $[\bar{1}\bar{1}\bar{1}]$、$[11\bar{1}]$、$[1\bar{1}1]$ 和 $[\bar{1}11]$ 各相邻 A 原子的方向，因此它们 p 函数的符号与 (6.7) 式中的相反。

为了计算实际半导体的能带，首先必须确定各杂化键 (包括同一原子和相邻原子，以及次近邻原子杂化键间的相互作用矩阵元)。从单纯计算能带的角度看，用杂化轨道 (6.7) 式或者原子轨道 s, p_x, p_y, p_z 作为基函数是完全等价的。它们之间可以由一个幺正变换互相转换。但是在某些情况下，如计算半导体原子团簇

或半导体中深杂质能级所用的集团模型等，用杂化轨道，或杂化轨道组成的键轨道 (成键轨道或反键轨道) 作为基函数是比较方便的。原因如下：首先它们具有方向性，非常直观，容易根据空间对称性将它们组成不可约表示的基函数；其次在团簇或集团边界的悬键容易进行饱和处理。

杂化轨道或原子轨道间的相互作用矩阵元一般不是由第一原理计算得到的，而是通过与其他方法 (如赝势方法) 计算得到的精确能带相比较而确定的，因此是经验的。即使是同一种半导体，不同作者得到的相互作用参数也可以是完全不同的。对此，Harrison 有这样的观点 [1]："这些参数没有一个最好的选择，因为必须在简单性 (通用性) 和得到能带的精确性之间作出交易。如果对每一种材料的每一种性质采用不同的矩阵元值，就能把这种性质的精确值调整得很好。但是我们将采用几乎是相反的极端，只引进四个参数，所有系统的 s 和 p 态之间的相互作用矩阵元都可以计算"。Harrison 的做法适用于各种材料性质之间的定性比较，它们随原子量变化的化学趋势等。

下面简单介绍一下 Harrison 的方法 [1]。他首先引入四个无量纲的原子轨道 (s 和 p_x、p_y、p_z 轨道) 间的相互作用矩阵元，见表 6.1。

表 6.1　确定原子轨道矩阵元的无量纲系数

系数	$\eta_{\mathrm{ss\sigma}}$	$\eta_{\mathrm{sp\sigma}}$	$\eta_{\mathrm{pp\sigma}}$	$\eta_{\mathrm{pp\pi}}$
数值	−1.40	1.84	3.24	−0.81

相邻原子间的原子轨道矩阵元为

$$V_{ll'm} = \eta_{ll'm}\frac{\hbar^2}{m_0 d^2} \tag{6.8}$$

式中，$ll'm$ 标著量子态；m_0 是自由电子质量；d 是原子间距离；$\hbar^2/(m_0 d^2) = 7.62\mathrm{eV}\cdot\mathrm{\mathring{A}}^2/d^2$。关于同一原子上原子轨道能量列于表 6.2。

利用表 6.1 和表 6.2 可以得到任意一个半导体材料的原子轨道能量和相互作用矩阵元。Slater 和 Koster[2] 在二心近似的基础上，得出不同原子的轨道矩阵元可以表示为

$$\begin{aligned}
H_{\mathrm{ss}'} &= V_{\mathrm{ss'\sigma}} \\
H_{\mathrm{s}x'} &= lV_{\mathrm{sp\sigma}} \\
H_{xx'} &= l^2 V_{\mathrm{pp\sigma}} + (1-l^2)V_{\mathrm{pp\pi}} \\
H_{xy'} &= lmV_{\mathrm{pp\sigma}} - lmV_{\mathrm{pp\pi}}
\end{aligned} \tag{6.9}$$

式中，$V_{\mathrm{ss\sigma}}$，$V_{\mathrm{sp\sigma}}$，$\cdots$ 就是 (6.8) 式中定义的矩阵元，$V_{\mathrm{ss'\sigma}}$ 代表一个原子的 s 态和近邻原子的 s′ 态之间的矩阵元，依此类推；l, m, n 是两原子连线的方向余弦。

表 6.2 原子轨道能量 (单位：eV)

2s,2p	Li	Be	B	C	N	O	F
$-\varepsilon_s$	5.48	8.17	12.54	17.52	23.04	29.14	35.80
$-\varepsilon_p$		4.14	6.64	8.97	11.47	14.15	16.99
3s,3p	Na	Mg	Al	Si	P	S	Cl
$-\varepsilon_s$	5.13	6.86	10.11	13.55	17.10	20.80	24.63
$-\varepsilon_p$		2.99	4.86	6.52	8.33	10.27	12.31
4s,4p	K	Zn	Ga	Ge	As	Se	Br
$-\varepsilon_s$	4.19	8.40	11.37	14.38	17.33	20.32	23.35
$-\varepsilon_p$		3.38	4.90	6.36	7.91	9.53	11.20
5s,5p	Ag	Cd	In	Sn	Sb	Te	I
$-\varepsilon_s$	6.41	7.70	10.12	12.50	14.80	17.11	19.42
$-\varepsilon_p$	2.05	3.38	4.69	5.94	7.24	8.59	9.97

假定金刚石或闪锌矿结构的一个元胞内有 2 个原子，a(annion) 原子和 c(cation) 原子，每个原子有 s, p_x, p_y, p_z 4 个原子轨道，它们之间的哈密顿矩阵元由 (6.9) 式给出。

已知原子轨道间的矩阵元就可以计算能带。按照布洛赫原理，组成晶体的紧束缚波函数为

$$\psi_{ij} = \frac{1}{\sqrt{N}} \sum_n \mathrm{e}^{\mathrm{i}\boldsymbol{k}\cdot\boldsymbol{R}_{nj}} \phi_{ij}\left(\boldsymbol{R}_{nj}\right) \tag{6.10}$$

其中，

$$\boldsymbol{R}_{nj} = \boldsymbol{R}_n + \boldsymbol{\tau}_j \tag{6.11}$$

这里 $\boldsymbol{R}_n$ 是第 n 个元胞的坐标，$\boldsymbol{\tau}_j$ 是第 j 类原子在元胞中的位置坐标；$\phi_{ij}\left(\boldsymbol{R}_{nj}\right)$ 是位于 $\boldsymbol{R}_{nj}$ 上的第 j 类原子的第 i 类原子轨道或杂化轨道。将波函数 (6.10) 代入薛定谔方程，得到久期方程：

$$\left|H_{ij,i'j'}(\boldsymbol{k}) - E\delta_{ii'}\delta_{jj'}\right| = 0 \tag{6.12}$$

其中，$H_{ij,i'j'}(\boldsymbol{k})$ 是哈密顿量矩阵元。由波函数 (6.10) 可求得

$$H_{ij,i'j'}(\boldsymbol{k}) = \sum_{n'} \mathrm{e}^{\mathrm{i}\boldsymbol{k}\cdot\left(\boldsymbol{R}_{n'j'} - \boldsymbol{R}_{nj}\right)} \left\langle \phi_{ij}\left(\boldsymbol{R}_{0j}\right)\right| H \left|\phi_{i'j'}\left(\boldsymbol{R}_{n'j'}\right)\right\rangle \tag{6.13}$$

注意其中一个原子的 $\boldsymbol{R}_{0j}$ 取为坐标原点。在求和号中求相邻原子的轨道对矩阵元的贡献。由久期方程 (6.12) 可见，它应该是 8×8 维的。因为每个元胞有两个原子，每个原子有四个轨道，一共有 8 个基函数。一般情况下是不能得到解析结果的，只能求得数值解。但是在布里渊区的某些特殊点，如 Γ、X、L 点，利用群论方法可以将久期方程简化为低维的，得到解析结果。可以由其他方法求得在布里渊区特殊点上的能带精确值，反推定出轨道矩阵元。

(6.13) 式中的哈密顿矩阵元参数通常是由拟合能带经验确定的，即使对同一种材料，不同作者采用不同近似拟合出来的参数也可以相差很大。因此就产生了这样的问题，紧束缚矩阵元参数有没有物理意义？现在又回到 Harrison 的理论 [1]。Harrison 给出的最近邻原子间轨道矩阵元的普适关系 (6.8) 和表 6.1 是由近自由电子能带推算出来的，并根据拟合 Si、Ge 能带修正后得到。表 6.2 是由 Herman、Skillman 自洽原子计算得到的原子能项值。由表 6.1、表 6.2 和 (6.8) 式得到的几种半导体的紧束缚矩阵元参数列于表 6.3，为了比较还列出了拟合能带得到的参数值。由表可见，两者大致是相近的。Harrison 理论反映了半导体能带结构的一些共性，但它不能很好地描述每一种半导体的个性，特别是对三种晶格常数相等的半导体：Ge，GaAs，ZnSe，它给出了相同的 $V_{ll'm}$，这当然不符合实际。

表 6.3　由 Harrison 理论得到的紧束缚参量 [1]，第二行的值是拟合能带得到的 (单位：eV)，一格内 2 个数分别对应于非金属和金属性原子矩阵元

矩阵元	C	Si	Ge	GaAs	ZnSe
$-V_{ss\sigma}$	4.50	1.93	1.79	1.79	1.79
	5.55	2.03	1.70	1.70	1.54
$V_{sp\sigma}$	5.91	2.54	2.36	2.36	2.36
	5.91	2.55	2.30	2.4,1.9	2.6,1.4
$V_{pp\sigma}$	10.41	4.47	4.15	4.15	4.15
	7.78	4.55	4.07	3.44	3.20
$-V_{pp\pi}$	2.60	1.12	1.04	1.04	1.04
	2.50	1.09	1.05	0.89	0.92
$(\varepsilon_p-\varepsilon_s)/4$	2.14	1.76	2.01	1.62,2.36	1.26,2.70
	1.70	1.80	2.10	1.61,2.41	1.47,3.10
$(\varepsilon_p^1-\varepsilon_p^2)/2$	0	0	0	1.40	3.08
	0	0	0	0.96	3.29

解表 6.3 组成的 8×8 久期方程 (6.12)，得到半导体的能带 $E(k)$。在某些特殊的 k 点，能得到解析解。如 k=0(Γ) 点，得到

$$
\begin{aligned}
E&=\frac{\varepsilon_s^c+\varepsilon_s^a}{2}\pm\sqrt{\left(\frac{\varepsilon_s^c-\varepsilon_s^a}{2}\right)^2+(4E_{ss})^2}\\
E&=\frac{\varepsilon_p^c+\varepsilon_p^a}{2}\pm\sqrt{\left(\frac{\varepsilon_p^c-\varepsilon_p^a}{2}\right)^2+(4E_{pp})^2}
\end{aligned}
\tag{6.14}
$$

式中，上、下两式分别对应于原子的 s 态和 p 态。Γ 点的其他带的能量也能求得解析解，见文献 [1，143 页]。

紧束缚方法的一个主要缺点是，它虽然能求得很好的价带结构，但是它总不能求得与实验符合很好的导带结构。其根源是“紧束缚”近似，而导带态更接近于

自由电子近似，用紧束缚基函数很难得到正确的导带态。为此人们想出了许多补救办法。例如，除了 s, p_x, p_y, p_z 轨道外，还人为地增加一个激发 s^* 轨道 [3]，或者增加几个 d 轨道；除了考虑最近邻原子的相互作用外，还考虑次近邻，以及第三近邻原子间的相互作用；除了二心近似的相互作用矩阵元外，还引入一些非二心近似的矩阵元等。

紧束缚方法的优点是原子之间键的图像直观、清晰。特别是用紧束缚方法或键轨道方法计算由于平移对称性破坏而形成的局域电子态，如表面电子态，深杂质、缺陷电子态，以及半导体量子阱、量子线、量子点的电子态等。方法是大元胞法或集团法。用紧束缚方法计算的局域电子态波函数是各原子轨道的线性组合，因此直接反映了这些态的电子空间分布情况，在物理上很直观。

6.2 六角氮化硼 (h-BN) 单层能带的紧束缚计算

自从石墨烯被发现以后，类似的单层六角结构的二维材料也被陆续研制出来，如 BN[4]、ZnO。理论和实验发现，二维 BN 是非磁的宽带直接带隙半导体。B 与 N 之间以共价键和离子键结合，有一定量的电荷从 B 原子转移到 N 原子。声子谱的计算证明了 BN 薄膜是稳定的。二维 BN 的原子结构类似于石墨烯，但组成的原子分别为 B 和 N，键长为 d=1.452 Å，晶格常数 a=2.511 Å，带隙在布里渊区的 K 点，$E_{\rm g}$=4.64 eV。从计算的电荷密度分布可以看出，电荷更集中在 N 原子附近，由 Lowdin 分析得到，电荷转移量为 ΔQ=0.429 个电子。N-p_z 和 B-p_z 轨道的成键态和反键态打开了带隙。

20 世纪 70~80 年代，计算三维半导体能带主要有两种方法：经验赝势方法和紧束缚方法。第一性原理计算方法刚开始出现。由于半导体芯片和计算机发展很快，目前计算半导体能带，不论是三维还是二维，都用第一原理方法。本章尝试用紧束缚方法计算二维半导体材料的能带。显然，这是一种落后的方法，计算结果绝对不能和第一原理的结果相比。但紧束缚方法也有自己的优点：一是计算量小得多，特别适用于计算半导体的整体性质，如光谱，需要对整个布里渊区的所有光跃迁概率积分，得到不同能量 (波长) 的跃迁概率总和；二是物理概念清楚，从紧束缚态的波函数分量直接就得到每个电子态的波函数 (轨道) 组成，而在第一原理计算中，每个态都由平面波叠加组成，不能直接反映波函数组成。

本节尝试用紧束缚方法计算二维半导体的能带，与第一原理的计算结果比较，看看两种方法各自的优缺点。紧束缚方法有一本经典著作：美国斯坦福大学教授 W. A. Harrison 的 *Electronic Structure and the Properties of Solids*[1]，小标题是 *The Physics of the Chemical Bond*。其中介绍了紧束缚方法在共价固体 (半导体)、闭合壳系统、非闭合壳系统 (金属、过渡金属) 等中的应用。一般来说，它计算简单固体的价带结构比较好，而导带结构与精确计算有差距。

6.2.1　二维 BN 的原子结构

类似于三维半导体，二维半导体原子间也有相互作用能量。但与三维半导体，特别是金刚石或闪锌矿的结构不同。每种二维半导体都有其独特的晶格结构，因此有独特的原子间相互作用。

二维 BN 的晶体结构如图 6.3(a) 所示，类似于石墨烯，呈二维蜂窝状结构，

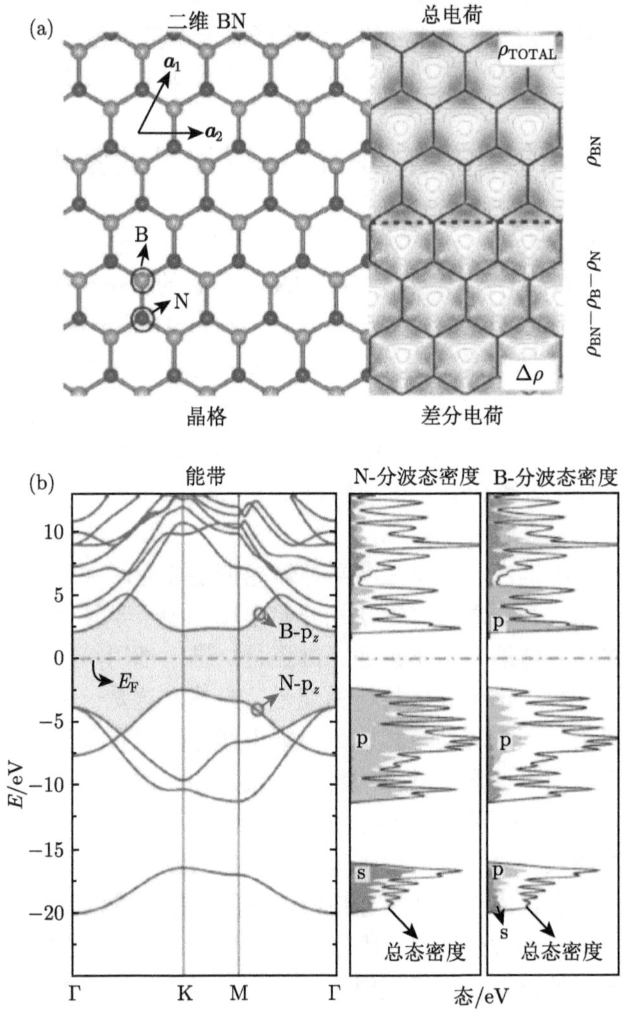

图 6.3　(a) BN 二维晶体的原子排列以及元胞，右图是计算的总电荷密度 ρ_{BN} 以及电荷密度差 $\rho_{\mathrm{BN}}-\rho_{\mathrm{B}}-\rho_{\mathrm{N}}$；(b) 计算的能带和总、分态密度

但组成原子分别是 B(黄色标记) 和 N(蓝色标记)。右图是第一原理计算 [4] 得到的价电子密度分布，由图可见，部分电荷由 B 原子转移到 N 原子，集中在 N 原子周围，显示出离子的性质，同时也打开了带隙。由 Lowdin 分析，计算得到电荷转移量为 ΔQ=0.429 个电子。二维 BN 是半导体，是间接带隙，E_{g}=4.64 eV。相邻 N 原子和 B 原子之间由 B-sp^2 和 N-sp^2 轨道形成成键态和反键态。

由图 6.3(a) 中的原子结构，在 xy 坐标系中，取原胞基矢、倒格子基矢为

$$\begin{aligned}
&\boldsymbol{a}_1 = a\hat{\boldsymbol{i}}, \quad \boldsymbol{a}_2 = \frac{1}{2}a\hat{\boldsymbol{i}} + \frac{\sqrt{3}}{2}a\hat{\boldsymbol{j}} \\
&\Omega = (\boldsymbol{a}_1 \times \boldsymbol{a}_2)\cdot\hat{\boldsymbol{k}} = \frac{\sqrt{3}}{2}a^2 \\
&\boldsymbol{b}_1 = \frac{\boldsymbol{a}_2 \times \hat{\boldsymbol{k}}}{\Omega} = \frac{1}{a}\left(\hat{\boldsymbol{i}} - \frac{1}{\sqrt{3}}\hat{\boldsymbol{j}}\right), \quad \boldsymbol{b}_2 = \frac{\hat{\boldsymbol{k}} \times \boldsymbol{a}_1}{\Omega} = \frac{1}{a}\left(\frac{2}{\sqrt{3}}\hat{\boldsymbol{j}}\right)
\end{aligned} \tag{6.15}$$

式中，a 是晶格常数。二维布里渊区由倒格子基矢求得，如图 6.4 所示。布里渊区中的 M, K 点坐标分别为 $\left(0, \frac{1}{\sqrt{3}}\right)\frac{1}{a}, \left(\frac{1}{3}, \frac{1}{\sqrt{3}}\right)\frac{1}{a}$。

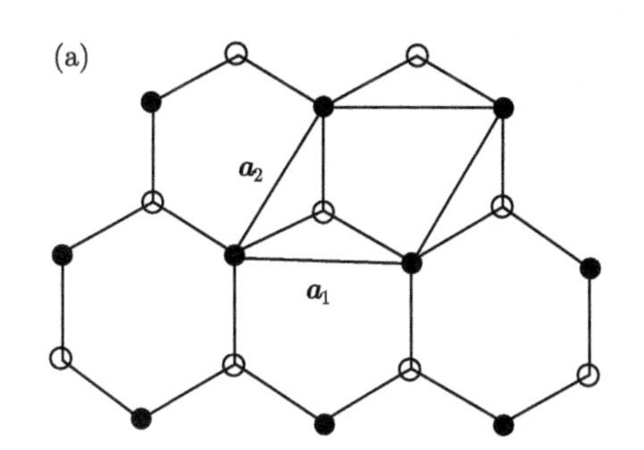

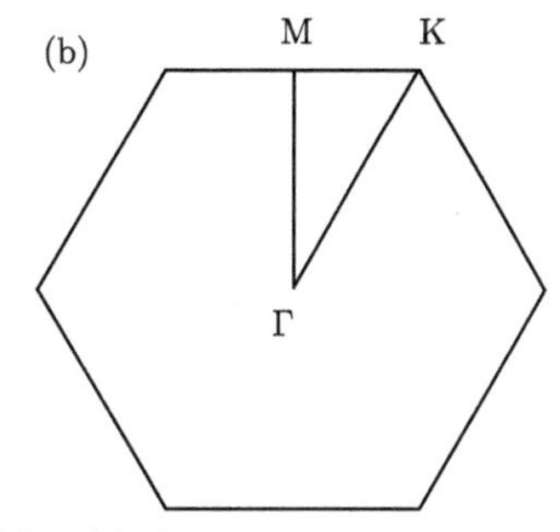

图 6.4 BN 的 (a) 元胞和 (b) 布里渊区

6.2.2 紧束缚能带论

N 原子和 B 原子分别取对应原子轨道 s, p_x, p_y, p_z 的基函数。关于同一原子上原子轨道能量已列表给出。具体到 BN，B 和 N 的原子能量分别为

$$\varepsilon_{\mathrm{s}}^1 = -12.54\mathrm{eV}, \quad \varepsilon_{\mathrm{p}}^1 = -6.66\mathrm{eV}, \quad \varepsilon_{\mathrm{s}}^2 = -21.04\mathrm{eV}, \quad \varepsilon_{\mathrm{p}}^2 = -11.47\mathrm{eV} \tag{6.16}$$

式中，上角标 1 和 2 分别代表 B 和 N 原子。Slater 和 Koster[2] 在二心近似的基础上，得出不同原子的轨道矩阵元，可以表示为 (6.9) 式。由 (6.8) 式，相邻原子间的原子轨道矩阵元只与原子间的距离 (键长 d) 有关。二维 BN 的原子键长

d=1.45 Å，由 (6.8) 式得到 $V_{ll'm} = 3.624\eta_{ll'm}\text{eV}$，由表 6.1 得到

$$V_{\text{ss}\sigma}=-5.0736\ \text{eV},\quad V_{\text{sp}\sigma}=6.6682\ \text{eV},\quad V_{\text{pp}\sigma}=11.742\ \text{eV},\quad V_{\text{pp}\pi}=-2.9354\ \text{eV} \tag{6.17}$$

至此，所有的哈密顿矩阵元都有了。紧束缚波函数、相互作用哈密顿量以及久期方程已由 (6.10)~(6.13) 式给出。

下面介绍紧束缚哈密顿矩阵。

久期方程 (6.12) 是 8×8 维的，包括 B-B、N-N、B-N、N-B 4 部分。其中 B-B 和 N-N 是对角的 4×4 矩阵，对角矩阵元分别为 2 个原子的原子轨道能量 (6.16)。B-N 矩阵和 N-B 矩阵是复共轭的，只需求一个。

在计算哈密顿矩阵前，还要先确定以某一个 B 原子为出发点，如图 6.4(a) 黑点，它的 3 个最近邻原子坐标为

$$\boldsymbol{R}_0=\left(\frac{1}{2}\hat{\boldsymbol{i}}+\frac{1}{2\sqrt{3}}\hat{\boldsymbol{j}}\right)a,\quad \boldsymbol{R}_1=\left(-\frac{1}{2}\hat{\boldsymbol{i}}+\frac{1}{2\sqrt{3}}\hat{\boldsymbol{j}}\right)a,\quad \boldsymbol{R}_2=-\frac{1}{\sqrt{3}}\hat{\boldsymbol{j}}a \tag{6.18}$$

相应的 3 个键的方向余弦为

$$\left(\frac{\sqrt{3}}{2},\frac{1}{2},0\right)\left(-\frac{\sqrt{3}}{2},\frac{1}{2},0\right)(0,-1,0) \tag{6.19}$$

B-N 矩阵如下：

$$H_{\text{ss}'}(\boldsymbol{k})=V_{\text{ss}\sigma}\sum_i \text{e}^{\text{i}\boldsymbol{k}\cdot\boldsymbol{d}_i}=V_{\text{ss}\sigma}(g_0+g_1+g_2)$$

$$H_{\text{sp}'_x}(\boldsymbol{k})=V_{\text{sp}'\sigma}\sum_i l_i\text{e}^{\text{i}\boldsymbol{k}\cdot\boldsymbol{d}_i}=V_{\text{sp}'\sigma}\frac{\sqrt{3}}{2}(g_0-g_1)$$

$$H_{\text{sp}'_y}(\boldsymbol{k})=V_{\text{sp}'\sigma}\sum_i m_i\text{e}^{\text{i}\boldsymbol{k}\cdot\boldsymbol{d}_i}=V_{\text{sp}'\sigma}\frac{1}{2}(g_0+g_1-2g_1)$$

$$H_{\text{p}_x\text{s}'}(\boldsymbol{k})=V_{\text{s}'\text{p}\sigma}\sum_i -l_i\text{e}^{\text{i}\boldsymbol{k}\cdot\boldsymbol{d}_i}=-V_{\text{s}'\text{p}\sigma}\frac{\sqrt{3}}{2}(g_0-g_1)$$

$$H_{\text{p}_y\text{s}'}(\boldsymbol{k})=V_{\text{s}'\text{p}\sigma}\sum_i -m_i\text{e}^{\text{i}\boldsymbol{k}\cdot\boldsymbol{d}_i}=-V_{\text{s}'\text{p}\sigma}\frac{1}{2}(g_0+g_1-2g_1)$$

$$\begin{aligned}H_{\text{p}_x\text{p}'_x}(\boldsymbol{k})&=V_{\text{pp}\sigma}\sum_i l_i^2\text{e}^{\text{i}\boldsymbol{k}\cdot\boldsymbol{d}_i}+V_{\text{pp}\pi}\sum_i\left(1-l_i^2\right)\text{e}^{\text{i}\boldsymbol{k}\cdot\boldsymbol{d}_i}\\&=\frac{3}{4}V_{\text{pp}\sigma}(g_0+g_1)+\frac{1}{4}V_{\text{pp}\pi}(g_0+g_1+4g_2)\end{aligned}$$

$$
\begin{aligned}
H_{\mathrm{p}_y\mathrm{p}'_y}(\boldsymbol{k}) &= V_{\mathrm{pp\sigma}}\sum_i m_i^2 \mathrm{e}^{\mathrm{i}\boldsymbol{k}\cdot\boldsymbol{d}_i} + V_{\mathrm{pp\pi}}\sum_i \left(1-m_i^2\right)\mathrm{e}^{\mathrm{i}\boldsymbol{k}\cdot\boldsymbol{d}_i} \\
&= \frac{1}{4}V_{\mathrm{pp\sigma}}\left(g_0+g_1+4g_2\right)+\frac{3}{4}V_{\mathrm{pp\pi}}\left(g_0+g_1\right) \\
H_{\mathrm{p}_x\mathrm{p}'_y}(\boldsymbol{k}) &= V_{\mathrm{pp\sigma}}\sum_i l_i m_i \mathrm{e}^{\mathrm{i}\boldsymbol{k}\cdot\boldsymbol{d}_i} - V_{\mathrm{pp\pi}}\sum_i l_i m_i \mathrm{e}^{\mathrm{i}\boldsymbol{k}\cdot\boldsymbol{d}_i} \\
&= \frac{\sqrt{3}}{4}V_{\mathrm{pp\sigma}}\left(g_0-g_1\right)-\frac{\sqrt{3}}{4}V_{\mathrm{pp\pi}}\left(g_0-g_1\right) \\
H_{\mathrm{p}_y\mathrm{p}'_x}(\boldsymbol{k}) &= V_{\mathrm{pp\sigma}}\sum_i l_i m_i \mathrm{e}^{\mathrm{i}\boldsymbol{k}\cdot\boldsymbol{d}_i} - V_{\mathrm{pp\pi}}\sum_i l_i m_i \mathrm{e}^{\mathrm{i}\boldsymbol{k}\cdot\boldsymbol{d}_i} \\
&= \frac{\sqrt{3}}{4}V_{\mathrm{pp\sigma}}\left(g_0-g_1\right)-\frac{\sqrt{3}}{4}V_{\mathrm{pp\pi}}\left(g_0-g_1\right) \\
H_{\mathrm{p}_z\mathrm{p}'_z}(\boldsymbol{k}) &= V_{\mathrm{pp\sigma}}\sum_i n_i^2 \mathrm{e}^{\mathrm{i}\boldsymbol{k}\cdot\boldsymbol{d}_i} + V_{\mathrm{pp\pi}}\sum_i \left(1-n_i^2\right)\mathrm{e}^{\mathrm{i}\boldsymbol{k}\cdot\boldsymbol{d}_i} = V_{\mathrm{pp\pi}}\left(g_0+g_1+g_2\right)
\end{aligned}
\tag{6.20}
$$

其他矩阵元为 0，由于 p_z 态是一个悬态，只与相邻原子的 p'_z 态有相互作用。其中 g_i 是 3 个紧邻原子的相位因子 $\mathrm{e}^{\mathrm{i}\boldsymbol{k}\cdot\boldsymbol{d}}$：

$$
\begin{aligned}
g_0 &= \exp\left[\mathrm{i}\left(\frac{1}{2}k_x+\frac{1}{2\sqrt{3}}k_y\right)a\right] \\
g_1 &= \exp\left[\mathrm{i}\left(-\frac{1}{2}k_x+\frac{1}{2\sqrt{3}}k_y\right)a\right] \\
g_2 &= \exp\left[-\mathrm{i}k_y\frac{a}{\sqrt{3}}\right]
\end{aligned}
\tag{6.21}
$$

6.2.3 计算结果

以上紧束缚材料参量 (6.16) 和 (6.17) 式都是由 BN 体材料得出的，所以由这些参量计算的二维 BN 能带间距都很大。从物理上考虑，二维材料中的原子没有上下层的相邻原子，它们之间的相互作用肯定比三维材料中的要小。作为初步的调整，取相邻原子间的紧束缚相互作用能量 $V_{\mathrm{ss\sigma}}$、$V_{\mathrm{sp\sigma}}$、$V_{\mathrm{pp\sigma}}$ 为三维中的一半，而 $V_{\mathrm{pp\pi}}$ 代表两个近邻悬键之间的相互作用，暂时还取原来值，即取 (比较 (6.17) 式)

$$
V_{\mathrm{ss\sigma}}=-2.5368\ \mathrm{eV},\quad V_{\mathrm{sp\sigma}}=3.3341\ \mathrm{eV},\quad V_{\mathrm{pp\sigma}}=5.871\ \mathrm{eV},\quad V_{\mathrm{pp\pi}}=-2.9354\ \mathrm{eV}
\tag{6.22}
$$

求得的能带如图 6.5(a) 所示。由图可见，价带与第一原理计算结果 [4] 与图 6.3(b) 相似。价带顶在 K 点，间接带隙为 2.93 eV，比第一原理计算结果 E_{g}=4.64 eV 小一些。

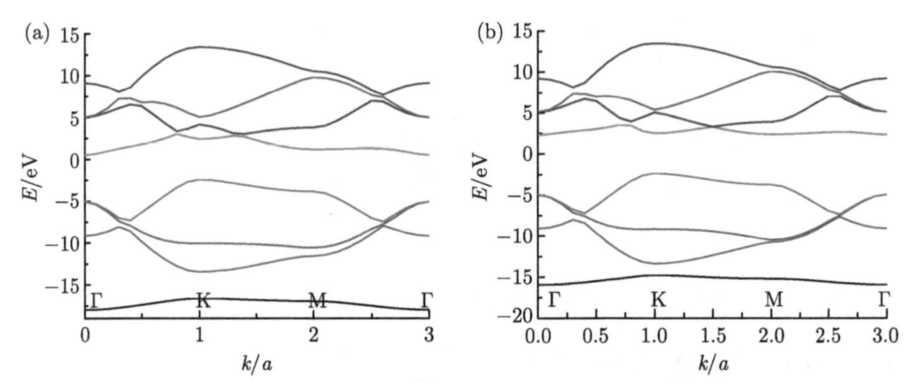

图 6.5　(a) 紧束缚初步计算的二维 BN 能带；(b) 调整参数后的紧束缚计算二维 BN 能带

能带参数的调节　紧束缚计算得到的间接带隙 2.93 eV 比第一原理计算得到的小，我们可以通过调节能带参数使其相符。Γ 点第 5 能级 (导带底) 波函数由 2 个原子的 s 态组成，它们的分量分别为 −0.8844 eV(B 原子) 和 0.4648 eV(N 原子)。因此我们可以提高 B 原子的 s 态能量，将 (6.16) 式改为

$$\varepsilon_{\mathrm{s}}^{1}=-10.54\ \mathrm{eV},\quad \varepsilon_{\mathrm{p}}^{1}=-6.64\ \mathrm{eV},\quad \varepsilon_{\mathrm{s}}^{2}=-21.04\ \mathrm{eV},\quad \varepsilon_{\mathrm{p}}^{2}=-11.47\ \mathrm{eV} \tag{6.23}$$

这样计算的能带如图 6.5(b) 所示，间接带隙为 E_{g}=4.64 eV，与第一原理计算的结果相同。

表 6.4 是 Γ 点的 (相对) 能量和对应的波函数，在 Γ 点波函数分量是实数，没有虚部。

表 6.4　Γ 点的能量和波函数分量

能量	−25.11	−18.19	−14.08	−14.08	−6.83	−4.03	−4.03	0.0763
波函数分量	−0.4720	−0.0000	0.0000	0.0000	−0.8816	0.0000	0.0000	0.0000
	0.0000	0.0000	0.0000	0.6064	0.0000	0.0000	0.0000	0.7951
	0.0000	−0.5095	0.0000	0.0000	−0.0000	0.8605	0.0000	0.0000
	0.0000	0.0000	0.5095	0.0000	0.0000	−0.0000	−0.8605	0.0000
	−0.8816	−0.0000	−0.0000	0.0000	0.4720	−0.0000	0.0000	0.0000
	0.0000	−0.8605	−0.0000	0.0000	−0.0000	−0.5095	0.0000	0.0000
	0.0000	0.0000	−0.8605	0.0000	0.0000	0.0000	−0.5095	0.0000
	0.0000	0.0000	0.0000	0.7951	0.0000	0.0000	0.0000	−0.6064

由表 6.4 可见，价带的第 1 个能级 (最低态) 是由 B 和 N 两个原子的 s 态的成键态 (符号相同) 组成的。价带的第 2 个能级是由两个原子的 p_z 态成键态组成的，第 3、4 个能级分别为 p_x 和 p_y 的反键态。导带底 (第 5 个能级) 是由两个原子的 s 态的反键态 (符号相反) 组成的，导带的第 2、3 个态分别是由 p_x 和 p_y 态的成键态 (符号相同) 组成的，第 4 个态是 p_z 的反键态。也就是价带的第 2 个

态是由 N 和 B 两个原子的 p_z 成键态组成的，而导带第 4 个态是由 p_z 反键态组成的，而不是文献 [4] 中所说的：最高价带态和最低导带态分别由孤立的 N-p_z 态和 B-p_z 态组成。

类似地，可求得 K 点和 M 点的能量和波函数分量。最低的导带态，在 Γ 点第 5 个态主要是两个原子 s 态的反键态。在 K 点，第 5 个态完全是 B-p_z 态。在 M 点，由于有能级交叉 (图 6.5(b))，第 6 个态 (表 6.4) 主要是 B-p_z 态和小部分 N-p_z 态。

6.2.4 光学性质的定性讨论

已知各个态的紧束缚波函数，就可以计算各个态之间的光跃迁矩阵元。固体光吸收正比于它的振子强度：

$$f_{\mathrm{cv},\boldsymbol{k}} = \frac{2\hbar^2}{m\left(\varepsilon_{\mathrm{c}} - \varepsilon_{\mathrm{v}}\right)} \left| \langle \psi_{\mathrm{v}}\left(\boldsymbol{k}\right) | \frac{\partial}{\partial x} | \psi_{\mathrm{c}}\left(\boldsymbol{k}\right) \rangle \right|^2 \tag{6.24}$$

式中，假定电场方向 (光的偏振) 沿 x 方向；ψ_{v} 和ψ_{c} 分别为价带和导带的紧束缚波函数。由 (6.10) 式可以得到二维材料光跃迁的选择定则：光跃迁不能发生在初态和末态都是 s 或都是 p 态之间，必须一个是 s 态，一个是 p 态。

二维材料是高度各向异性的，由以上两个光跃迁选择定则，就可以求得发光或者吸收光的能量和偏振性质。例如，Γ 点的光跃迁，见表 6.4，第 1 个态是 N 和 B 原子 s 态的成键态 (系数符号相同)，而第 5 个态是 s 反键态 (系数符号相反)。虽然符合第 1 个条件，但不符合第 2 个条件，因为都是 s 态，因此没有电子的光跃迁。而第 8 个态是两个原子 p_z 态的反键态，因此第 1 个态至第 8 个态的光跃迁是允许的，电场方向 (偏振) 为 z 方向，能量为 25.19 eV。第 2 个态是 p_z 态的成键态，第 5 个态是 s 态的反键态，因此光跃迁是允许的，偏振沿 z 方向，能量为 11.36 eV。第 3 个态是 p_x 的反键态，第 4 个态是 p_y 的反键态，与导带之间都没有允许的光跃迁。

类似地，可讨论 K 点、M 点以及布里渊区其他点的光跃迁，将所有可能的光跃迁积分，就得到吸收光谱。注意到除了 Γ 点，其他点的波函数都是复数。

本节用经验紧束缚方法计算了二维 BN 的能带。通过能级波函数的分析，可对能带的能量进行调节。得到的能带与第一原理计算的结果基本相符，价带顶在 K 点，导带底在 Γ 点，间接带隙为 E_{g}=4.64 eV，与第一原理计算的结果 [4] 相符。通过波函数分析能得到能带中各个原子态的孤立态或成键态、反键态组成，根据光跃迁选择定则可分析可能的光跃迁偏振和能量。

6.3　二维砷烯能带的紧束缚计算

砷的体材料 (灰砷) 本来就是一种层状材料，它的晶体结构如图 6.6(a)、(b) 所示 [5]，它的层间距离、键长和键角分别为 2.04 Å、2.49 Å 和 97.27°。砷烯就是其中的一层，由于晶格畸变，相应的键长和角度分别为 2.45 Å 和 92.54°，锑烯也有类似的畸变。

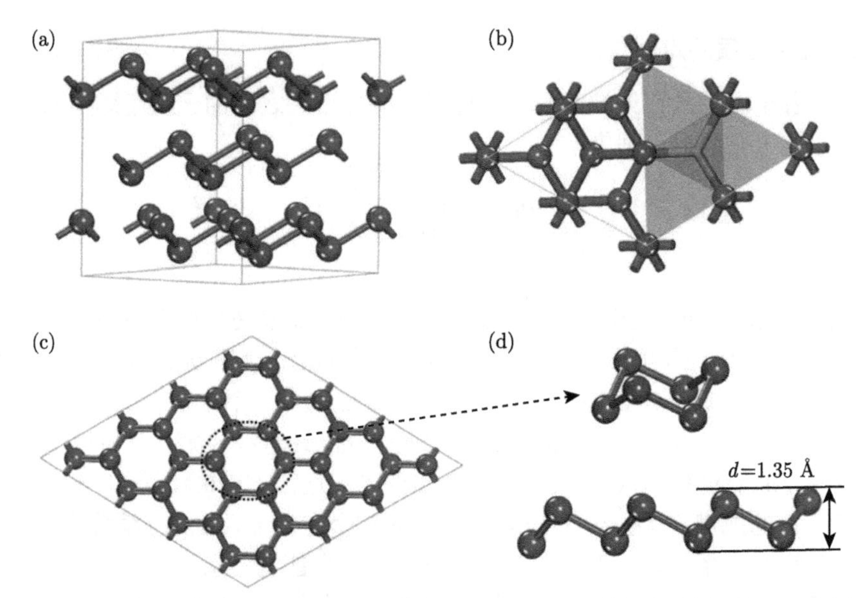

图 6.6　(a)、(b) 体砷原子结构的侧视图和顶视图；(c)、(d) 砷烯原子结构的顶视图和侧视图

图 6.6(c)、(d) 分别是单层砷烯的顶视图和侧视图，它不是平面的，而是皱曲的，原子分两层排列，层间距为 d=1.35 Å，顶视看原子是六角排列的，但不在一个平面上。(c) 图中圆圈画的 6 个原子排列如插图所示。

由于体砷的结构类似于石墨，而石墨烯就能在 SiC 或金属表面上生长和剥离，因此预计砷烯或者锑烯也能用类似的方法生长。

图 6.7 上面三张图分别是 3 层、2 层和单层砷烯的能带图，下面三张图分别是 3 层、2 层和单层锑烯的能带图 [5]。它们最大的差别是带隙：3 层、2 层和单层砷烯的带隙分别是 0 eV、0.37 eV 和 2.49 eV；3 层、2 层和单层锑烯的带隙分别是 0 eV、0 eV 和 2.28 eV。所以单层的砷烯和锑烯都由金属变成了宽禁带半导体，但为间接带隙。

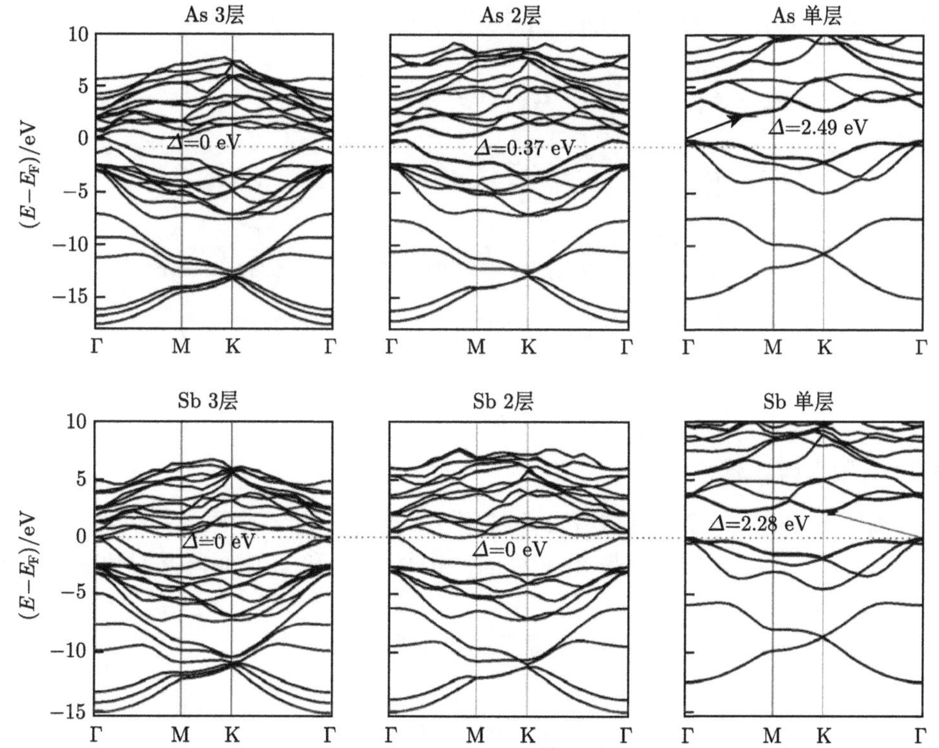

图 6.7 上面三张图分别是 3 层、2 层和单层砷烯的能带图；下面 3 张图分别是 3 层、2 层和单层锑烯的能带图

6.3.1 原子结构

砷烯单层的原子结构平面图和对应的布里渊区类似于 BN，如图 6.6 所示。由图 6.4(a)，黑色圈和白色圈代表不在一个平面上的砷原子，假定黑色圈在顶层，白色圈在下层，两层相距 1.35 Å。本节的计算将图 6.4 的坐标系旋转了 90°，令某一个顶层原子 (黑圈) 与相邻原子 (白圈) 之间的矢量分别为

$$\boldsymbol{a} = -\hat{\boldsymbol{i}} - x\hat{\boldsymbol{k}}, \quad \boldsymbol{b} = \frac{1}{2}\hat{\boldsymbol{i}} + \frac{\sqrt{3}}{2}\hat{\boldsymbol{j}} - x\hat{\boldsymbol{k}}$$
$$\frac{\boldsymbol{a}\cdot\boldsymbol{b}}{ab} = \cos 92.54^\circ = -0.044317 = \frac{-0.5+x^2}{1+x^2} \tag{6.25}$$

解方程 (6.25)，得到 x=0.66057，$\sqrt{1+x^2} = 1.19848$。令平面结构的晶格常数 (黑圈之间的距离) 为 a，以下则以 a 作为长度单位。键长 d=2.45 Å，投影到平面上，$d' = \dfrac{d}{\sqrt{1+x^2}} = 2.0443$ Å，$a = \sqrt{3}d' = 3.5408$ Å。

由图 6.4(a)，平面结构的元胞基矢和倒格基矢分别为

$$\begin{aligned}
&\boldsymbol{a}_1 = \frac{\sqrt{3}}{2}a\hat{\boldsymbol{i}} + \frac{a}{2}\hat{\boldsymbol{j}}, \quad \boldsymbol{a}_2 = a\hat{\boldsymbol{j}} \\
&\Omega = (\boldsymbol{a}_1 \times \boldsymbol{a}_2) \cdot \hat{\boldsymbol{k}} = \frac{\sqrt{3}}{2}a^2 \\
&\boldsymbol{b}_1 = \frac{\boldsymbol{a}_2 \times \hat{\boldsymbol{k}}}{\Omega} = \frac{2}{\sqrt{3}}\frac{1}{a}\hat{\boldsymbol{i}}, \quad \boldsymbol{b}_2 = \frac{\hat{\boldsymbol{k}} \times \boldsymbol{a}_1}{\Omega} = -\frac{1}{\sqrt{3}a}\hat{\boldsymbol{i}} + \frac{1}{a}\hat{\boldsymbol{j}}
\end{aligned} \tag{6.26}$$

由倒格基矢得到的布里渊区如图 6.4(b) 所示，其对称点的坐标为

$$\boldsymbol{M}: \left(\frac{1}{\sqrt{3}}, 0\right)\frac{1}{a}, \quad \boldsymbol{K}: \left(\frac{1}{\sqrt{3}}, \frac{1}{3}\right)\frac{1}{a} \tag{6.27}$$

6.3.2 紧束缚计算

由图 6.4(a)，一个元胞内有 2 个原子，每个原子有 4 个原子基函数 (对应轨道 s, p_x, p_y, p_z)，久期方程是 8×8 维的，其中 A-A 和 B-B 矩阵是对角的，需要求 A-B 矩阵。

A 原子 (黑点) 最近邻的 3 个原子的坐标为

$$\left(\frac{1}{2\sqrt{3}}, \frac{1}{2}, -f\right)a, \quad \left(\frac{1}{2\sqrt{3}}, -\frac{1}{2}, -f\right)a, \quad \left(-\frac{1}{\sqrt{3}}, 0, -f\right)a \tag{6.28}$$

式中，f=1.36/3.54=0.38418。三个键的方向余弦分别为 l, m, n：

$$\left(\frac{1}{2}, \frac{\sqrt{3}}{2}, -\sqrt{3}f\right)\Big/g, \quad \left(\frac{1}{2}, -\frac{\sqrt{3}}{2}, -\sqrt{3}f\right)\Big/g, \quad \left(-1, 0, -\sqrt{3}f\right)\Big/g \tag{6.29}$$

式中，$g = \sqrt{1+3f^2}$ 。令

$$D_1 = \frac{1}{2g}, \quad D_2 = \frac{\sqrt{3}}{2g}, \quad D_3 = -\frac{\sqrt{3}}{g}, \quad D_4 = -\frac{1}{g}$$

哈密顿矩阵为

$$\begin{aligned}
&H_{\mathrm{ss}} = V_{\mathrm{ss\sigma}}(g_1 + g_2 + g_3), \quad H_{\mathrm{s}x} = D_1 V_{\mathrm{sp\sigma}}(g_1 + g_2 - 2g_3) \\
&H_{\mathrm{s}y} = D_2 V_{\mathrm{sp\sigma}}(g_1 - g_2), \quad H_{\mathrm{s}z} = D_3 V_{\mathrm{sp\sigma}}(g_1 + g_2 + g_3) \\
&H_{x\mathrm{s}} = -H_{\mathrm{s}x}, \quad H_{y\mathrm{s}} = -H_{\mathrm{s}y}, \quad H_{zx} = -H_{\mathrm{s}z} \\
&H_{xx} = D_1^2 V_{\mathrm{pp\sigma}}(g_1 + g_2 + 4g_3) + V_{\mathrm{pp\pi}}\left[\left(1 - D_1^2\right)(g_1 + g_2) + \left(1 - D_4^2\right)g_3\right] \\
&H_{yy} = D_2^2 V_{\mathrm{pp\sigma}}(g_1 + g_2) + V_{\mathrm{pp\pi}}\left[\left(1 - D_2^2\right)(g_1 + g_2) + g_3\right] \\
&H_{zz} = D_3^2 V_{\mathrm{pp\sigma}}(g_1 + g_2 + g_3) + V_{\mathrm{pp\pi}}\left(1 - D_3^2\right)(g_1 + g_2 + g_3)
\end{aligned}$$

$$
\begin{aligned}
&H_{xy} = (V_{pp\sigma} - V_{pp\pi})\,D_1D_2\,(g_1 - g_2)\\
&H_{xz} = (V_{pp\sigma} - V_{pp\pi})\,D_1D_3\,(g_1 + g_2 - 2g_3)\\
&H_{yz} = (V_{pp\sigma} - V_{pp\pi})\,D_2D_3\,(g_1 - g_2)\\
&H_{yx} = H_{xy},\quad H_{zx} = H_{xz},\quad H_{zy} = H_{yz}
\end{aligned} \tag{6.30}
$$

式中，$g_i(i=1, 2, 3)$ 是相邻原子的位相因子 $\exp(\mathrm{i}\boldsymbol{k}\cdot\boldsymbol{R}_i)$：

$$
\begin{aligned}
&g_1 = \exp\mathrm{i}\left[\frac{k_x}{2\sqrt{3}} + \frac{k_y}{2}\right]a,\quad g_2 = \exp\mathrm{i}\left[\frac{k_x}{2\sqrt{3}} - \frac{k_y}{2}\right]a\\
&g_3 = \exp\mathrm{i}\left[-\frac{k_x}{\sqrt{3}}\right]a
\end{aligned} \tag{6.31}
$$

原子势参数 按照文献 [1] 的 “Solid State Table of the Elements”，As 的 s 态和 p 态的原子能级分别为 $\varepsilon_\mathrm{s} = -17.33$ eV, $\varepsilon_\mathrm{p} = -7.91$ eV。原子间的哈密顿矩阵元由 (6.8) 式和表 6.1 给出。砷烯的键长 d=2.4492 Å，得出 $\hbar^2/md^2 = 1.26947$ eV，代入 (6.8) 式，得到三维晶体中原子间相互作用矩阵元。在二维晶体中，原子间的相互作用减弱，因此我们取以上值的一半作为二维晶体中的原子间相互作用矩阵元：

$$
\begin{aligned}
V_{ss} = -0.88863\ \text{eV},\quad V_{sp\sigma} = 1.1679\ \text{eV}\\
V_{pp\sigma} = 2.05654\ \text{eV},\quad V_{pp\pi} = -0.51414\ \text{eV}
\end{aligned} \tag{6.32}
$$

得到与第一原理计算相似的结果 (没有优化)，见图 6.8。As 原子有 5 个价电子，每个元胞有 2 个原子，共有 10 个价电子，将填充 5 个能带，因此价带顶在第 5

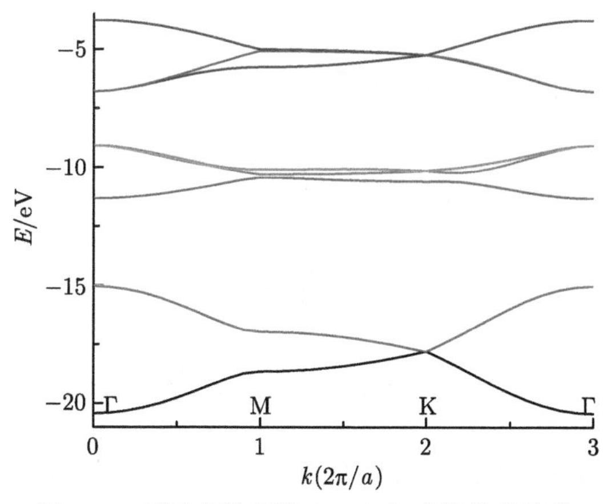

图 6.8 用紧束缚参数 (6.34) 初步计算的能带

个能级。在相同能量范围内，曲线的形状是一致的，但图 6.7 的结果是间接带隙，

价带顶 (第 5 能级) 在 Γ 点，导带底在 Γ-M 轴上，带隙 E_g=2.49 eV。而图 6.8 中带隙在 Γ 点，直接带隙 E_g=2.28 eV，所以还需要调参数。

6.3.3　参数的调节

对于图 6.8 中的能带，Γ 点的能量和波函数列于表 6.5。

表 6.5　Γ 点的能量和波函数分量

能量	−20.4251	−15.0055	−11.3077	−9.0523	−9.0523	−6.7677	−6.7677	−3.7417
波函数分量	−0.6903	0.0000	0.0000	−0.1534	−0.6903	0.0000	0.0000	0.1534
	0.6963	0.0000	0.0000	−0.1231	−0.6963	0.0000	0.0000	−0.1231
	0.1534	0.0000	0.0000	−0.6903	0.1534	0.0000	0.0000	0.6903
	0.0000	0.7071	−0.0000	−0.0000	0.0000	−0.7071	0.0000	0.0000
	−0.0000	−0.0000	−0.7071	0.0000	0.0000	0.0000	0.7071	0.0000
	0.0000	−0.0000	−0.7071	−0.0000	−0.0000	−0.0000	−0.7071	0.0000
	−0.0000	0.7071	−0.0000	0.0000	−0.0000	0.7071	−0.0000	0.0000
	−0.1231	0.0000	0.0000	−0.6963	0.1231	0.0000	0.0000	−0.6963

由表 6.5 可见，在 Γ 点，第 5 能级 (价带顶) 的波函数主要是 p_y 态的反键态，而第 6 能级 (导带底) 主要是 p_y 态的成键态。因此要增加它们之间的间隙，需要增加 p 态的相互作用矩阵元 $V_{pp\sigma}$，将 $V_{pp\sigma}$ 原来的取值 2.05654 eV 稍微调整为 2.15654 eV，就得到直接带隙 E_g=2.4934 eV，与第一原理计算结果 [5]2.49 eV 相符。至于要将导带底调至 Γ-M 轴上，紧束缚计算则难以做到。

6.3.4　光学性质的简单分析

二维晶体偶极光跃迁的选择定则为:

(1) 由成键态到反键态，或者相反。

(2) 由原子 s 态到 p 态，或者相反。

根据这两条选择定则，从表 6.5 可以得到 Γ 点可能的光跃迁。由表 6.5，可以得到在 Γ 点的 8 个态的性质 (表 6.6)。

表 6.6　Γ 点的 8 个态的性质

次序	1	2	3	4	5	6	7	8
填充	满	满	满	满	满	空	空	空
性质	s 成键	s 反键	p_z 反键	p_x 反键	p_y 反键	p_y 成键	p_x 成键	p_z 成键

从表 6.6 可以清楚地看到，只有 2~6, 7, 8 态的跃迁才是允许的。由表 6.5 可以求得它们的跃迁能量。由表 6.5 求得跃迁能量分别为 8.2378 eV、8.2378 eV 和 11.2638 eV，电场偏振分别为 y, x, z。在 M 点的光跃迁，可由 M 点的波函数做类似的讨论。

本节用紧束缚方法计算了单层砷烯的电子能带，紧束缚参量取体材料值的一半，就得到与第一原理计算符合得很好的结果。与一般的半导体不同，价带是由原子 s 的成键态和反键态，以及 p 的反键态组成的，而导带则由 p 的成键态组成。光跃迁是在价带的 s 反键态至导带的 p 成键态之间进行的。

6.4 黑磷的紧束缚理论

6.4.1 黑磷的原子结构

黑磷原子之间被共价键相连，它们不像三维金刚石结构那样，形成四面体结构，也不像 BN 那样的纯二维结构，而是如图 6.9 那样的褶子 (pucker) 结构 [6]。一个原子与它的 3 个紧邻原子形成“金字塔”结构。整个黑磷层是由 2 个不同取向的压平 (flattened)P_4 结构 (如图 6.9 中的红色和蓝色结构) 组成，其中一个绕 y 轴旋转 180° 变成另一个。

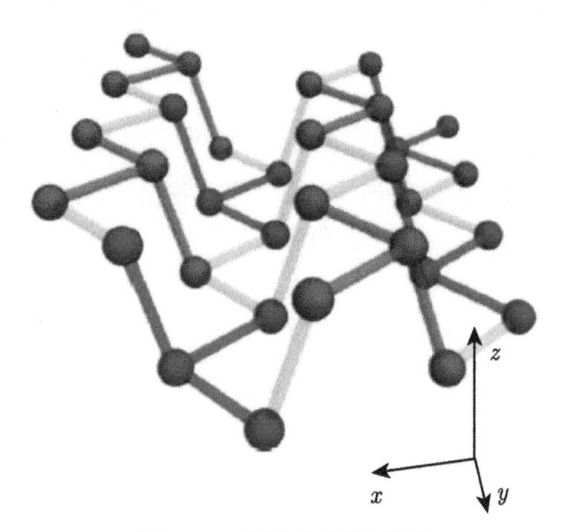

图 6.9 黑磷的原子结构

黑磷的元胞和布里渊区见图 6.10(a) 和 (b)。在图 6.10(a) 中，黑圈代表顶层原子，白圈代表底层原子。一个元胞中有 A, B, C, D 4 个原子。其参数为：

晶格常数 a_2=3.2997 Å，a_1=4.6205 Å；

平面内键角 θ=95.4431°，键长 d=2.2211 Å；

斜键在平面上的投影 $S_{\rm d}$=0.8221 Å，S=0.37013。

由键长、键角可计算晶格常数 (图 6.10(a))。$a_2=2\sin(\theta/2)d$=3.2867 Å, $a_1=2[S_{\rm d}+d\cos(\theta/2)]$ =4.6326 Å，可见是自洽的。假定平面内一个键 (A—B) 和斜键 (B—C，见图 6.10(a))(单位长度) 分别为

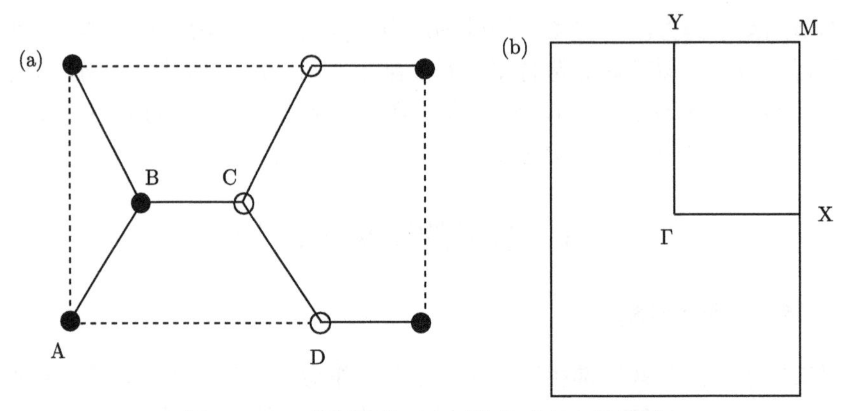

图 6.10　二维黑磷的 (a) 元胞和 (b) 布里渊区

$$\overrightarrow{AB} = \cos(\theta/2)\,\hat{\boldsymbol{i}} + \sin(\theta/2)\,\hat{\boldsymbol{j}} = 0.6727\hat{\boldsymbol{i}} + 0.7399\hat{\boldsymbol{j}}$$

$$\overrightarrow{AD} = -S\hat{\boldsymbol{j}} - \sqrt{1-S^2}\hat{\boldsymbol{k}} = -0.3701\hat{\boldsymbol{j}} - 0.9290\hat{\boldsymbol{k}}$$

因此得到

$$\overrightarrow{AB} \cdot \overrightarrow{AD} = -0.27386 = \cos\phi, \quad \phi = 105.89^\circ$$

所以平面内两个键之间的夹角 θ 与平面间键的夹角 ϕ 是不同的。

元胞和倒格子基矢见图 6.10(a) 和 (b)，为

$$\begin{aligned} &\boldsymbol{a}_1 = a_1\hat{\boldsymbol{i}}, \quad \boldsymbol{a}_2 = a_2\hat{\boldsymbol{j}} \\ &\Omega = (\boldsymbol{a}_1 \times \boldsymbol{a}_2)\cdot\hat{\boldsymbol{k}} = a_1 a_2 \\ &\boldsymbol{b}_1 = \frac{\boldsymbol{a}_2 \times \hat{\boldsymbol{k}}}{\Omega} = \frac{1}{a_1}\hat{\boldsymbol{i}}, \quad \boldsymbol{b}_2 = \frac{\hat{\boldsymbol{k}} \times \boldsymbol{a}_1}{\Omega} = \frac{1}{a_2}\hat{\boldsymbol{j}} \end{aligned} \tag{6.33}$$

在晶体计算矩阵元之前，先要把必要的原子间的矢量以及方向余弦确定。例如，图 6.10(a) 中 A 原子的 3 个最近邻原子的坐标 (以 A 为原点，a_2 为长度单位)，利用 d/a_2=0.6731，为

$$(0.4528, 0.4980, 0)\,a_2, \quad (0.4528, -0.4980, 0)\,a_2, \quad (-0.2491, 0, -0.6253)\,a_2 \tag{6.34}$$

由 (6.33) 式可以求得 A 原子至 3 个最近邻原子的方向余弦：

$$(0.6727, 0.7399, 0), \quad (0.6727, -0.7399, 0), \quad (-0.3701, 0, -0.9290) \tag{6.35}$$

在程序中令 $D_1 = 0.6727$, $D_2 = 0.7399$, $D_3 = -0.3701$, $D_4 = -0.9290$。

6.4.2 二维黑磷的紧束缚矩阵元

二维黑磷哈密顿矩阵如图 6.11 所示。由图 6.10(a) 每个元胞有 4 个原子。假定黑磷每个原子有 4 个轨道 s, p_x, p_y, p_z，所以哈密顿矩阵为 16×16 维的，如图 6.11 所示。

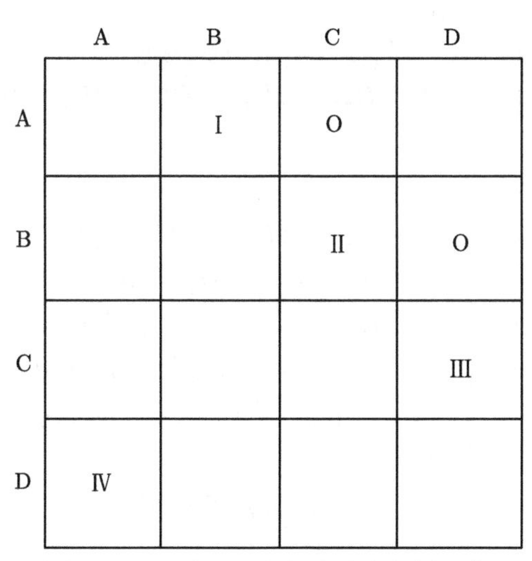

图 6.11 二维黑磷的紧束缚哈密顿矩阵

图 6.11 中，A-A, B-B, ⋯，都是对角的，而 A-C, B-D 是非紧邻原子，先不考虑。剩下的就是：

(1) B-A 矩阵

$$
\begin{aligned}
&H_{\mathrm{ss}}=V_{\mathrm{ss}\sigma}\left(g_1^*+g_2^*\right),\quad H_{\mathrm{s}x}=-V_{\mathrm{sp}\sigma}D_1\left(g_1^*+g_2^*\right)\\
&H_{\mathrm{s}y}=-V_{\mathrm{sp}\sigma}D_2\left(g_1^*-g_2^*\right),\quad H_{\mathrm{s}z}=0\\
&H_{x\mathrm{s}}=-H_{\mathrm{s}x},\quad H_{y\mathrm{s}}=-H_{\mathrm{s}y},\quad H_{z\mathrm{s}}=0\\
&H_{xx}=V_{\mathrm{pp}\sigma}D_1^2\left(g_1^*+g_2^*\right)+V_{\mathrm{pp}\pi}\left(1-D_1^2\right)\left(g_1^*+g_2^*\right)\\
&H_{yy}=V_{\mathrm{pp}\sigma}D_2^2\left(g_1^*+g_2^*\right)+V_{\mathrm{pp}\pi}\left(1-D_2^2\right)\left(g_1^*+g_2^*\right)\\
&H_{zz}=V_{\mathrm{pp}\pi}\left(g_1^*+g_2^*\right)\\
&H_{xy}=\left(V_{\mathrm{pp}\sigma}-V_{\mathrm{pp}\pi}\right)D_1D_2\left(g_1^*-g_2^*\right)\\
&H_{xz}=0\\
&H_{yx}=H_{xy},\quad H_{zx}=H_{xz},\quad H_{yz}=H_{zy}=0
\end{aligned}
\tag{6.36}
$$

(2) C-B 矩阵

$$
\begin{aligned}
&H_{\mathrm{ss}}=V_{\mathrm{ss}\sigma}g_3,\quad H_{\mathrm{s}x}=V_{\mathrm{sp}\sigma}D_3g_3\\
&H_{\mathrm{s}y}=0,\quad H_{\mathrm{s}z}=-V_{\mathrm{sp}\sigma}D_4g_3
\end{aligned}
$$

$$\begin{aligned}
&H_{x\mathrm{s}}=-H_{\mathrm{s}x},\quad H_{y\mathrm{s}}=0,\quad H_{zx}=-H_{\mathrm{s}z}\\
&H_{xx}=V_{\mathrm{pp\sigma}}D_3^2g_3+V_{\mathrm{pp\pi}}\left(1-D_3^2\right)g_3\\
&H_{yy}=V_{\mathrm{pp\pi}}g_3\\
&H_{zz}=V_{\mathrm{pp\sigma}}D_4^2g_3+V_{\mathrm{pp\pi}}\left(1-D_4^2\right)g_3\\
&H_{xy}=0\\
&H_{xz}=-\left(V_{\mathrm{pp\sigma}}-V_{\mathrm{pp\pi}}\right)D_3D_4g_3\\
&H_{yx}=0,\quad H_{zx}=H_{xz},\quad H_{yz}=H_{zy}=0
\end{aligned}\tag{6.37}$$

(3) D-C 矩阵

$$\begin{aligned}
&H_{\mathrm{ss}}=V_{\mathrm{ss\sigma}}\left(g_1^*+g_2^*\right),\quad H_{\mathrm{s}x}=-V_{\mathrm{sp\sigma}}D_1\left(g_1^*+g_2^*\right)\\
&H_{\mathrm{s}y}=V_{\mathrm{sp\sigma}}D_2\left(-g_1^*+g_2^*\right),\quad H_{\mathrm{s}z}=0\\
&H_{x\mathrm{s}}=-H_{\mathrm{s}x},\quad H_{y\mathrm{s}}=-H_{\mathrm{s}y},\quad H_{z\mathrm{s}}=0\\
&H_{xx}=V_{\mathrm{pp\sigma}}D_1^2\left(g_1^*+g_2^*\right)+V_{\mathrm{pp\pi}}\left(1-D_1^2\right)\left(g_1^*+g_2^*\right)\\
&H_{yy}=V_{\mathrm{pp\sigma}}D_2^2\left(g_1^*+g_2^*\right)+V_{\mathrm{pp\pi}}\left(1-D_2^2\right)\left(g_1^*+g_2^*\right)\\
&H_{zz}=V_{\mathrm{pp\pi}}\left(g_1^*+g_2^*\right)\\
&H_{xy}=\left(V_{\mathrm{pp\sigma}}-V_{\mathrm{pp\pi}}\right)D_1D_2\left(g_1^*-g_2^*\right)\\
&H_{xz}=0\\
&H_{yx}=H_{xy},\quad H_{zx}=0,\quad H_{yz}=H_{zy}=0
\end{aligned}\tag{6.38}$$

(4) D-A 矩阵

$$\begin{aligned}
&H_{\mathrm{ss}}=V_{\mathrm{ss\sigma}}g_3^*,\quad H_{\mathrm{s}x}=-V_{\mathrm{sp\sigma}}D_3g_3^*\\
&H_{\mathrm{s}y}=0,\quad H_{\mathrm{s}z}=-V_{\mathrm{sp\sigma}}D_4g_3^*\\
&H_{x\mathrm{s}}=-H_{\mathrm{s}x},\quad H_{y\mathrm{s}}=-H_{\mathrm{s}y},\quad H_{z\mathrm{s}}=-H_{\mathrm{s}z}\\
&H_{xx}=V_{\mathrm{pp\sigma}}D_3^2g_3^*+V_{\mathrm{pp\pi}}\left(1-D_3^2\right)g_3^*\\
&H_{yy}=V_{\mathrm{pp\pi}}g_3^*\\
&H_{zz}=V_{\mathrm{pp\sigma}}D_4^2g_3^*+V_{\mathrm{pp\pi}}\left(1-D_4^2\right)g_3^*\\
&H_{xy}=0\\
&H_{xz}=\left(V_{\mathrm{pp\sigma}}-V_{\mathrm{pp\pi}}\right)D_3D_4g_3^*\\
&H_{yx}=0,\quad H_{zx}=H_{xz},\quad H_{yz}=H_{zy}=0
\end{aligned}\tag{6.39}$$

式中，$g_i(i=1, 2, 3)$ 是相邻原子的位相因子 $\exp(\mathrm{i}\boldsymbol{k}\cdot\boldsymbol{R}_i)$。A 原子的 3 个最近邻原子坐标为

$$\begin{aligned}
&g_1=\exp\left[\mathrm{i}0.4528k_x+i0.4980k_y\right]a_2\\
&g_2=\exp\left[\mathrm{i}0.4528k_x-i0.4980k_y\right]a_2\\
&g_3=\exp\left[-\mathrm{i}0.2491k_x\right]a_2
\end{aligned}\tag{6.40}$$

B 原子的 3 个最近邻原子坐标是 A 原子最近邻原子坐标的负数，因此相应的 g 为 g_1^*, g_2^*, g_3^*。C 原子的 g 为 g_1, g_2, g_3，D 原子的 g 为 g_1^*, g_2^*, g_3^*。

原子势参数 同一个 P 原子和相邻 P 原子的势参数可以按照类似的方法 (文献 [1]) 求得。初步取的紧束缚参数为

$$
\begin{aligned}
&\varepsilon_{\mathrm{s}} = -17.0, \quad \varepsilon_{\mathrm{p}} = -8.33 \\
&d = 2.2211\ \text{Å}, \quad \hbar^2/(2md^2) = 0.7723 \\
&V_{\mathrm{ss\sigma}} = 1.0812, \quad V_{\mathrm{sp\sigma}} = 1.4210 \\
&V_{\mathrm{pp\sigma}} = 2.5023, \quad V_{\mathrm{pp\pi}} = -0.6256
\end{aligned}
\tag{6.41}
$$

(6.41) 式中物理量的单位除 d 外都是 eV。由此求得二维黑磷的能带如图 6.12(a) 所示。第一原理计算的能带示于图 6.12(b)[6]。比较两图，能带结构形状基本相似，都是直接带隙，位于 Γ 点。但紧束缚计算的带隙大一些，约为 2 eV，而第一原理计算的带隙为 1 eV[6,7]。

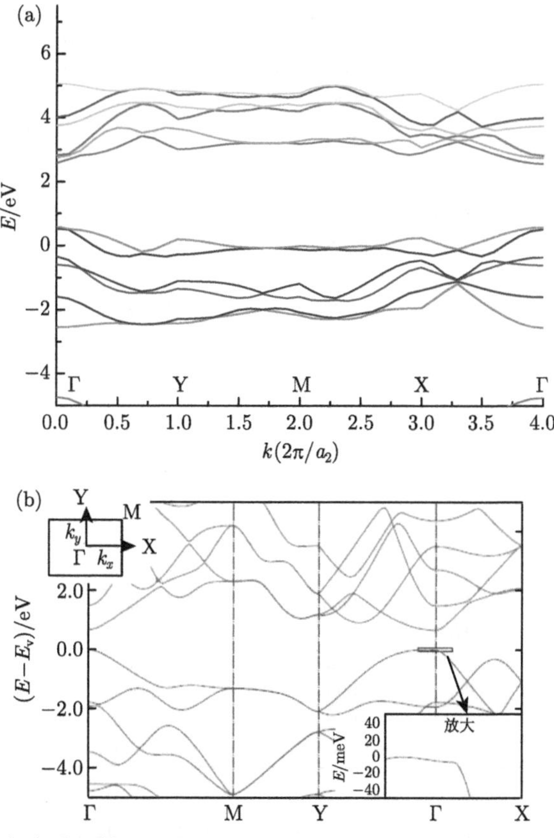

图 6.12 (a) 紧束缚计算的二维黑磷能带；(b) 第一原理计算的二维黑磷能带 [6]

6.4.3 紧束缚参数的调节

由 6.4.2 节可知，由紧束缚计算的能带基本上与第一原理计算的能带 [7] 相似，但其在 Γ 点的带隙为 2 eV，而第一原理计算的带隙为 1 eV。为此计算在 Γ 点的波函数，列于表 6.7。波函数一共有 16 个基函数：排列为图 6.11 中 A, B, C, D 4 个原子的 s, p_x, p_y, p_z 基函数。价带顶为第 10 个态，导带底为第 11 个态，在表上以红色标记。

表 6.7　黑磷 Γ 点的能量与波函数

能量	−20.5791	−18.8535	−16.8256	−14.2734	−12.0884	−11.1290	−10.1305	−9.8778
	−9.0122	−8.9440	−6.9588	−6.7822	−6.7117	−5.7866	−5.5310	−4.4765
波函数分量	0.4924	0.0563	0.0000	−0.0661	0.4924	−0.0563	−0.0000	−0.0661
	0.4924	0.0563	0.0000	0.0661	0.4924	−0.0563	0.0000	0.0661
	−0.4812	−0.1287	0.0000	−0.0438	−0.4812	0.1287	−0.0000	−0.0438
	0.4812	0.1287	0.0000	−0.0438	0.4812	−0.1287	−0.0000	−0.0438
	0.4745	−0.1229	0.0000	−0.0989	−0.4745	−0.1229	−0.0000	0.0989
	−0.4745	0.1229	0.0000	−0.0989	0.4745	0.1229	0.0000	0.0989
	0.4825	−0.1031	0.0000	0.0807	−0.4825	−0.1031	−0.0000	−0.0807
	0.4825	−0.1031	0.0000	−0.0807	−0.4825	−0.1031	0.0000	0.0807
	0.0345	0.2223	0.0000	0.4465	0.0345	−0.2223	−0.0000	0.4465
	0.0345	0.2223	0.0000	−0.4465	0.0345	−0.2223	0.0000	−0.4465
	0.0000	0.0000	−0.5000	0.0000	0.0000	0.0000	0.5000	0.0000
	−0.0000	0.0000	0.5000	−0.0000	0.0000	−0.0000	−0.5000	−0.0000
	0.0958	−0.4352	0.0000	0.2267	0.0958	0.4352	−0.0000	0.2267
	−0.0958	0.4352	0.0000	0.2267	−0.0958	−0.4352	−0.0000	0.2267
	−0.0000	0.0000	−0.5000	−0.0000	−0.0000	−0.0000	0.5000	−0.0000
	0.0000	−0.0000	−0.5000	−0.0000	0.0000	0.0000	0.5000	−0.0000
	0.1221	0.0876	−0.0000	0.4769	−0.1221	0.0876	0.0000	−0.4769
	−0.1221	−0.0876	−0.0000	0.4769	0.1221	−0.0876	0.0000	−0.4769
	−0.0796	0.4443	−0.0000	−0.2150	−0.0796	−0.4443	0.0000	−0.2150
	−0.0796	0.4443	−0.0000	0.2150	−0.0796	−0.4443	0.0000	0.2150
	−0.1250	−0.4548	0.0000	0.1659	0.1250	−0.4548	0.0000	−0.1659
	−0.1250	−0.4548	0.0000	−0.1659	0.1250	−0.4548	0.0000	0.1659
	−0.0000	−0.0000	0.5000	0.0000	−0.0000	−0.0000	0.5000	0.0000
	0.0000	0.0000	0.5000	0.0000	0.0000	0.0000	0.5000	0.0000
	−0.0965	0.2097	−0.0000	0.4435	−0.0965	−0.2097	−0.0000	0.4435
	0.0965	−0.2097	−0.0000	0.4435	0.0965	0.2097	−0.0000	0.4435
	0.1000	0.4767	−0.0000	−0.1131	−0.1000	0.4767	−0.0000	0.1131
	−0.1000	−0.4767	0.0000	−0.1131	0.1000	−0.4767	0.0000	0.1131
	0.0000	0.0000	−0.5000	−0.0000	0.0000	0.0000	−0.5000	−0.0000
	−0.0000	−0.0000	0.5000	−0.0000	0.0000	−0.0000	0.5000	0.0000
	−0.0392	0.1803	0.0000	0.4647	0.0392	0.1803	0.0000	−0.4647
	−0.0392	0.1803	−0.0000	−0.4647	0.0392	0.1803	−0.0000	0.4647

由表 6.7 可见，在 Γ 点，价带顶是 P 原子 p_x 态的成键态组成，而导带底是由 P 原子 p_x 态反键态组成。带隙过大，说明 p 态的成键态与反键态的能量差较

大。因此需要减小参量 $V_{pp\sigma}$。

将参量 $V_{pp\sigma}$ 由原来的 2.5023 eV 减小为 2.0 eV，得到 Γ 点的能量为 (单位：eV) −20.5702, −18.8405, −16.8174, −14.2964, −11.5091, −10.5790, −9.8066, −9.3278, −8.5752, −8.5705, −7.3459, −7.3322, −7.0962, −6.1888, −6.0810, −5.0232, 带隙为 1.22 eV，比原来小了约 1 eV。

6.4.4 光学性质讨论

由表 6.7 可见，Γ 点价带的第 1~4 个态主要是由 P 原子的 s 态组成的成键态或反键态，而导带的第 11~16 个态主要是 P 原子的 p 态组成的成键态或反键态，因此它们之间有大的光跃迁概率。它们之间的跃迁能量在 10 eV 左右。能量不同，偏振性质也不同。例如，Γ 点第 1 个态至第 11 个态的跃迁，能量 E=13.62 eV，概率 P=0.8，偏振沿 x 方向；第 1 个态至第 12 个态的跃迁，能量 E=13.80 eV，概率 P=0.97，偏振沿 y 方向；第 1 个态至第 13 个态的跃迁，能量 E=13.87 eV，概率 P=0.76，偏振沿 z 方向；其他态之间的跃迁概率为 0。

本小节用紧束缚方法计算了二维黑磷的能带。二维黑磷的结构比较复杂，一个元胞内包括 4 个 P 原子，每个 P 原子与相邻 P 原子的情况不同。计算结果与第一原理计算的结果相似。带隙为直接带隙，E_g=1 eV，在 Γ 点。在 Γ 点的波函数，价带部分分成两类，一类较低的能级，主要由 P 原子的 s 态的成键态或反键态组成；第 2 部分靠近带隙，主要由 P 原子的 p 态的成键态或反键态组成。导带态主要由 P 原子 p 态的成键态或反键态组成。所以主要的光跃迁发生在较低的价带态与导带态之间，能量为 10 eV 左右。

6.5 二维 SnS_2 的紧束缚理论

类似于 MX_2 和 VX_2，SnX_2 也是一种由 SnX_2 单层组成的层状材料，层与层之间由范德瓦耳斯力结合，但 SnX_2 单层的原子结构与 MX_2 和 VX_2 不同，它的顶视图和侧视图如图 6.13 所示 [8]。主要差别是上面一层 X 原子 (S 或 Se) 与下面一层 X 原子的坐标不同。元胞还是平面六角晶格的元胞，如图 6.13 的虚线所示。

由第一原理方法计算的 SnX_2 单层能带如图 6.14 所示 [8]。与 MX_2 不同，SnX_2 的单层和体材料一样，仍是间接带隙。价带顶在 Γ-M 线上一点，而导带底在 M 点。单层的 SnS_2 和 $SnSe_2$，其间接带隙分别为 E_g^{in}=2.41 eV, 1.69 eV，在 M 点的直接带隙分别为 E_g^{dir}=2.68 eV, 2.04 eV。图 6.14 还包括 2、3、4 层的能带图，基本与单层的能带相同。由分部的态密度可见，对体或少层结构，价带顶主要由硫属原子 (S 或 Se) 的 p 和 d 轨道组成，而导带底主要由 Sn 原子 s 轨道组成。由于 SnX_2 中自旋轨道耦合效应很小，计算中没有考虑。

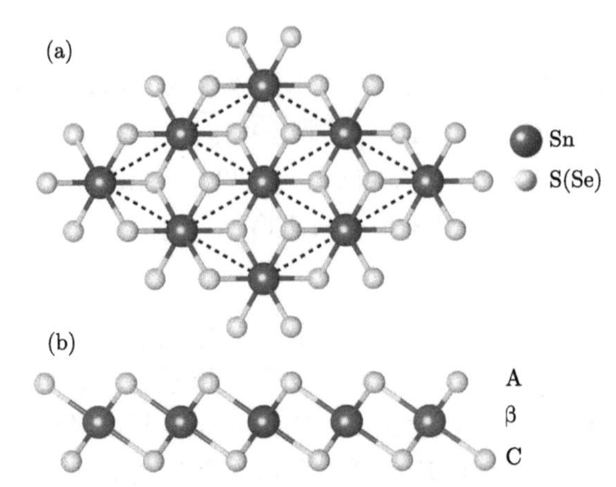

图 6.13　SnX_2 单层的原子结构的 (a) 顶视图和 (b) 侧视图

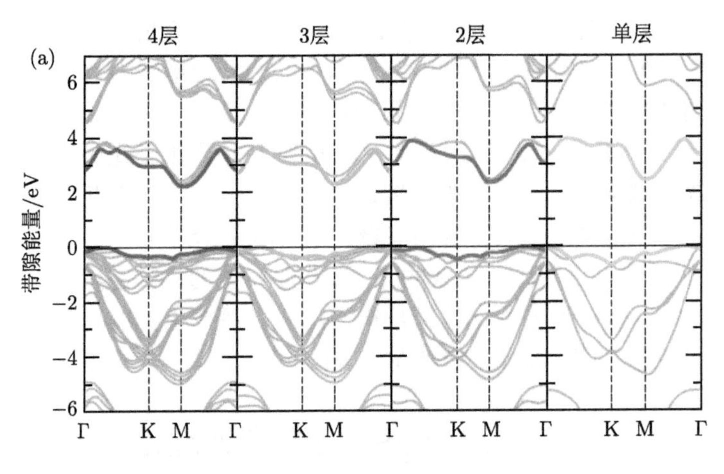

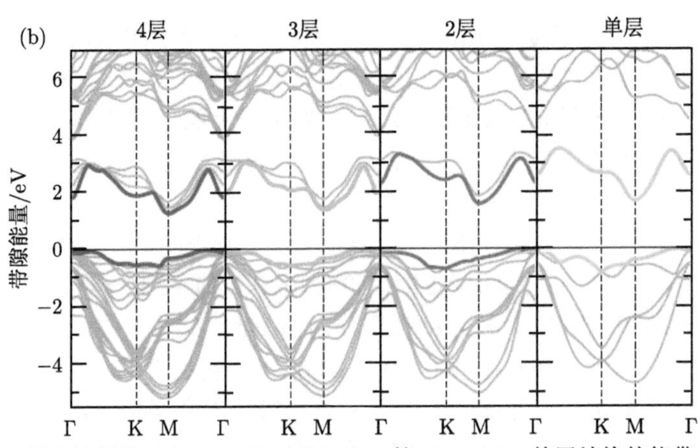

图 6.14　第一原理计算的 (a) SnS_2 和 (b) $SnSe_2$ 的 4、3、2、单层结构的能带，彩色粗线是为了看清楚导带底和价带顶

通过拟合布里渊区 k_x 和 k_y 方向的二维能带，可得到 SnX_2 单层层内的电子和空穴有效质量，发现电子和空穴的有效质量都相当大，见表 6.8。由表 6.8 可见，它们的导带和价带有效质量都很大，也就是带相对“平坦”，其原因后面会解释。

表 6.8 由二维能带拟合的电子和空穴有效质量

	$m_e(k_x)/m_0$	$m_e(k_y)/m_0$	$m_h(k_x)/m_0$	$m_h(k_y)/m_0$
SnS_2	0.342	0.815	0.342	2.266
$SnSe_2$	0.348	0.811	0.354	2.188

6.5.1 原子结构和布里渊区

单层 SnS_2[9] 的结构常数为 a=3.70 Å，键长 $d_{Sn—S}$=2.60 Å，键角 θ=90.75°。假定上层 S 原子的两个键为

$$\boldsymbol{a}=\hat{\boldsymbol{i}}-x\hat{\boldsymbol{k}},\quad \boldsymbol{b}=-\frac{1}{2}\hat{\boldsymbol{i}}+\frac{\sqrt{3}}{2}\hat{\boldsymbol{j}}-x\hat{\boldsymbol{k}} \tag{6.42}$$

则有

$$\frac{\boldsymbol{a}\cdot\boldsymbol{b}}{1+x^2}=\frac{-\dfrac{1}{2}+x^2}{1+x^2}=\cos 90.75^\circ=-0.01309 \tag{6.43}$$

求得 x=0.69327。令键向下倾角为 φ，则 $\tan\varphi=x$，$\varphi=\arctan x$=34.73°，平面的键长 $d'=d\cos\varphi$=2.1367 Å，晶格常数 $a=\sqrt{3}d'=3.70$ Å，垂直距离 $h=d\sin\varphi$=1.48 Å=fa，$f=h/a$=0.4004。

二维 SnS_2 晶格的元胞和布里渊区与 BN 的相同，见图 6.4 和 (6.15) 式。一个元胞内包括 1 个 Sn 原子和上、下 2 个 S 原子。

以元胞左下角的 Sn 原子作为原点，与它最近邻的 3 个 S 原子 (假定在上层，图 6.3(a) 中的白点) 坐标为

$$1:\left(\frac{1}{2},\frac{1}{2\sqrt{3}},f\right)a,\quad 2:\left(-\frac{1}{2},\frac{1}{2\sqrt{3}},f\right)a,\quad 3:\left(0,-\frac{1}{\sqrt{3}},f\right)a \tag{6.44}$$

其中，$f=h/a$=0.40036。对应的 3 个键的方向余弦是

$$\begin{aligned}&1:(0.71166,0.41088,0.56984)\\&2:(-0.71166,0.41088,0.56984)\\&3:(0,-0.82175,0.56984)\end{aligned} \tag{6.45}$$

令方向余弦的数值为：D_1=0.71166, D_2=0.41088, D_3=0.56984, D_4=0.82175。

另外，与下层 S 原子最近邻的 3 个 Sn 原子的坐标和方向余弦与 (6.44) 式和 (6.45) 式相同，但 z 方向分量分别为正负值。

6.5.2 紧束缚矩阵元

Sn 原子的轨道 s, p_x, p_y, p_z 与上层 S 原子的轨道 s, p_x, p_y, p_z 之间的哈密顿矩阵，以及下层 S 原子与 Sn 原子的哈密顿矩阵都等于

$$
\begin{aligned}
&H_{\mathrm{ss}} = V_{\mathrm{ss\sigma}}(g_1+g_2+g_3), \quad H_{\mathrm{s}x} = D_1 V_{\mathrm{sp\sigma}}(g_1-g_2)\\
&H_{\mathrm{s}y} = V_{\mathrm{sp\sigma}}[D_2(g_1+g_2)-D_4 g_3], \quad H_{\mathrm{s}z} = D_3 V_{\mathrm{sp\sigma}}(g_1+g_2+g_3)\\
&H_{x\mathrm{s}} = -H_{\mathrm{s}x}, \quad H_{y\mathrm{s}} = -H_{\mathrm{s}y}, \quad H_{zx} = -H_{\mathrm{s}z}\\
&H_{xx} = D_1^2 V_{\mathrm{pp\sigma}}(g_1+g_2) + V_{\mathrm{pp\pi}}\left[\left(1-D_1^2\right)(g_1+g_2)+g_3\right]\\
&H_{yy} = V_{\mathrm{pp\sigma}}\left[D_2^2(g_1+g_2)+D_4^2 g_3\right] + V_{\mathrm{pp\pi}}\left[\left(1-D_2^2\right)(g_1+g_2)+\left(1-D_4^2\right)g_3\right]\\
&H_{zz} = D_3^2 V_{\mathrm{pp\sigma}}(g_1+g_2+g_3) + V_{\mathrm{pp\pi}}\left(1-D_3^2\right)(g_1+g_2+g_3)\\
&H_{xy} = (V_{\mathrm{pp\sigma}}-V_{\mathrm{pp\pi}})D_1 D_2(g_1-g_2)\\
&H_{xz} = (V_{\mathrm{pp\sigma}}-V_{\mathrm{pp\pi}})D_1 D_3(g_1-g_2)\\
&H_{yz} = (V_{\mathrm{pp\sigma}}-V_{\mathrm{pp\pi}})D_3[D_2(g_1+g_2)-D_4 g_3]\\
&H_{yx} = H_{xy}, \quad H_{zx} = H_{xz}, \quad H_{zy} = H_{yz}
\end{aligned}
\tag{6.46}
$$

其中，$g_i(i=1, 2, 3)$ 是相邻原子的位相因子 $\exp(\mathrm{i}\boldsymbol{k}\cdot\boldsymbol{R}_i)$：

$$
\begin{aligned}
&g_1 = \exp\left[\mathrm{i}\frac{1}{2}k_x + \mathrm{i}\frac{1}{2\sqrt{3}}k_y\right]a, \quad g_2 = \exp\left[-\mathrm{i}\frac{1}{2}k_x + \mathrm{i}\frac{1}{2\sqrt{3}}k_y\right]a\\
&g_3 = \exp\left[-\mathrm{i}\frac{1}{\sqrt{3}}k_y\right]a
\end{aligned}
\tag{6.47}
$$

6.5.3 能带计算结果

取参数 [1]

$$
\begin{aligned}
&\mathrm{S}: \varepsilon_{\mathrm{s}} = -20.80, \quad \varepsilon_{\mathrm{p}} = -10.27\\
&\mathrm{Sn}: \varepsilon_{\mathrm{s}} = -12.50, \quad \varepsilon_{\mathrm{p}} = -5.94\\
&V_{\mathrm{ss\sigma}} = -0.7997, \quad V_{\mathrm{sp\sigma}} = 1.0511\\
&V_{\mathrm{pp\sigma}} = 1.8508, \quad V_{\mathrm{pp\pi}} = -0.4627
\end{aligned}
\tag{6.48}
$$

其中单位都是 eV,原子间相互作用常数取体材料值的一半,得到的能带如图 6.15(a) 所示。由图可见，它与第一原理计算的结果 [9] 图 6.15(b) 定性地相同。

第一原理方法计算的价带顶很平，因此有效质量很大 (表 6.8)。而用紧束缚方法计算的价带就是平的，没有色散。起先以为是计算错误，但后来找到了原因。由图 6.13，Sn 原子和周围 S 原子有 6 个键，而 Sn 原子只取了 4 个轨道 s, p_x, p_y, p_z 的基函数，因此周围的 S 原子有 2 个键没有和 Sn 原子发生相互作用。由

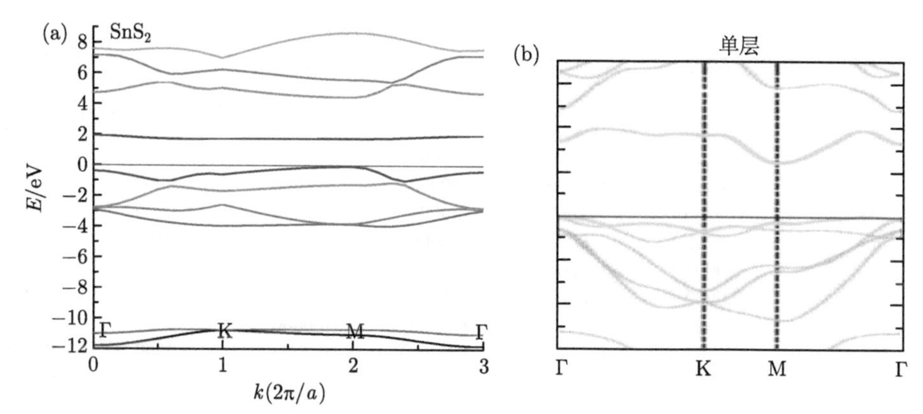

图 6.15 (a) 紧束缚方法计算的单层 SnS_2 能带；(b) 第一原理方法计算的单层 SnS_2 能带

这 2 个态的波函数可以看出，它们都由 S 原子的 p 态组成，因此 S 原子 p 态的能量为 −10.27 eV。

在文献 [8] 中，作者取了 Sn 原子的 d 态，这两个态有色散，但色散不大，因此价带顶的有效质量很大。如果我们在紧束缚计算中也取 Sn 原子的 d 态基函数，则平态就不再出现，但色散还是比较小。这是 SnS_2 的特点，见图 6.15(b)。

6.5.4 波函数

Γ 点的能量和波函数示于表 6.9，波函数的排列是：上层 S 原子的 s, p_x, p_y, p_z 态，Sn 原子的 s, p_x, p_y, p_z 态，以及下层 S 原子的 s, p_x, p_y, p_z 态。一个元胞中有 1 个 Sn 原子和 2 个 S 原子，Sn 原子有 2 个价电子，S 原子有 6 个价电子，一个元胞内共有 16 个价电子，填充 8 个能级。价带顶是第 8 个态，导带底是第 9 个态。(红色标记)

由表 6.9 可见，Γ 点的价带顶 (第 8 个态) 主要由 S 原子的 p 态组成，而导带底 (第 9 个态) 主要由 Sn 原子的 s 态和 S 原子的 p_z 态组成，这和第一原理计算的结果 [2] 是一致的，见图 6.16。

主要光跃迁有：价带第 4、5、6 态至导带第 9 态，Sn 原子的 p 态至 Sn 原子的 s 态；价带第 3 态至导带第 10、11、12 态，Sn 原子的 s 态至 Sn 原子的 p 态。此外，S 原子的光跃迁有：价带第 1 态至导带第 10、11、11 态，由 S 原子的 s 态至 p 态。

SnS_2 的原子结构特点是：一个 Sn 原子与上下两层的 S 原子有 6 个键相连接，因此价带顶能带由密集的 S 原子 p 态组成，价带顶的能带色散很小，造成较大的带边有效质量。在紧束缚计算中，由于没有引入 Sn 原子的 d 态基函数，因此出现了价带顶的能带没有色散，其他特征与第一原理计算的结果相符。

表 6.9　Γ 点的能量和波函数

能量	−22.0751	−21.2831	−13.1945	−13.1332	−13.0209	−10.6569
	−10.2700	−10.2700	−8.3004	−5.5531	−3.0768	−2.7060
波函数分量	−0.6600	0.0000	0.0000	0.0534	−0.3508	0.0000
	0.0000	0.0000	−0.6600	0.0000	−0.0000	−0.0534
	−0.6925	0.0000	0.0000	0.0558	−0.0000	0.0000
	−0.0000	−0.1862	0.6925	−0.0000	0.0000	0.0558
	−0.2257	0.0000	−0.0000	−0.4395	0.7154	−0.0000
	0.0000	−0.0000	−0.2257	0.0000	0.0000	0.4395
	0.0000	0.0000	0.5980	0.0001	0.0000	−0.0000
	−0.5336	−0.0001	−0.0000	0.0000	0.5980	0.0001
	−0.1157	0.0000	0.0001	−0.6009	0.0000	0.0000
	−0.0001	0.5011	0.1157	0.0000	0.0001	−0.6009
	−0.0000	0.6798	−0.0000	−0.0000	0.0000	−0.2753
	−0.0000	0.0000	−0.0000	0.6798	0.0000	0.0000
	−0.0000	−0.5432	0.4527	−0.0000	0.0000	0.0000
	−0.0000	0.0000	0.0000	0.5432	−0.4527	0.0000
	0.0000	−0.4527	−0.5432	0.0000	−0.0000	−0.0000
	−0.0000	−0.0000	0.0000	0.4527	0.5432	−0.0000
	0.1160	−0.0000	−0.0000	−0.5513	−0.6043	0.0000
	0.0000	0.0000	0.1160	0.0000	0.0000	0.5513
	−0.0000	−0.1947	0.0000	0.0000	0.0000	−0.9613
	0.0000	0.0000	0.0000	−0.1947	0.0000	0.0000
	−0.0000	−0.0000	−0.3773	0.0000	0.0000	−0.0000
	−0.8457	0.0000	0.0000	−0.0000	−0.3773	0.0000
	0.0839	−0.0000	−0.0000	−0.3686	−0.0000	−0.0000
	−0.0000	−0.8451	−0.0839	0.0000	−0.0000	−0.3686

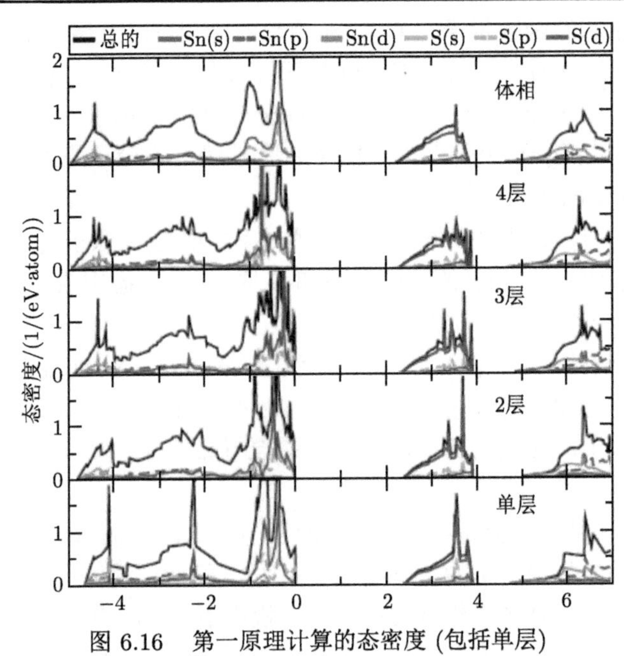

图 6.16　第一原理计算的态密度 (包括单层)

6.6 MoS_2 的紧束缚理论

MX_2(M=Mo,W; X=S,Se) 是一种由 MX_2 单层组成的层状半导体，单层之间由范德瓦耳斯力结合。由于层与层之间相对弱的相互作用，以及层内的强相互作用，因此可以像石墨烯一样，从体材料上用机械剥离的方法制造单层。

图 6.17 是 MX_2 单层原子排列的顶视图和侧视图 [10]，绿色是 M 原子，黄色是 X 原子。顶视是六角排列，实线菱形是元胞。

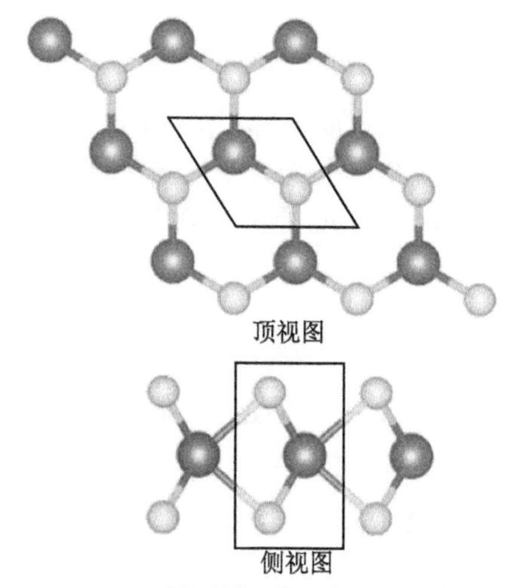

图 6.17　MX_2 单层原子排列的顶视图和侧视图

6.6.1　原子结构和布里渊区

元胞和布里渊区类似于 BN，见图 6.4 和 (6.15) 式。一个元胞内有 3 个原子，Mo 原子 (白点)，上、下 2 个 S 原子 (黑点)。每个 S 原子有 4 个态：s, p_x, p_y, p_z 的基函数，Mo 原子是过渡元素，除了有 s, p 基态外，还有 $xy, yz, zx, x^2-y^2, 3z^2-r^2$ 5 个 d 基态，所以一共有 17 个基态。

单层 MoS_2 的原子结构参数为 [11]：晶格常数 a=3.19 Å，键长 d=2.42 Å，层厚 h=3.13 Å。层厚的一半为 1.565 Å，键在平面上的投影长度为 $d' = \sqrt{d^2-(h/2)^2} =$ 1.8459 Å。晶格常数 $a = \sqrt{3}d' = 3.19$ Å，所以是自洽的。以 S 原子 (黑点) 为中心，由图 6.4(a) 它的 3 个最近邻 Mo 原子 (白点) 坐标为

$$1=\left(\frac{1}{2}\hat{\boldsymbol{i}}+\frac{1}{2\sqrt{3}}\hat{\boldsymbol{j}}\pm x\hat{\boldsymbol{k}}\right)a,\quad 2=\left(-\frac{1}{2}\hat{\boldsymbol{i}}+\frac{1}{2\sqrt{3}}\hat{\boldsymbol{j}}\pm x\hat{\boldsymbol{k}}\right)a,\quad 3=\left(0,-\frac{1}{\sqrt{3}}\hat{\boldsymbol{j}},\pm x\hat{\boldsymbol{k}}\right)a \tag{6.49}$$

其中 $x=\dfrac{(h/2)}{a}=0.4902, \sqrt{1+3x^2}=1.31183$。3 个键的方向余弦分别为

$$
\begin{aligned}
&1:(0.6402, 0.3811, \pm 0.6472)\\
&2:(-0.6402, 0.3810, \pm 0.6472)\\
&3:(0, -0.7623, \pm 0.6472)
\end{aligned}
\tag{6.50}
$$

在程序里令方向余弦的各分量为：$D_1=0.6402, D_2=0.3811, D_3=0.6472, D_4=-0.7623$。

6.6.2 紧束缚矩阵元

波函数的排列是上层 S 原子的 s, p_x, p_y, p_z，Mo 原子的 s, p 基态，以及 $xy, yz, zx, x^2-y^2, 3z^2-r^2$ 5 个 d 基态，下层 S 原子的 s, $\mathrm{p}_x, \mathrm{p}_y, \mathrm{p}_z$ 态。上、下层 S 原子的轨道 s, $\mathrm{p}_x, \mathrm{p}_y, \mathrm{p}_z$ 与 Mo 原子的轨道 s, $\mathrm{p}_x, \mathrm{p}_y, \mathrm{p}_z$ 之间的哈密顿矩阵为 (注意 D_3 的 ± 号)

$$
\begin{aligned}
&H_{\mathrm{ss}}=V_{\mathrm{ss\sigma}}(g_1+g_2+g_3), \quad H_{\mathrm{s}x}=D_1V_{\mathrm{sp\sigma}}(g_1-g_2)\\
&H_{\mathrm{s}y}=V_{\mathrm{sp\sigma}}\left[D_2(g_1+g_2)+D_4g_3\right], \quad H_{\mathrm{s}z}=\mp D_3V_{\mathrm{sp\sigma}}(g_1+g_2+g_3)\\
&H_{x\mathrm{s}}=-H_{\mathrm{s}x}, \quad H_{y\mathrm{s}}=-H_{\mathrm{s}y}, \quad H_{zx}=-H_{\mathrm{s}z}\\
&H_{xx}=D_1^2V_{\mathrm{pp\sigma}}(g_1+g_2)+V_{\mathrm{pp\pi}}\left[\left(1-D_1^2\right)(g_1+g_2)+g_3\right]\\
&H_{yy}=V_{\mathrm{pp\sigma}}\left[D_2^2(g_1+g_2)+D_4^2g_3\right]+V_{\mathrm{pp\pi}}\left[\left(1-D_2^2\right)(g_1+g_2)+\left(1-D_4^2\right)g_3\right]\\
&H_{zz}=D_3^2V_{\mathrm{pp\sigma}}(g_1+g_2+g_3)+V_{\mathrm{pp\pi}}\left(1-D_3^2\right)(g_1+g_2+g_3)\\
&H_{xy}=(V_{\mathrm{pp\sigma}}-V_{\mathrm{pp\pi}})D_1D_2(g_1-g_2)\\
&H_{xz}=\mp(V_{\mathrm{pp\sigma}}-V_{\mathrm{pp\pi}})D_1D_3(g_1-g_2)\\
&H_{yz}=\mp(V_{\mathrm{pp\sigma}}-V_{\mathrm{pp\pi}})D_3\left[D_2(g_1+g_2)+D_4g_3\right]\\
&H_{yx}=H_{xy}, \quad H_{zx}=H_{xz}, \quad H_{zy}=H_{yz}
\end{aligned}
\tag{6.51}
$$

其中 $g_i(i=1, 2, 3)$ 是相邻原子的位相因子 $\exp(\mathrm{i}\boldsymbol{k}\cdot\boldsymbol{R}_i)$。

$$
\begin{aligned}
&g_1=\exp\left(\mathrm{i}\frac{1}{2}k_x+\mathrm{i}\frac{1}{2\sqrt{3}}k_y\right)a, \quad g_2=\exp\left(-\mathrm{i}\frac{1}{2}k_x+\mathrm{i}\frac{1}{2\sqrt{3}}k_y\right)a\\
&g_3=\exp\left(-\mathrm{i}\frac{1}{\sqrt{3}}k_y\right)a
\end{aligned}
\tag{6.52}
$$

还需要求上、下 S 原子轨道 s, $\mathrm{p}_x, \mathrm{p}_y, \mathrm{p}_z$ 与 Mo 原子的轨道 xy, yz, zx, x^2-y^2, $3z^2-r^2$ 之间的哈密顿矩阵，令 $C_1=\sqrt{3}/2$，

$$
\begin{aligned}
&H_{\mathrm{s},xy} = V_{\mathrm{sd}\sigma}\sqrt{3}D_1D_2\left(g_1-g_2\right), \quad H_{\mathrm{s},yz} = \mp V_{\mathrm{sd}\sigma}\sqrt{3}D_3\left[D_2\left(g_1+g_2\right)+D_4g_3\right]\\
&H_{\mathrm{s},zx} = \mp V_{\mathrm{sd}\sigma}\sqrt{3}D_1D_3\left(g_1-g_2\right)\\
&H_{\mathrm{s},x^2-y^2} = V_{\mathrm{sd}\sigma}\frac{\sqrt{3}}{2}\left[\left(D_1^2-D_2^2\right)\left(g_1+g_2\right)-D_4^2g_3\right]\\
&H_{\mathrm{s},3z^2-r^2} = V_{\mathrm{sd}\sigma}\frac{1}{2}\left(3D_3^2-1\right)\left(g_1+g_2+g_3\right)\\
&H_{x,xy} = V_{\mathrm{pd}\sigma}\sqrt{3}D_1^2D_2\left(g_1+g_2\right)+V_{\mathrm{pd}\pi}\left[D_2\left(1-2D_1^2\right)\left(g_1+g_2\right)+D_4g_3\right]\\
&H_{x,yz} = \mp\left(\sqrt{3}V_{\mathrm{pd}\sigma}-2V_{\mathrm{pd}\pi}\right)\left(D_1D_2D_3\right)\left(g_1-g_2\right)\\
&H_{x,zx} = V_{\mathrm{pp}\sigma}\left[\mp\sqrt{3}D_1^2D_3\left(g_1+g_2\right)\right]\mp V_{\mathrm{pp}\pi}D_3\left[\left(1-2D_1^2\right)\left(g_1+g_2\right)+g_3\right]\\
&H_{x,x^2-y^2} = V_{\mathrm{pd}\sigma}\left[\frac{\sqrt{3}}{2}D_1\left(D_1^2-D_2^2\right)\left(g_1-g_2\right)\right]+V_{\mathrm{pp}\pi}\left[D_1\left(1-D_1^2+D_2^2\right)\left(g_1-g_2\right)\right]\\
&H_{x,3z^2-r^2} = V_{\mathrm{pd}\sigma}\left[\frac{1}{2}D_1\left(3D_3^2-1\right)\left(g_1-g_2\right)\right]-V_{\mathrm{pd}\pi}\left[\left(\sqrt{3}D_1D_3^2\right)\left(g_1-g_2\right)\right]
\end{aligned}
\tag{6.53}
$$

以及

$$
\begin{aligned}
&H_{y,xy} = V_{\mathrm{pd}\sigma}\sqrt{3}D_1D_2^2\left(g_1-g_2\right)+V_{\mathrm{pd}\pi}\left[D_1\left(1-2D_2^2\right)\left(g_1-g_2\right)\right]\\
&H_{y,yz} = \mp V_{\mathrm{pd}\sigma}\sqrt{3}D_3\left[D_2^2\left(g_1+g_2\right)+D_4^2g_3\right]\\
&\qquad\mp V_{\mathrm{pd}\pi}D_3\left[\left(1-2D_2^2\right)\left(g_1+g_2\right)-\left(1-2D_4^2\right)g_3\right]\\
&H_{y,zx} = \mp\left(\sqrt{3}V_{\mathrm{pd}\sigma}-2V_{\mathrm{pd}\pi}\right)D_3D_1D_2\left(g_1-g_2\right)\\
&H_{y,x^2-y^2} = V_{\mathrm{pd}\sigma}\frac{\sqrt{3}}{2}\left[D_2\left(D_1^2-D_2^2\right)\left(g_1+g_2\right)-D_4^3g_3\right]\\
&\qquad+V_{\mathrm{pp}\pi}\left[D_2\left(1-D_1^2+D_2^2\right)\left(g_1+g_2\right)+D_4\left(1+D_4^2\right)g_3\right]\\
&H_{y,3z^2-r^2} = V_{\mathrm{pd}\sigma}\left[\frac{1}{2}D_2\left(3D_3^2-1\right)\left(g_1+g_2+g_3\right)\right]-\sqrt{3}V_{\mathrm{pd}\pi}D_3^2\left[D_2\left(g_1+g_2\right)+D_4g_3\right]
\end{aligned}
\tag{6.54}
$$

$$
\begin{aligned}
&H_{z,xy} = \mp\left(\sqrt{3}V_{\mathrm{pd}\sigma}-2V_{\mathrm{pd}\pi}\right)\left(D_1D_2D_3\right)\left(g_1-g_2\right)\\
&H_{z,yz} = V_{\mathrm{pd}\sigma}\sqrt{3}D_3^2\left[D_2\left(g_1+g_2\right)+D_4g_3\right]+V_{\mathrm{pd}\pi}\left(1-2D_3^2\right)\left[D_2\left(g_1+g_2\right)+D_4g_3\right]\\
&H_{z,zx} = V_{\mathrm{pp}\sigma}\left[\sqrt{3}D_1D_3^2\left(g_1-g_2\right)\right]+V_{\mathrm{pp}\pi}\left[D_1\left(1-2D_3^2\right)\left(g_1-g_2\right)\right]\\
&H_{z,x^2-y^2} = \mp D_3\left(\frac{\sqrt{3}}{2}V_{\mathrm{pd}\sigma}+V_{\mathrm{pp}\pi}\right)\left[\left(D_1^2-D_2^2\right)\left(g_1+g_2\right)-D_4^2g_3\right]\\
&H_{x,3z^2-r^2} = \mp D_3V_{\mathrm{pd}\sigma}\left[\frac{1}{2}\left(3D_3^2-1\right)\left(g_1+g_2+g_3\right)\right]\\
&\qquad\mp D_3V_{\mathrm{pd}\pi}\left[\sqrt{3}\left(D_1^2+D_2^2\right)\left(g_1+g_2+g_3\right)\right]
\end{aligned}
\tag{6.55}
$$

6.6.3 紧束缚参数的确定

S 原子与 Mo 原子的轨道之间的紧束缚相互作用为 [1]

$$
\begin{aligned}
V_{ll'm} &= \eta_{ll'm}\frac{\hbar^2}{md^2} = \eta_{ll'm}\frac{7.62\mathrm{eV}\cdot\mathrm{\AA}^2}{d^2} \\
V_{ldm} &= \eta_{ldm}\frac{\hbar^2 r_{\mathrm{d}}^{3/2}}{md^{7/2}} = \eta_{ll'm}\frac{\hbar^2}{md^2}\left(\frac{r_{\mathrm{d}}}{d}\right)^{3/2}
\end{aligned}
\tag{6.56}
$$

式中，V 的单位是 eV；d 是原子间的键长，单位是 Å；η 是普适常数：

$$
\begin{aligned}
&\eta_{\mathrm{ss\sigma}} = -1.40, \quad \eta_{\mathrm{sp\sigma}} = 1.84, \quad \eta_{\mathrm{pp\sigma}} = 3.24, \quad \eta_{\mathrm{pp\pi}} = -0.81 \\
&\eta_{\mathrm{sd\sigma}} = -3.16, \quad \eta_{\mathrm{pd\sigma}} = -2.95, \quad \eta_{\mathrm{pd\pi}} = 1.36
\end{aligned}
\tag{6.57}
$$

对 MoS_2，键长 d=2.42 Å，由 (6.56) 式和 (6.57) 式，以及 Mo 的 r_{d}=1.20 Å，可得

$$
\begin{aligned}
&V_{\mathrm{ss\sigma}} = -1.8216, \quad V_{\mathrm{sp\sigma}} = 2.3941, \quad V_{\mathrm{pp\sigma}} = 4.2157, \quad V_{\mathrm{pp\pi}} = -1.0539 \\
&V_{\mathrm{sd\sigma}} = -1.4357, \quad V_{\mathrm{pd\sigma}} = -1.3403, \quad V_{\mathrm{pd\pi}} = 0.6179
\end{aligned}
\tag{6.58}
$$

由于计算得到的价带宽和导带宽比第一原理计算的带宽 [12] 小，因此相互作用值就取 (6.58) 式中的值乘以 1.4 倍，而不是像以前那样取一半值：

$$
\begin{aligned}
&V_{\mathrm{ss\sigma}} = -2.5502, \quad V_{\mathrm{sp\sigma}} = 3.3517, \quad V_{\mathrm{pp\sigma}} = 5.9014, \quad V_{\mathrm{pp\pi}} = -1.4755 \\
&V_{\mathrm{sd\sigma}} = -2.0100, \quad V_{\mathrm{pd\sigma}} = -1.8764, \quad V_{\mathrm{pd\pi}} = 0.8651
\end{aligned}
\tag{6.59}
$$

根据第一原理计算的结果 [12]，我们取 S 和 Mo 原子的原子能级分别为

$$
\begin{aligned}
&\mathrm{S}: \varepsilon_{\mathrm{s}} = -14, \quad \varepsilon_{\mathrm{p}} = -4 \\
&\mathrm{Mo}: \varepsilon_{\mathrm{s}} = -61, \quad \varepsilon_{\mathrm{p}} = -35, \quad \varepsilon_{\mathrm{d}} = 2
\end{aligned}
\tag{6.60}
$$

需要说明的是，用紧束缚方法计算具有过渡金属原子的二维半导体，例如 MoS_2，不确定性比较多：过渡元素原子 (Mo) 的能级，以及它们相对于其他原子 (S) 的能级都是不确定的，连 Harrison 的经典著作 [1] 中都没有给出。他当时肯定也尝试过，但没有成功。估计只有简单原子的化合物的能带才能用紧束缚方法。原子能级 (6.60) 式是王盼用第一原理方法计算得到的。对于 Mo 的其他化合物，Mo 原子的能级也许就不是这个。

计算得到的 Γ 点的能量和波函数列于表 6.10，每个态的属性都已经在波函数后标出。

表 6.10 Γ 点的能量和波函数

能量	−65.0075	−38.6331	−35.2579	−35.1692	−14.0000	−10.4008	
	−4.5649	−4.5376	−4.3988	−4.3934	−4.2943	−0.0837	
	2.2943	2.3988	2.5256	2.7341	2.7882		
波函数	0.1568	−0.0000	−0.0000	0.1104	0.9569	0.0000	
	−0.0000	−0.1036	0.0000	−0.0000	−0.0000	−0.0004	Mo s
	0.0036	0.1568	−0.0000	−0.0000	0.1102		
	0.1897	−0.0000	−0.0000	0.0962	−0.1856	0.0000	
	−0.0000	−0.9355	0.0000	−0.0000	−0.0000	−0.0008	Mo p_z
	0.0072	0.1897	−0.0000	−0.0000	0.0957		
	−0.0000	−0.0000	0.0641	0.0000	0.0000	0.0000	
	−0.9959	0.0000	0.0000	−0.0000	−0.0000	0.0055	Mo p_y
	0.0000	−0.0000	−0.0000	0.0641	−0.0000		
	−0.0000	−0.0521	−0.0000	0.0000	0.0000	0.9973	
	0.0000	0.0000	−0.0044	0.0000	−0.0000	0.0000	Mo p_x
	0.0000	−0.0000	−0.0521	−0.0000	0.0000		
	−0.7071	−0.0000	0.0000	0.0000	−0.0000	−0.0000	
	0.0000	−0.0000	0.0000	−0.0000	−0.0000	0.0000	S s^-
	−0.0000	0.7071	−0.0000	−0.0000	0.0000		
	0.6217	−0.0000	−0.0023	−0.2679	−0.1154	−0.0000	
	−0.0004	0.2178	0.0000	0.0000	−0.0000	−0.0095	S s^+
	0.0802	0.6217	−0.0000	−0.0023	−0.2964		
	−0.0000	−0.6687	0.0000	0.0000	−0.0000	−0.0712	
	0.0000	0.0000	−0.3170	−0.0000	−0.0000	0.0000	S p_x^+
	0.0000	0.0000	−0.6687	0.0000	−0.0000		
	0.0026	−0.0000	−0.6378	−0.1947	−0.0001	−0.0000	
	−0.0839	0.0002	−0.0000	0.0000	−0.0000	−0.3182	S p_y^+
	−0.0668	0.0026	−0.0000	−0.6378	0.1892		
	−0.0000	−0.0000	−0.6860	−0.0002	0.0000	−0.0000	
	0.0000	−0.0000	−0.0000	0.2422	−0.0000	0.0000	S p_y^-
	−0.0001	0.0000	−0.0000	0.6861	0.0002		
	0.0206	0.0000	0.1896	−0.6811	−0.0003	−0.0000	
	0.0248	0.0015	−0.0000	−0.0001	−0.0000	0.0774	S p_z^-
	−0.2313	0.0206	−0.0000	0.1893	0.6351		
	0.0000	−0.6911	−0.0000	−0.0000	−0.0000	−0.0000	
	0.0000	0.0000	−0.0000	0.0000	0.2114	0.0000	S p_x^-
	−0.0000	0.0000	0.6911	0.0000	0.0000		
	−0.2159	−0.0000	−0.0056	−0.5928	0.1884	−0.0000	
	−0.0007	−0.2547	0.0000	0.0001	−0.0000	0.0128	S p_z^+
	−0.1214	−0.2159	−0.0000	−0.0057	−0.6634		
	−0.0000	−0.1494	0.0000	−0.0000	0.0000	−0.0000	
	−0.0000	−0.0000	0.0000	0.0000	−0.9774	0.0000	Mo p_{zx}
	0.0000	−0.0000	0.1494	−0.0000	0.0000		
	0.0000	−0.0000	−0.1713	−0.0000	0.0000	−0.0000	
	−0.0000	−0.0000	0.0000	−0.9702	−0.0000	0.0000	Mo p_{yz}
	−0.0001	−0.0000	0.0000	0.1713	−0.0001		
	−0.0765	0.0000	0.0124	−0.2309	0.0313	−0.0000	

续表

波函数	0.0013	−0.0428	0.0000	−0.0001	0.0000	−0.0489	Mo $d_{3z^2-r^2}$
	0.9584	−0.0765	−0.0000	0.0125	0.1049		
	−0.0000	0.2238	−0.0000	−0.0000	0.0000	0.0192	
	−0.0000	−0.0000	−0.9484	−0.0000	−0.0000	0.0000	Mo d_{xy}
	0.0000	−0.0000	0.2238	−0.0000	0.0000		
	0.0046	−0.0000	−0.2303	−0.0163	−0.0018	−0.0000	
	−0.0244	0.0025	0.0000	0.0000	0.0000	0.9434	Mo $d_{x^2-y^2}$
	0.0486	0.0046	−0.0000	−0.2303	0.0234		

由图 6.17 和图 6.4(a) 可见，MoS_2 的元胞有 3 个原子，1 个 Mo 原子和上、下 2 个 S 原子。S 原子的原子组态是 $3s^2p^4$，Mo 原子是 $4s^24p^64d^55s^1$，因此每个 S 原子有 6 个价电子，Mo 原子有 14 个价电子。本节只考虑了 Mo 的 1 个 s 态 (4s)，所以 Mo 原子只有 12 个价电子。总共有 24 个电子，填充 12 个能级，价带顶在第 12 个能级。在 Γ 点的带隙是 2.378 eV，与第一原理计算的带隙 2.4 eV 相符。

在紧束缚计算中，原子基函数的排列是：上层 S 原子的 s, p_x, p_y, p_z 态，中间 Mo 原子的 s, p_x, p_y, p_z, d_{xy}, d_{yz}, d_{zx}, $d_{x^2-y^2}$, $d_{3z^2-r^2}$ 态，下层 S 原子的 s, p_x, p_y, p_z 态。一共 17 个基函数，表 6.10 中 Γ 点波函数的分量就是按上述基函数排列的。由表 6.10 可见，自下而上，各个态的属性都已经标出，与第一原理计算的结果 [12] 相符，价带从底往上，分别是：价带 Mo s(−65 eV)、Mo p(−38 eV, −35 eV)、S $s^{\pm}$(−14 eV, −10 eV)、S $p^{\pm}$(−4 eV, 0 eV)，以及导带 d。

6.6.4　二维 MoS_2 的能带

用以上紧束缚方法计算的二维 MoS_2 能带示于图 6.18(a)，用第一原理计算的能带示于图 6.18(b)[11] 和图 6.18(c)。

需要说明的是紧束缚计算中 Mo 只取了 1 个 s 态，4s 态，没有取 5s 态，因此图 6.18(a) 中价带只有 6 个态，比第一原理计算的价带少 1 个态。

本节尝试用紧束缚方法计算含有过渡金属原子的二维半导体能带，得到了一些定性的结果。但是从上面的讨论可以看出，用紧束缚方法计算含有过渡金属原子的二维半导体能带有不确定性，特别是过渡金属的原子能级，以及它们与普通元素原子能级的相对位置。在紧束缚理论的经典著作 [1] 中，简单元素原子的能级以及它们之间的相对位置都是确定的，就像前面讨论的一般元素原子的二维半导体。但对过渡元素原子的化合物，首先，在 *Solid State Table of the Elements* 中就没有给出过渡元素原子的原子能级 (只有 d 态)。说明对过渡元素原子的化合物，紧束缚方法就不太“普适”了，只能具体问题具体分析。本节中 Mo 和 S 原子的原子能级都是取自第一原理计算的结果 [8]，因为第一原理计算就比较简单，只要给出组成原子的几何位形，就能得出原子能级的相对位置。

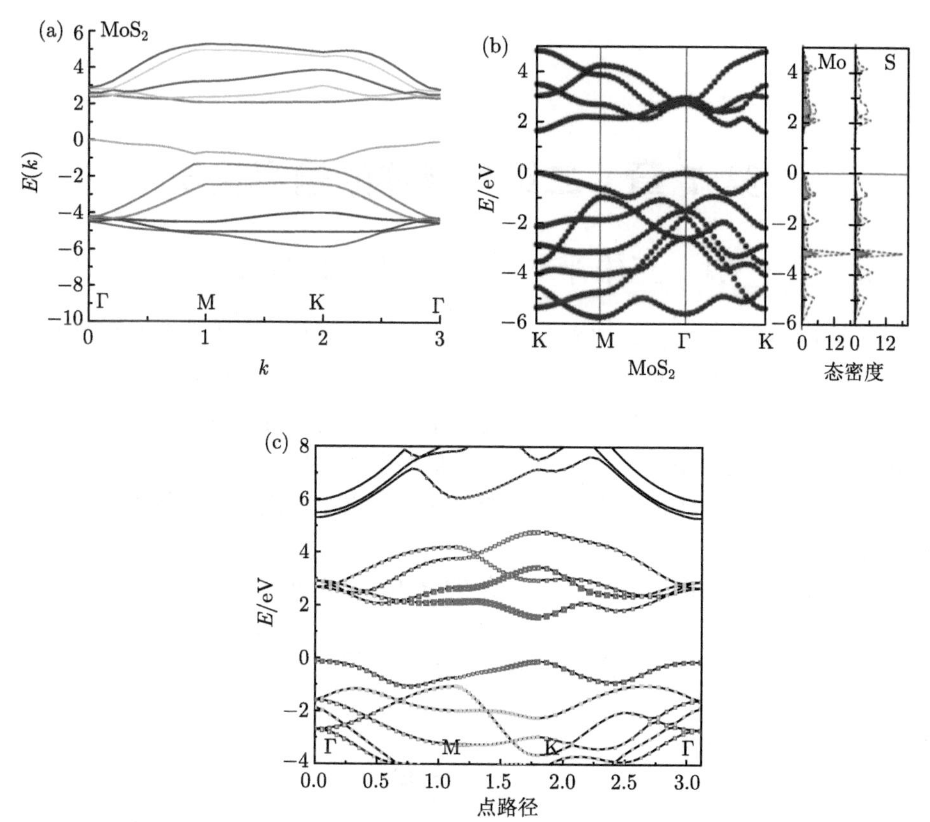

图 6.18 (a) 紧束缚方法计算的 MoS_2 能带；(b) 第一原理方法计算的 MoS_2 能带；(c) 第一原理方法计算的 MoS_2 能带，红色和绿色分别代表 Mo 和 S 原子的贡献

参考文献

[1] Harrison W A. Electronic Structure and the Properties of Solids. San Francisco: Dover Publications, 1980.

[2] Slater J C, Koster G F. Phys. Rev., 1954, 94: 1498.

[3] Vogl P, Hjdmarson H P, Dow J D. J. Phys. Chem. Solids, 1983, 44: 365.

[4] Topsakai M, Akturk E, Ciraci S. Phys. Rev. B, 2009, 79: 115442.

[5] Zhang Z L, Yan Z, Chen Z F, et al. Angew. Chem., 2015, 54: 1.

[6] Rodin A S, Carvalho A, Castro Neto A H. Phys. Rev. Lett., 2014, 112: 176801.

[7] Gong K, Zhang L, Ji W, et al. Phys. Rev. B, 2014, 90: 125441.

[8] Gonzalez J M, Oleynik I I. Phys. Rev. B, 2016, 94: 125443.

[9] Zhuang H L, Hennig R G. Phys. Rcv. B, 2013, 88: 115314.

[10] Gao Q, Li X P, Li M, et al. Phys. Rev. B, 2019, 100: 115439.

[11] Ding Y, Wang Y L, Ni J, et al. Physica B, 2011, 406: 2254.

第 7 章　二维半导体的输运性质

7.1　三维半导体的线性输运性质 [1]

半导体的输运性质决定了半导体微电子器件的特性。随着半导体工艺技术的发展，器件的尺寸越来越小，加上超晶格、微结构材料的研制成功，所以半导体具有各种各样独特的输运性质。对于处于小电场下的半导体材料，它的电流与外加电场成正比，电导率是一个常数。这种最简单的线性输运现象可以用经典的玻尔兹曼方程描述，电子的分布偏离它的平衡分布很小，因此可以用线性近似求解玻尔兹曼方程。

在外加电场 $\boldsymbol{E}$ 和磁场 $\boldsymbol{H}$ 下，系统的分布函数满足玻尔兹曼方程：

$$\frac{\partial f}{\partial t}+\boldsymbol{v}\cdot\nabla_r f+\frac{e}{\hbar}\left(\boldsymbol{E}+\boldsymbol{v}\times\boldsymbol{H}\right)\cdot\nabla_{\boldsymbol{k}} f=\left(\frac{\partial f}{\partial t}\right)_{\mathrm{col}} \tag{7.1}$$

式中，$\boldsymbol{v}$ 是电子的速度，

$$\boldsymbol{v}=\frac{1}{\hbar}\frac{\partial\varepsilon\left(\boldsymbol{k}\right)}{\partial\boldsymbol{k}} \tag{7.2}$$

在一般情况下，电子 (少数载流子) 只占据导带的底部，导带可以用一个抛物带近似，它的能量为

$$\varepsilon\left(\boldsymbol{k}\right)=\frac{\hbar^2k^2}{2m^*} \tag{7.3}$$

式中，m^* 是导带的有效质量。因此 $\boldsymbol{v}=\hbar\boldsymbol{k}/m^*$ 与自由电子的动量–速度关系类似，只不过其中的电子质量是有效质量。电子分布函数是电子的坐标 $\boldsymbol{r}$，动量 $\boldsymbol{k}$ 和时间 t 的函数。方程 (7.1) 左端第二项代表电子速度引起的分布函数的漂移，第三项代表外场引起的分布函数的漂移。在稳态下，f 不随时间 t 变化，因而不是 t 的函数，方程 (7.1) 左端第一项为零。假定空间均匀，也就是半导体体积足够大，以至于可忽略不同 $\boldsymbol{r}$ 处分布函数的差异，f 不是 r 的函数，因而方程 (7.1) 左端第二项为零。

方程 (7.1) 右边项代表由各种碰撞，如电子–杂质，电子–声子碰撞所产生的弛豫作用，通常可以用一个弛豫时间 τ 表示，它是电子能量 E 和温度 T 的函数，

$$\left(\frac{\partial f}{\partial t}\right)_{\mathrm{col}}=-\frac{f-f_0}{\tau} \tag{7.4}$$

式中，f_0 是没有外场时的平衡分布函数。

令 $f_1 = f - f_0$。由于平衡分布 f_0 对电流的贡献为零，则电流密度

$$\boldsymbol{j} = e\int \mathrm{d}\boldsymbol{k} f(\boldsymbol{k})\,\boldsymbol{v} = e\int \mathrm{d}\boldsymbol{k} f_1(\boldsymbol{k})\,\boldsymbol{v} \tag{7.5}$$

下面考虑一个最简单的情况：直流电场。这时玻尔兹曼方程 (7.1) 为

$$\frac{e}{\hbar}\boldsymbol{E}\cdot\nabla_k f = -\frac{f_1}{\tau} \tag{7.6}$$

假定电场很小，它引起的分布函数的改变 $f_1 \ll f_0$，则在线性近似下，方程 (7.6) 左边的 f 可以用 f_0 代替。f_0 是电子能量 ε 的函数，并且是玻尔兹曼分布，因此

$$\frac{1}{\hbar}\nabla_k f_0 = \frac{\partial f_0}{\partial \varepsilon}\cdot\frac{1}{\hbar}\frac{\partial \varepsilon}{\partial \boldsymbol{k}} = -\frac{f_0}{kT}\boldsymbol{v} \tag{7.7}$$

方程 (7.6) 的解为

$$f_1 = e\boldsymbol{E}\cdot\boldsymbol{v}\tau f_0/kT \tag{7.8}$$

由 (7.5) 式，

$$\boldsymbol{j} = \frac{e^2}{kT}\int \mathrm{d}\boldsymbol{k}\,(\boldsymbol{E}\cdot\boldsymbol{v})\,\boldsymbol{v}\tau f_0 \tag{7.9}$$

如果半导体的导带是各向同性的，则电导率是一个标量：

$$\sigma = \frac{e^2}{3kT}\int \mathrm{d}\boldsymbol{k}\boldsymbol{v}^2\tau f_0 \tag{7.10}$$

并与迁移率 μ 有下列关系：

$$\sigma = ne\mu \tag{7.11}$$

因此，

$$\begin{aligned}\mu &= \frac{e}{3kT}\int \mathrm{d}\boldsymbol{k}\boldsymbol{v}^2\tau f_0\Big/ n \\ &= \frac{e}{3kT}\int \mathrm{d}\boldsymbol{k}\boldsymbol{v}^2\tau f_0\Big/\int \mathrm{d}\boldsymbol{k} f_0 = \frac{e}{3kT}\left\langle \boldsymbol{v}^2\tau\right\rangle\end{aligned} \tag{7.12}$$

其中用尖括弧表示对分布函数 f_0 的平均：

$$\langle A\rangle = \frac{\displaystyle\int \mathrm{d}\boldsymbol{k} A f_0}{\displaystyle\int \mathrm{d}\boldsymbol{k} f_0}$$

如果导带是一个简单的抛物带，如 (7.3) 式，并且电子分布是玻尔兹曼分布，则 $\langle\varepsilon\rangle = 3kT/2$，迁移率 (7.12) 可以表示为

$$\mu = \frac{e}{m^*}\frac{\langle\varepsilon\tau\rangle}{\langle\varepsilon\rangle} \tag{7.13}$$

以上提到了关于弛豫时间 τ 对平衡分布 f_0 的平均式 (7.13)。下面考虑具体的散射过程 [2]。对于纵声学长波的散射，

$$\tau = \frac{2\pi\hbar^4\rho\boldsymbol{v}_{\mathrm{s}}^2}{m^{*2}\Xi_{\mathrm{d}}^2 kT\boldsymbol{v}} = \frac{l}{\boldsymbol{v}} \tag{7.14}$$

式中，ρ 是晶体密度；$\boldsymbol{v}_{\mathrm{s}}$ 是声速；Ξ_{d} 是形变势常数；l 是平均自由程。将 (7.14) 式代入 (7.12) 式，如果 f_0 是玻尔兹曼分布，得到

$$\mu_{\mathrm{L}} = \frac{4el}{3\sqrt{2\pi m^* kT}} \tag{7.15}$$

由 (7.14) 式，平均自由程 l 与温度 T 成反比，因此迁移率 $\mu_{\mathrm{L}} \propto T^{-3/2}$。由于晶格散射，随着温度增加，迁移率降低。光学声子散射产生的迁移率与晶体中光学声子数目成反比。随着温度增加，声子数趋于无穷，迁移率趋于零。

对于电离杂质散射，

$$\tau = \frac{\varepsilon_0^2 m^{*2}\boldsymbol{v}^3}{2\pi N_{\mathrm{I}} e^4}\left\{\ln\left[1+\left(\frac{2k}{q_0}\right)^2\right]\right\}^{-1} = B\boldsymbol{v}^3 \tag{7.16}$$

式中，ε_0 是介电常数；N_{I} 是电离杂质密度。在 (7.16) 式中忽略了对数项中与 ε 有关的部分，将它当作一个常数，用 $3kT$ 代替其中的 ε，由 (7.13) 式，假定 f_0 是玻尔兹曼分布，得到

$$\mu_{\mathrm{I}} = \frac{2^{7/2}\varepsilon_0^2 (kT)^{3/2}}{N_{\mathrm{I}}\pi^{3/2}e^3 m^{*1/2}\ln\left[1+f(T)\right]} \tag{7.17}$$

因此对于电离杂质散射，$\mu_{\mathrm{I}} \propto T^{3/2}$。温度越高，迁移率越大。

在实际晶体中，各种散射作用同时存在，总的弛豫时间应由下式决定：

$$\frac{1}{\tau} = \sum_i W_i = \sum_i \frac{1}{\tau_i} \tag{7.18}$$

式中，W_i 代表第 i 种散射的概率。代入 (7.13) 式计算，就比较复杂。由于晶格散射和电离杂质散射分别在高温和低温下起作用，通常简化地取为

$$\frac{1}{\mu} = \frac{1}{\mu_{\mathrm{L}}} + \frac{1}{\mu_{\mathrm{I}}} \tag{7.19}$$

迁移率 μ 与温度有下列关系：

$$\frac{1}{\mu}=\frac{a}{T^{3/2}}+bT^{3/2} \tag{7.20}$$

这已经为实验所证实，见图 7.1。

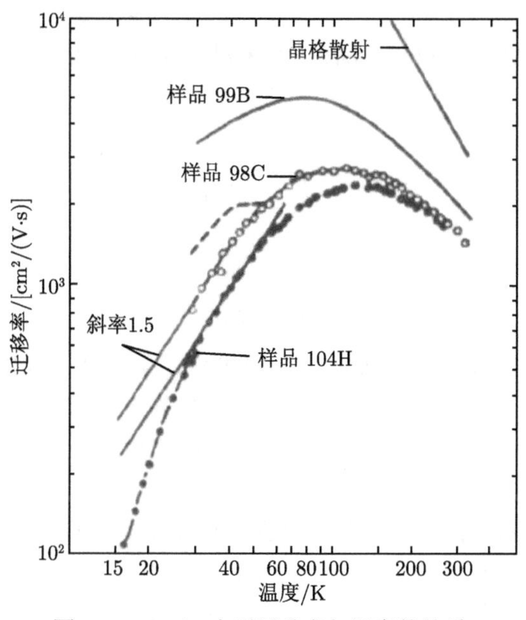

图 7.1 GaAs 电子迁移率与温度的关系

7.2 第一性原理量子输运理论 [3]

本节介绍已成为事实标准的第一性原理输运计算理论: DFT 加非平衡格林函数 (NEGF) 法。

出发点是 Kohn-Sham 哈密顿量：

$$H_{\mathrm{KS}}=-\frac{1}{2}\nabla^2+\int \mathrm{d}\boldsymbol{r}'\frac{\rho(\boldsymbol{r}')}{|\boldsymbol{r}-\boldsymbol{r}'|}+V_{\text{ion-e}}(\boldsymbol{r})+V_{\text{ext}}(\boldsymbol{r})+V_{\text{xc}}(\boldsymbol{r}) \tag{7.21}$$

式中，$V_{\text{ion-e}}$、V_{ext} 分别为电子与离子核及外场作用势能；V_{xc} 为交换关联势。实际计算中，为了避免处理赝势的长程部分，可将 H_{KS} 写成屏蔽形式。为此，我们将式 (7.21) 右端第二项 Hartree 势中的电荷密度拆分为两项：$\rho(\boldsymbol{r})=[\rho(\boldsymbol{r})-\rho^{\mathrm{N}}(\boldsymbol{r})]+\rho^{\mathrm{N}}(\boldsymbol{r})$，其中

$$\rho^{\mathrm{N}}(\boldsymbol{r})=\sum_I \rho^{\mathrm{N},I}(\boldsymbol{r}-\boldsymbol{R}_I)$$

是对所有电中性单原子核电荷密度 $\rho^{\mathrm{N},I}$ 求和得到的电荷密度。拆分后，我们得到 H_{KS} 的屏蔽形式为

$$H_{\mathrm{KS}} = -\frac{\nabla^2}{2} + \sum_I V^{\mathrm{N},I}(\boldsymbol{r} - \boldsymbol{R}_I) + V_{\delta\mathrm{H}}(\boldsymbol{r}) + V_{\mathrm{xc}}(\boldsymbol{r}) + V_{\mathrm{ext}}(\boldsymbol{r}) \tag{7.22}$$

其中，

$$V^{\mathrm{N},I}(\boldsymbol{r} - \boldsymbol{R}_I) = V^I_{\text{ion-e}}(\boldsymbol{r} - \boldsymbol{R}_I) + \int \mathrm{d}\boldsymbol{r}' \frac{\rho^{\mathrm{N},I}(\boldsymbol{r}' - \boldsymbol{R}_I)}{|\boldsymbol{r} - \boldsymbol{r}'|}$$

而修正的 Hartree 势为

$$V_{\delta\mathrm{H}}(\boldsymbol{r}) = \int \mathrm{d}\boldsymbol{r}' \frac{\rho(\boldsymbol{r}) - \rho^{\mathrm{N}}(\boldsymbol{r}')}{|\boldsymbol{r} - \boldsymbol{r}'|}$$

其可通过求解泊松方程

$$\nabla^2 V_{\delta\mathrm{H}}(\boldsymbol{r}) = 4\pi[\rho(\boldsymbol{r}) - \rho^{\mathrm{N}}(\boldsymbol{r})] \tag{7.23}$$

得到，在实际的数值计算中，式 (7.23) 可采用多重网格 (multigrid) 法快速求解。在传统的 DFT 电子态计算中，电荷密度 $\rho(\boldsymbol{r})$ 由填充 H_{KS} 的本征态得到。而在开放系统的计算中，则由 NEGF 确定。下面我们简要介绍一下 NEGF 的输运计算框架。

图 7.2 为二端器件的输运模型示意图。图中输运方向沿 z 方向，而左右电极区是半无限延伸的。在此输运模型中，电极处于金属态或直接选金属材料，因此可以认为它们是等势体，其在边界 z_{l}、z_{r} 处的电势 $V_{\mathrm{s}}(x, y)$ 为求解中心散射区的泊松方程 (7.23) 提供了边界条件。实际建模中，中心散射区的选择可以逐步向外扩展包括一部分电极原子，通过比较最终的电荷分布的收敛性来确定边界 z_{l}、z_{r}。由于无限长的性质，电极的电子态计算可由传统的 DFT 完成，同时得到 $V_{\mathrm{s}}(x, y)$。电极与中心散射区的相互作用则在 NEGF 的框架下，以自能 Σ 的形式表现，所以我们只需考虑散射区的哈密顿量 H_{KS} 和格林函数 G。在选取轨道基函数后，它们都是矩阵形式，并满足：

$$\sum_{\nu'} (ES_{\mu\nu'} - H_{\mu\nu'} - \Sigma_{\mu\nu'})G_{\nu'\nu}(E) = \delta_{\mu\nu} \tag{7.24}$$

式中，S 为轨道交叠积分矩阵；H 为式 (7.22)H_{KS} 的矩阵；Σ 为电极与散射区相互作用自能项矩阵；G 则为格林函数矩阵；E 是能量。所以，以轨道基矢展开后，通过式 (7.24) 求解格林函数，数学上就是矩阵求逆的过程。电荷密度在 NEGF 理论下则由延迟格林函数虚部的对角元获得

$$\rho(\boldsymbol{r}, E) = -\frac{1}{\pi}\mathrm{Im}[G^{\mathrm{R}}(\boldsymbol{r}, \boldsymbol{r}, E)] \tag{7.25}$$

所以开放系统的输运模拟，也是一个自洽迭代的过程。电荷密度 $\rho(\boldsymbol{r})$ 通过求解 (7.24) 式获得，但 (7.24) 式中包含的 H 是 Kohn-Sham 哈密顿量 (7.22) 的矩阵元，它本身又是 $\rho(\boldsymbol{r})$ 的泛函。

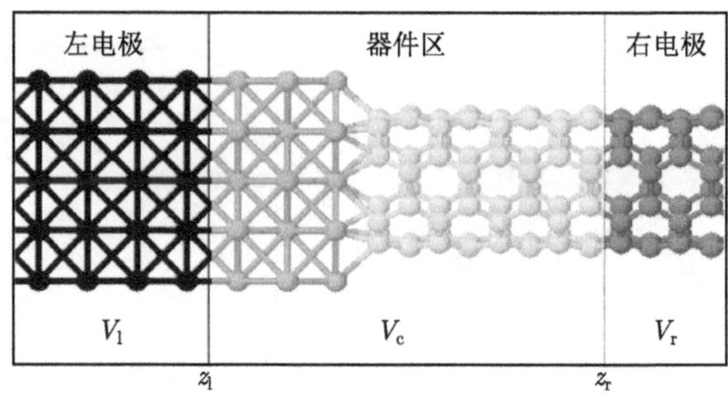

图 7.2 二端器件量子输运模型。左右电极分别向左右扩展半无穷长，中心区域为散射区

7.3 MX_2 的输运理论 [4]

首先用 DFT 计算电子能带和声子谱，再计算所有声子支的载流子 (包括电子和空穴)–声子耦合矩阵元。然后用全带蒙特卡罗方法求解玻尔兹曼方程，得到本征的速度–电场特性。

在密度泛函理论的框架下，将每个声子看作对自洽势的微扰 (DFPT)，电子–声子相互作用矩阵元可以写作

$$g_{\boldsymbol{q},\boldsymbol{k}}^{(i,j)\nu} = \sqrt{\frac{\hbar}{2M\omega_{\nu,\boldsymbol{q}}}} \langle j, \boldsymbol{k}+\boldsymbol{q}| \Delta_{\boldsymbol{q},\mathrm{SCF}}^{\nu} |i, \boldsymbol{k}\rangle \tag{7.26}$$

式中，$|i,\boldsymbol{k}\rangle$ 表示第 i 带，波矢为 $\boldsymbol{k}$ 的电子态；$\Delta_{\boldsymbol{q},\mathrm{SCF}}^{\nu}$ 是一个分支 ν、波矢 $\boldsymbol{q}$、频率 ω 的声子的原子位移引起的 Kohn-Sham 自洽势的微分；M 是广义的质量，由 DFPT 确定每个 ν, $\boldsymbol{q}$。

当计算了第一布里渊区 (FBZ) 内的矩阵元后，利用费米黄金规则就可以计算散射率：

$$\frac{1}{\tau_{\boldsymbol{k}}^{i}} = \frac{2\pi}{\hbar} \sum_{\boldsymbol{q},\nu,\pm} \left|g_{\boldsymbol{q},\boldsymbol{k}}^{\nu,i}\right|^2 \left(N_{\nu,\boldsymbol{q}} + \frac{1}{2} \pm \frac{1}{2}\right) \delta\left(E_{\boldsymbol{k}\mp\boldsymbol{q}}^{i} \pm \hbar\omega_{\nu,\boldsymbol{q}} - E_{\boldsymbol{k}}^{i}\right) \tag{7.27}$$

式中，± 号代表声子的发射和吸收；$N_{\nu,\boldsymbol{q}}$ 是声子的占据数，满足玻色–爱因斯坦 (Bose-Einstein) 统计。

不考虑电子的带间跃迁，只考虑电子的最低导带和空穴的最高价带，并假定两个带没有简并。用 DFT 方法计算得到的 WS_2 的电子能带和声子谱分别示于图 7.3(a) 和 (b)。由图 7.3(a) 可见，导带极小在 K 点，在 Γ-K 线上还有第二个极小

(图 1.7)，令为 Q 点。价带极大也在 K 点，第二个极大在 Γ 点。表 7.1 给出了 MX_2 的 4 个化合物的晶格常数等参量。由表 7.1 可见，电子的 E^{c}_{QK} 较小 (<100 meV)，将通过谷间散射影响电子的输运。

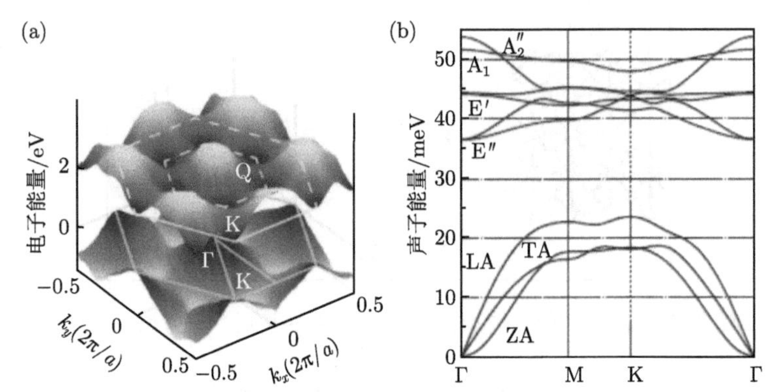

图 7.3　(a) WS_2 在第一布里渊区的电子和空穴能带，电子导带在 K 点的能量取为能量原点；(b) 声子色散曲线

表 7.1　MX_2 的 4 个化合物的晶格常数，导带的 Q-K 能量差和价带的 Γ-K 能量差，4 个能量谷和峰的有效质量

	晶格常数/Å	E^{c}_{QK}/meV	$E^{v}_{\Gamma K}$/meV	m^{c}_{K}/m_0	m^{c}_{Q}/m_0	m^{v}_{K}/m_0	m^{v}_{Γ}/m_0
MoS_2	3.14	81	148	0.51	0.76	0.58	4.05
$MoSe_2$	3.27	28	374	0.64	0.80	0.71	7.76
WS_2	3.10	67	173	0.31	0.60	0.42	4.07
WSe_2	3.25	16	427	0.39	0.64	0.51	7.77

单层 MX_2 的一个元胞中有 3 个原子，因此声学支一共有 9 支，3 支是声学模，6 支是光学模，如图 7.3(b) 所示。MS_2 的 LA 和 TA 分别是纵和横声学支，ZA 是垂直于平面的振动模。在长波长极限下，LA 和 TA 都有线性的色散关系，而 ZA 有近似的二次关系。估计的纵声速为 4.3×10^5 cm/s。最低的光学支是 E″，2 个 S 原子在平面内振动，而 W 原子不动。E′ 支是极化的 LO 和 TO 模，所有 3 个原子在平面内振动。在 Γ 点，极化的 LO 和 TO 模的分裂可以忽略不计。最高的 A_2'' 和 A_1 支是垂直于平面的振动。

电子–声子散射率的计算比较复杂，要考虑 K 点电子与附近的 K′, Q 和 Q′ 谷电子的散射，而后两者是三重简并的。类似地，位于 Q 谷的电子可以散射至另一个 Q 和 K/K′ 谷。而空穴的情况比较简单，附近的谷只有 Γ 谷，没有等价点。利用费米黄金规则 (7.27) 式计算了电子和空穴的各种散射率，示于图 7.4。对电子和空穴，初始的 $\boldsymbol{k}$ 都选在 K-Γ 轴上。由图可见，散射率的突然上升表示谷间跃迁的发生。对于价带它出现在较高能量上，这符合能带计算的结果，$E^{v}_{\Gamma K} > E^{c}_{QK}$。

此外，声学支提供了电子和空穴主要的散射机制。一个区别是对电子，LA 模贡献最大，对空穴，TA 模贡献最大。光学声子的作用相对较小，特别在低载流子能量时。9 个光学支中，只有 LA, TA, E′(LO 和 TO) 和 A_1 模与散射有关。

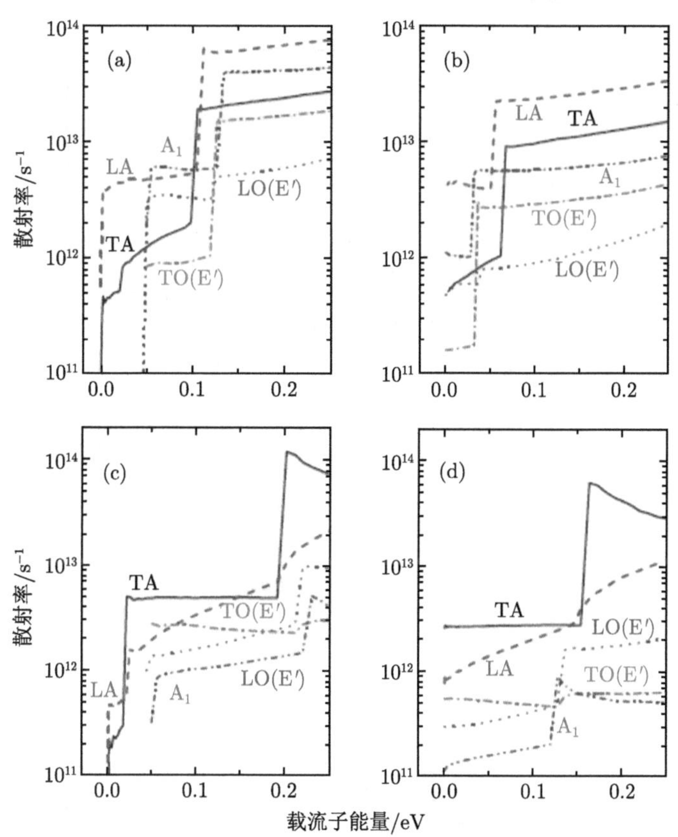

图 7.4 (a)、(b) 电子散射率与能量的关系；(c)、(d) 空穴散射率与能量的关系；(a)、(c) 是发射声子；(b)、(d) 是吸收声子

利用散射率，用不同温度下的全带蒙特卡罗模拟法计算了 WS_2 速度与外加场的关系，如图 7.5 所示。由图可见，低场迁移率和饱和速度都与温度有很大的关系，这是声子散射的特点。值得注意的是空穴的速度与电子的速度相当，这是三维半导体中不常有的。例如，电子和空穴的迁移率分别为 $\mu_{\mathrm{c}} = 320\ \mathrm{cm}^2/(\mathrm{V{\cdot}s})$, $\mu_{\mathrm{v}} = 320\ \mathrm{cm}^2/(\mathrm{V{\cdot}s})$，在电场 100 kV/cm 下饱和速度分别为 $v_{\mathrm{c}} = 3.7 \times 10^6\ \mathrm{cm/s}$, $v_{\mathrm{v}} = 4.1 \times 10^6\ \mathrm{cm/s}$。原因就是空穴的有效质量与电子相当 (表 7.1)，以及空穴的散射率比电子低 (图 7.4)。

表 7.2 总结了 MX_2 4 种化合物的输运性质，其中 $\mu_{\mathrm{c,K}}$ 是 K 谷为主的电子迁

移率，2 个电子的饱和速度分别对应于较小电场 (100 kV/cm) 和较大电场。声子能量与有效质量之比可以作为一个一般判据来解释饱和速度的次序：WS_2>MoS_2>WSe_2>$MoSe_2$。所有这些结果都证明空穴与电子有同样的输运性质，启发我们在器件中可以利用 p 通道。

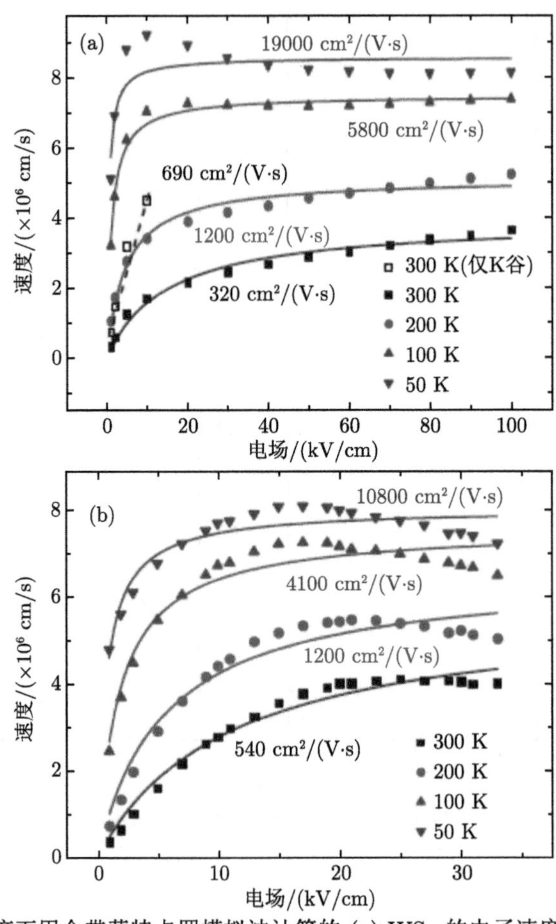

图 7.5　不同温度下用全带蒙特卡罗模拟法计算的 (a) WS_2 的电子速度与外加场的关系；(b) 空穴速度与外加场的关系

表 7.2　MX_2 4 种化合物的输运性质

	μ_c/[cm^2/(V·s)]	$\mu_{c,K}$/[cm^2/(V·s)]	μ_v/[cm^2/(V·s)]	v_{sat}^c/($\times 10^6$ cm/s)	v_{sat}^v/($\times 10^6$ cm/s)
MoS_2	130[5]	320[5]	270	3.4[5]/4.8	3.8
$MoSe_2$	25	180	90	1.9/3.6	3.5
WS_2	320	690	540	3.7/5.1	4.1
WSe_2	30	250	270	2.2/4.0	3.5

7.4 黑磷的输运性质 [6]

由表 7.2 可见，MX_2 的迁移率只有几百 $cm^2/(V{\cdot}s)$，不太适合做电子输运器件。理论研究 [6] 发现，单层黑磷的空穴迁移率能达到 10000~26000 $cm^2/(V{\cdot}s)$。单层和双层黑磷的能带示于图 7.6。由图可见，它们都是直接带隙的，导带底和价

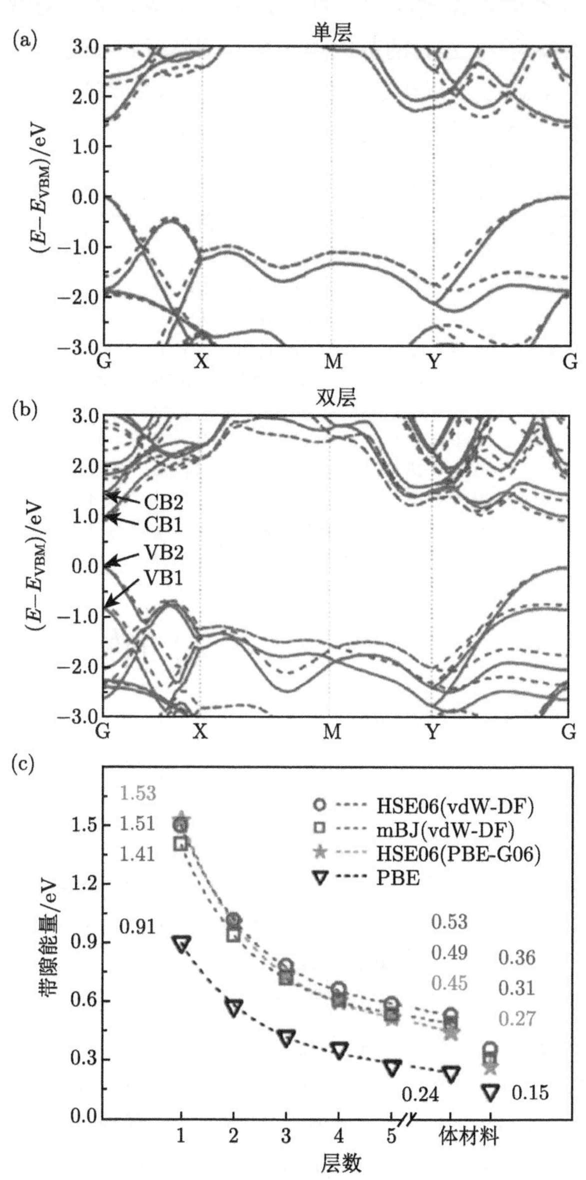

图 7.6 (a) 单层黑磷的能带；(b) 双层黑磷的能带；(c) 带隙与层数的关系

带顶都在 Γ 点 (图中标为 G)，并且带隙随层数的加大而减小，如图 7.6(c) 所示。

这里计算了声子的散射率，以及在纵声波传播方向上的形变势 E_1 和弹性模量 C_{2D}。再利用 optB88-vdW 泛函方法计算迁移率，结果列于表 7.3。由表可见，单层黑磷的空穴迁移率能达到 10000~26000 $cm^2/(V{\cdot}s)$，并且有极大的方向性 $\mu_y >> \mu_x$。这是由非常小的形变势 $E_{1y} = (0.15 \pm 0.03)$ eV 导致的。这个性质将在分离电子和空穴中得到应用。这可以用单层黑磷的价带波函数来解释，它在 y 方向是孤立的。沿 y 方向的纵向声子振动对这个波函数几乎没有影响，使得它的能量改变很小，造成了很小的形变势。而电子波函数在 y 方向有很大的重叠，所以电子的形变势很大，达到一般的水平 (5~7 eV)。

表 7.3　1~5 层黑磷电子和空穴的有效质量、形变势、弹性模量和迁移率

载流子类型	N_L	m_x^*/m_0 G-X	m_y^*/m_0 G-Y	E_{1x}/eV	E_{1y}/eV	C_{x_2D}/ (J/m^2)	C_{y_2D}/ (J/m^2)	μ_{x_2D}/ [$\times 10^3$ $cm^2/(V{\cdot}s)$]	μ_{y_2D}/ [$\times 10^3$ $cm^2/(V{\cdot}s)$]
e	1	0.17	1.12	2.72 ± 0.02	7.11 ± 0.02	28.94	101.60	1.10~1.14	~ 0.08
	2	0.18	1.13	5.02 ± 0.02	7.35 ± 0.16	57.48	194.62	~ 0.60	0.14~0.16
	3	0.16	1.15	5.85 ± 0.09	7.63 ± 0.18	85.86	287.20	0.76~0.80	0.20~0.22
	4	0.16	1.16	5.92 ± 0.18	7.58 ± 0.13	114.66	379.58	0.96~1.08	0.26~0.30
	5	0.15	1.18	5.79 ± 0.22	7.35 ± 0.26	146.58	479.82	1.36~1.58	0.36~0.40
h	1	0.15	6.35	2.50 ± 0.06	0.15 ± 0.03	28.94	101.60	0.64~0.70	10~26
	2	0.15	1.81	2.45 ± 0.05	1.63 ± 0.16	57.48	194.62	2.6~2.8	1.3~2.2
	3	0.15	1.12	2.49 ± 0.12	2.24 ± 0.18	85.86	287.20	4.4~5.2	2.2~3.2
	4	0.14	0.97	3.16 ± 0.12	2.79 ± 0.13	114.66	379.58	4.4~5.2	2.6~3.2
	5	0.14	0.89	3.40 ± 0.25	2.97 ± 0.18	146.58	479.82	4.8~6.4	3.0~4.6

7.5　MX(M=Ge, Sn; X=S,Se) 的输运性质 [7]

MX 的 4 种化合物中只有 GeSe 是直接带隙的，所以这里研究 GeSe 的输运性质 [7]。体 GeSe 是 p 型半导体，具有近直接带隙 $E_g = 1.1 \sim 1.2$ eV。它也是层状结构，类似于黑磷。单层 GeSe 的原子结构示于图 7.7[7]，元胞是长方形的，布里渊区也是长方形的。优化以后的参数列于表 7.4。从电子密度分布，可知 Ge 原子与 Se 原子之间是共价键结合，通过 σ 键。计算得到 GeSe 单层具有相干能 4.37 eV/原子。GeSe 单层的形成能为 88 meV，与 BN、石墨烯、MoS_2 相当，说明通用的机械剥离技术对 GeSe 也适用。

单层 GeSe 的能带以及分波态密度示于图 7.8。由图可见，它是直接带隙的，$E_g = 1.16$ eV，位于 Γ-Y 轴上。导带底和价带顶分别由 Ge p 态和 Se p 态组成。载流子的有效质量能由方程 $m^* = \hbar^2/\left(\partial^2 E/\partial k^2\right)$ 确定，由能带得到电子和空穴的有效质量：$m_e = 0.31m_0$，$m_h = 0.38m_0$。它的电子有效质量值大于黑磷的 (0.17 m_0，Γ-X 方向)，砷烯的 ($0.23m_0$)，锑烯的 ($0.29m_0$)，小于单层黑磷的 ($1.12m_0$，Γ-Y 方向) 和单层 MoS_2 的 ($0.48m_0$)。

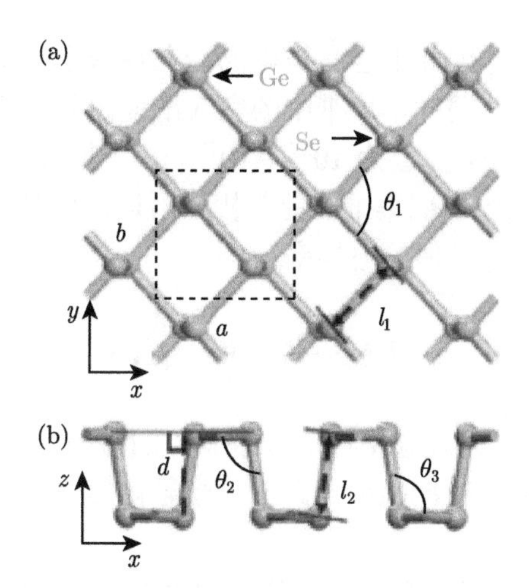

图 7.7 单层 GeSe 的原子结构的 (a) 顶视图和 (b) 侧视图

表 7.4 优化后的单层 GeSe 的结构参数 (图 7.6)

GeSe	a/Å	b/Å	d/Å	l_1/Å	l_2/Å	$\theta_1/(^\circ)$	$\theta_2/(^\circ)$	$\theta_3/(^\circ)$
单层	4.16	3.96	2.59	2.66	2.51	96.25	96.80	92.54
体	4.41	3.84	2.81	2.57	2.56	96.50	104.25	91.11

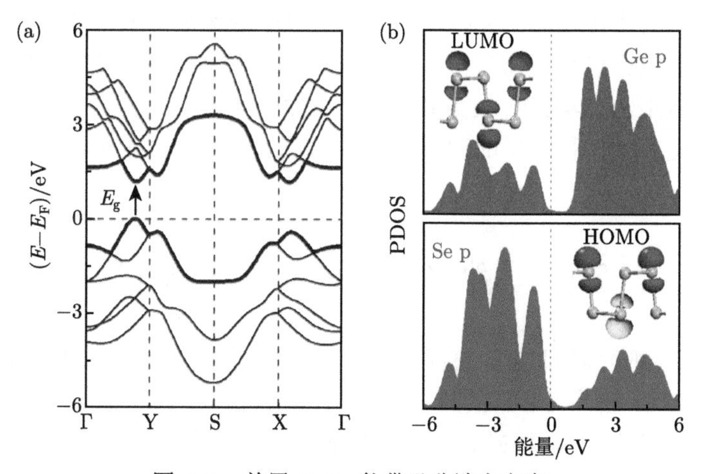

图 7.8 单层 GeSe 能带及分波态密度

7.6 二维半导体的输运性质的特点

在三维半导体中决定输运性质的除了迁移率外，还有电子 (空穴) 浓度和有效质量。电子浓度由掺入的施主浓度决定。根据有效质量理论，施主能级位于导带下面，它的束缚能很小，因此很容易被电离；在导带中产生电子，因此导带中电子浓度由施主浓度决定。同样，价带中的空穴浓度由受主浓度决定。在三维半导体中电子或空穴浓度较小，一般为 $10^{17}\sim10^{18}\ \mathrm{cm}^{-3}$ 量级，与原子密度 $10^{24}\ \mathrm{cm}^{-3}$ 差几个量级，在 $\boldsymbol{k}$ 空间中它们集中在能带极值附近，可以用一个有效质量 m^* 描述它的运动。因此三维半导体的电导率为

$$\sigma = ne\mu, \quad \mu = \frac{e\tau}{m^*} \tag{7.28}$$

式中，n 是电子浓度；μ 是迁移率；m^* 是有效质量；τ 是散射弛豫时间。每一项都有明确定义，在实验上能精确测定。三维半导体的输运有一套完整的、精确的理论，见文献 [2]。

但在二维半导体中，情况就复杂得多。首先电子 (空穴) 浓度就不是由掺入的施主或受主浓度决定的。因为从理论上讲，二维有效质量方程得到的施主束缚能是三维施主束缚能的 4 倍。即使在二维半导体中能掺入施主或受主，则因为束缚能太大，它们在室温下也不能 (或很少) 电离，不能产生电子或空穴。因此在二维半导体中如何产生电子，以及如何调控它的浓度是一个没有解决的问题。实验上是采用“合金”的办法，也就是通过大量掺杂来得到电子或空穴，而且导电类型 (n 型或 p 型) 和浓度还不能控制。另外在二维半导体中，电子运动不能用能带极值附近的有效质量描述，文献中所谓“二维半导体的有效质量”仅仅是理论上根据能带极值附近能带的曲率得出的，没有实际意义。在实验上要测出二维半导体的有关参数则比三维材料难得多：首先是做欧姆电极，特别是在单层材料上做电极；其次是三维材料测量的理论基础——霍尔效应在二维材料中是否成立还成问题。

7.7　二维半导体的场效应晶体管

目前许多研究者都绕开直接测量输运性质，直接将二维材料做成场效应晶体管 (FET)，测量 FET 的性能，由此判断二维材料的输运性质。2011 年 Radisavljevic 等报道了由 MoS_2 制成的 FET[8]，如图 7.9 所示。单层器件的迁移率为 $0.1\sim10\ \mathrm{cm^2/(V{\cdot}s)}$。根据理论预言，介电屏蔽能增加迁移率，所以用原子层沉积 (ALD) 方法在 MoS_2 顶上加 30 nm 厚的 HfO_2 作为高 κ 介质。选择 HfO_2 是因为它的介电常数为 25，带隙为 5.7 eV，已经普遍用在微电子工艺中。

单层 MoS_2 FET 的特性曲线示于图 7.10。由图可见，当 $V_{\mathrm{ds}} = 10$ mV 时，$I_{\mathrm{on}}/I_{\mathrm{off}}$ 比大于 1×10^6。当 $V_{\mathrm{ds}} = 500$ mV 时，$I_{\mathrm{on}}/I_{\mathrm{off}}$ 比大于 1×10^8。这些结果

说明 MoS_2 具有良好的输运性质，尽管它本身的迁移率并不高，但靠着高 κ 介质 HfO_2，它的迁移率达到 200 $cm^2/(V{\cdot}s)$。

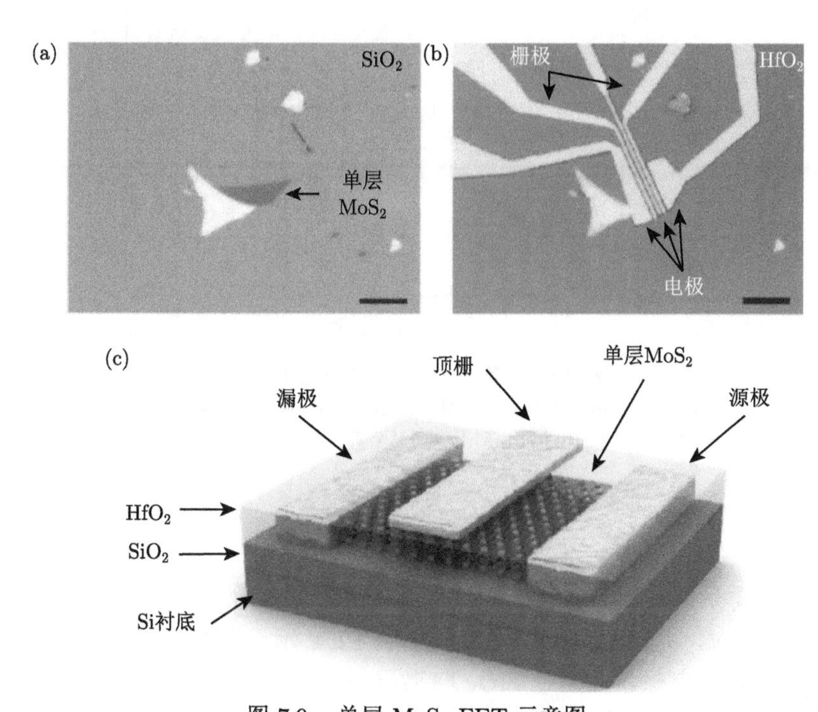

图 7.9 单层 MoS_2 FET 示意图

(a) Si 衬底上有 270 nm 厚的 SiO_2 层，上面沉积的 6.5 Å 厚的单层 MoS_2 的光学图；(b) 器件的光学图；(c) FET 的三维示意图

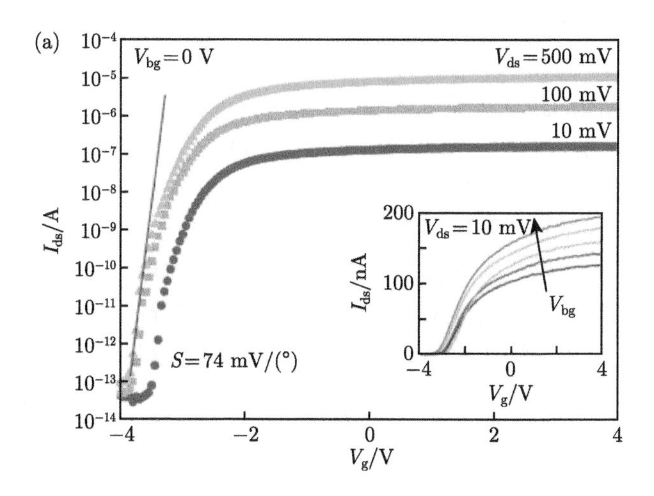

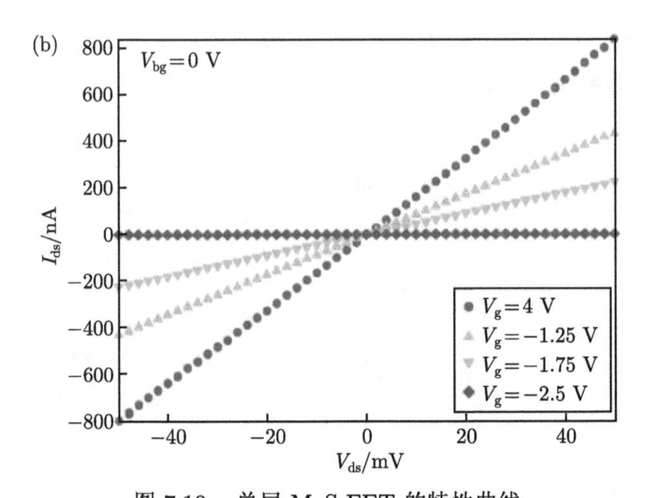

图 7.10　单层 MoS FET 的特性曲线

(a) 偏置电压 $V_{ds} = 10 \sim 500$ mV 时 I_{ds}-V_g 曲线，插图：I_{ds}-V_g 曲线，对 $V_{bg} = -10$ V, -5 V, 0, 5 V, 10 V;(b) 对不同的 V_g，I_{ds}-V_{ds} 曲线

7.8　黑磷的场效应晶体管 [9]

单层黑磷在 Γ 点具有直接带隙 ~2 eV，随着层数增加，带隙变小。体黑磷的带隙为 ~0.3 eV，并移至 Z 点。少数层黑磷 FET 示于图 7.11(a)，衬底是简并掺杂的 Si，用作背电极。上面是 SiO_2 隔离层和少数层黑磷上的源极和漏极。通道厚 5 nm，SiO_2 介电层厚 90 nm。FET 的 I_{ds}-V_g 曲线示于图 7.11(b)。两条曲线分别对应于漏–源压 V_{ds}=10 mV(红) 和 100 mV(绿)。器件通道的长度和宽度分别为 1.6 μm 和 4.8 μm。由图 7.11(b) 可见，当栅压 V_g 为正和负时都有电流，说明载流子可以是电子或空穴。当栅压为负值时，空穴电流比可以达到 10^5。当栅压为正值时，电子电流的调控范围就没有这么大。图 7.11(c) 是不同栅压下的 I_{ds}-V_{ds} 曲线，正图是空穴导电，V_g 分别等于 −30 V(黑)、−25 V(红)、−20 V(绿)、−15 V(蓝)。电流和电压的线性关系说明少数层黑磷有良好的欧姆接触。插图是电子导电，V_g 分别等于 30 V(黑)、25 V(红)、20 V(绿)。电流和电压的非线性关系说明电极形成了肖特基势垒。

有两类迁移率。第一类是场效应迁移率 μ_{FE}，由与栅压有关的电导率的线性部分求得。图 7.12 是层电导率与栅压的关系，3 条曲线对应于不同厚度：10 nm(黑)、8 nm(红)、5 nm(绿)，由此分别求得场效应迁移率：984 $cm^2/(V{\cdot}s)$, 197 $cm^2/(V{\cdot}s)$, 55 $cm^2/(V{\cdot}s)$。插图是不同厚度 FET 的漏电流调制 (实蓝三角) 和迁移率 (空心圆) 随厚度的变化。由图可见，迁移率随厚度变化不大，但大的电流调制比只有在小厚度下才能达到。

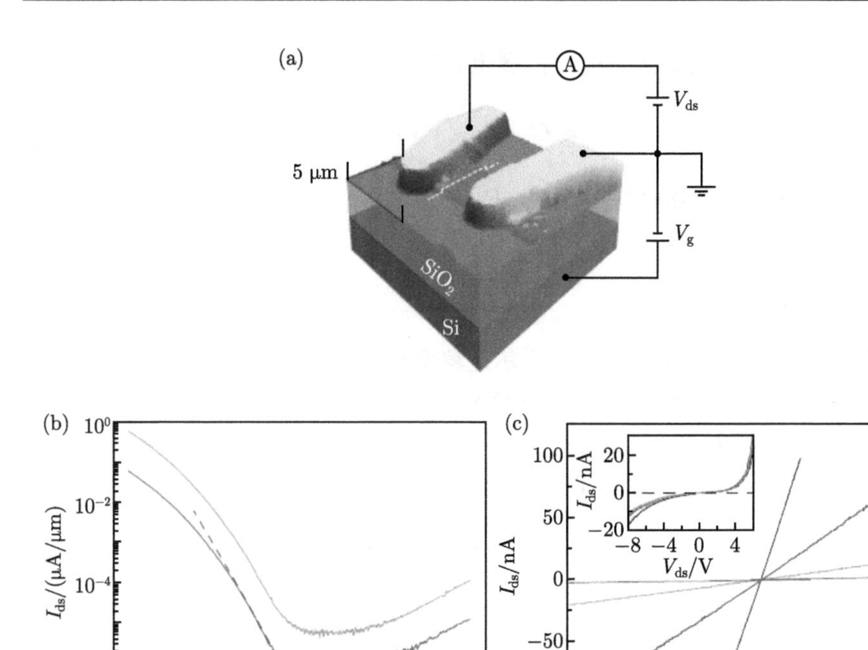

图 7.11 (a) 少数层黑磷 FET 示意图；(b) FET 的 I_{ds}-V_g 曲线；(c) 不同栅压下 I_{ds}-V_{ds} 曲线

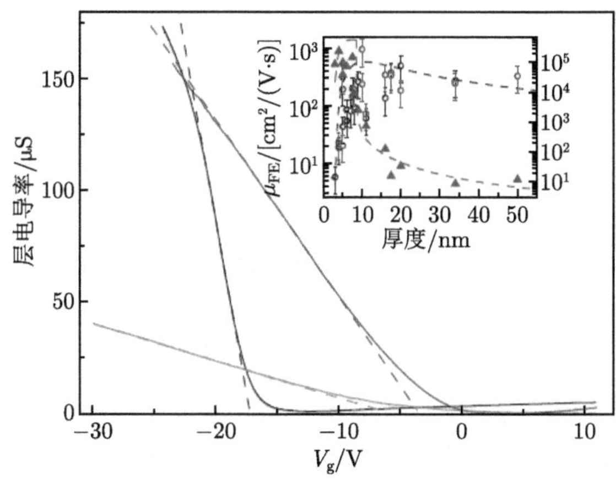

图 7.12 层电导率与栅压的关系，插图是漏电流调制 (实蓝三角) 和迁移率 (空心圆) 随厚度的变化

第二类是霍尔迁移率 μ_H，由电导率 G 求得

$$\mu_H = \frac{L}{W}\frac{G}{ne} \tag{7.29}$$

其中 n 是二维电子 (或空穴) 浓度，由栅电容确定：

$$n = C_{\mathrm{g}}\left(V_{\mathrm{g}} - V_{\mathrm{th}}\right) \tag{7.30}$$

如果样品几何允许精确地测量霍尔系数 R_{H}，则

$$n = \frac{1}{eR_{\mathrm{H}}} \tag{7.31}$$

图 7.13 是场效应迁移率 (空心圆) 和霍尔迁移率 (实心方块) 作为温度的函数。由图可见，场效应迁移率比较大，霍尔迁移率与载流子浓度有关，浓度大，则迁移率较大。由以上讨论可见，二维半导体中的迁移率和其他的物理量都还没有明确的定义和测量方法，它的输运理论有待进一步深入研究。

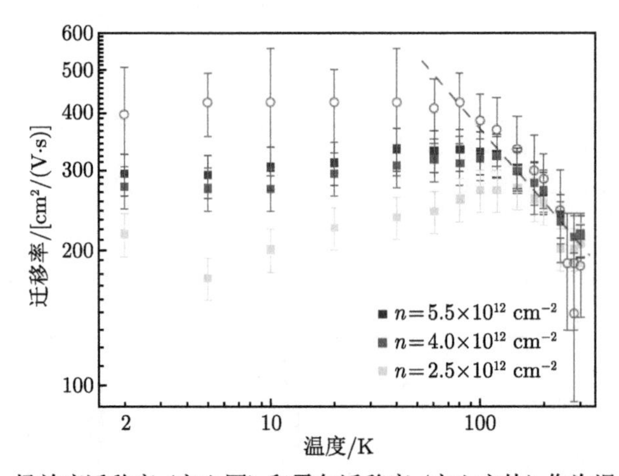

图 7.13　场效应迁移率 (空心圆) 和霍尔迁移率 (实心方块) 作为温度的函数

参 考 文 献

[1] 夏建白. 现代半导体物理. 北京: 北京大学出版社，2000.

[2] 黄昆, 谢希德. 半导体物理学. 北京: 科学出版社，1958.

[3] Taylor J, Guo H, Wang J. Phys. Rev. B, 2001, 63(24): 245407.

[4] Jin Z, Li X, Mullen J, et al. Phys. Rev. B, 2014, 90(4): 045422.

[5] Li X, Mullen J T, Jin Z, et al. Phys. Rev. B, 2013, 87(11): 115418.

[6] Qiao J, Kong X, Hu Z, et al. Nat. Comm., 2014, 5:4475.

[7] Hu Y, Zhang S, Sun S, et al. Appl. Phys. Lett., 2015, 107(12): 122107.

[8] Radisavljevic B, Radenovic A, Brivio J, et al. Nature Nanotech., 2011, 6: 147-150.

[9] Li L, Yu Y, Ye G, et al. Nature Nanotech., 2014, 9: 372-377.

第 8 章　磁性二维半导体物理和器件

8.1　磁性三维半导体

稀磁半导体是指在半导体化合物中掺入磁性离子，形成的具有磁性的三元或更多元的半导体材料。因为掺入的杂质一般浓度不高，磁性比较弱，因而叫做稀磁半导体 (diluted magnetic semiconductor，DMS)，或者半磁半导体 (semimagnetic semiconductor, SMSC)。一些主要稀磁半导体的晶体结构、成分范围和带隙宽度如表 8.1 所示 [1]，其中 ZB 代表闪锌矿结构，WZ 代表纤锌矿结构。

表 8.1　一些主要稀磁三维半导体的晶体结构、成分范围和带隙宽度

材料	晶体结构	成分范围	带隙
$Zn_{1-x}Mn_xS$	ZB	$0 < x \leqslant 0.10$	宽
	WZ	$0.10 < x \leqslant 0.45$	宽
$Zn_{1-x}Mn_xSe$	ZB	$0 < x \leqslant 0.30$	宽
	WZ	$0.30 < x \leqslant 0.57$	宽
$Zn_{1-x}Mn_xTe$	ZB	$0 < x \leqslant 0.86$	宽
$Cd_{1-x}Mn_xS$	WZ	$0 < x \leqslant 0.45$	宽
$Cd_{1-x}Mn_xSe$	WZ	$0 < x \leqslant 0.50$	宽
$Cd_{1-x}Mn_xTe$	ZB	$0 < x \leqslant 0.77$	宽
$Hg_{1-x}Mn_xS$	ZB	$0 < x \leqslant 0.37$	窄
$Hg_{1-x}Mn_xSe$	ZB	$0 < x \leqslant 0.38$	窄
$Hg_{1-x}Mn_xTe$	ZB	$0 < x \leqslant 0.50$	窄
$Zn_{1-x}Co_xS$	ZB	$0 < x \leqslant 0.12$	宽
$Zn_{1-x}Co_xSe$	ZB	$0 < x \leqslant 0.06$	宽
$Cd_{1-x}Co_xSe$	ZB	$0 < x \leqslant 0.22$	宽
$Zn_{1-x}Fe_xSe$	ZB	$0 < x \leqslant 0.30$	宽
$Cd_{1-x}Fe_xSe$	WZ	$0 < x \leqslant 0.15$	宽
$Hg_{1-x}Fe_xSe$	ZB	$0 < x \leqslant 0.15$	窄
$Hg_{1-x}Fe_xTe$	ZB	$0 < x \leqslant 0.12$	窄
$(Zn_{1-x}Mn_x)_3As_2$	—	$0 < x \leqslant 0.10$	窄
$(Cd_{1-x}Mn_x)_3As_2$	—	$0 < x \leqslant 0.20$	窄
$Pb_{1-x}Mn_xTe$	—	$0 < x \leqslant 0.10$	窄

大约 20 世纪 60 年代以后，人们开始了对稀磁半导体材料的制备和物理性质的研究。由表 8.1 可见，对每一种稀磁半导体，磁离子的组分有一定的变化范围，超出这个范围，就会产生混合相。例如，$Cd_{1-x}Mn_xSe$，$0 < x \leqslant 0.5$，相图如图 8.1 所示。在 $0 < x < 0.5$ 范围内，$Cd_{1-x}Mn_xSe$ 形成均匀的纤锌矿结构。在 $x \leqslant 1$

范围，形成 MnSe 的岩盐结构。在 $0.5 < x < 0.95$ 范围，形成纤锌矿和岩盐的二相共存。

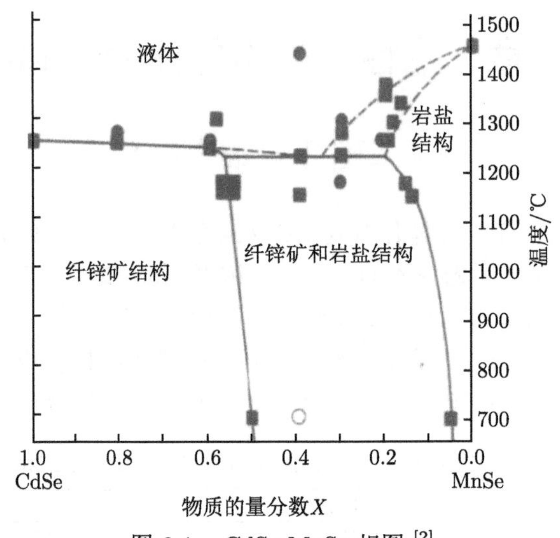

图 8.1　CdSe-MnSe 相图 [2]

稀磁半导体最重要的发展是稀磁半导体薄膜、异质结构和超晶格的成功研制，特别是 1984 年用分子束外延 (molecular beam epitaxy，MBE) 方法生长出 $Cd_{1-x}Mn_xTe$ 薄膜和 $Cd_{1-x}Mn_xTe/Cd_{1-y}Mn_yTe$ 超晶格。从此这个领域得到真正的长足进展，包括用分子束外延制备出 $Zn_{1-x}Mn_xSe$、$Hg_{1-x}Mn_xTe$ 等薄膜和超晶格。

目前大部分稀磁半导体都是掺 Mn^{2+} 的，这类稀磁半导体研究得比较充分。但也有一些掺 Fe^{2+} 和 Co^{2+} 的 (表 8.1)。掺 Fe^{2+} 的稀磁半导体与掺 Mn^{2+} 的重要差别是：Fe^{2+} 的永久磁矩在低温下为零，在稀磁极限下 ($x < 0.01$)，$A^{\text{II}}_{1-x}Fe_xB^{\text{VI}}$ 合金显示范弗莱克 (van Vleck) 顺磁性。

对于稀磁半导体，由于磁离子的浓度很低 ($x < 0.1$)，同时磁离子的 d 电子轨道在空间又是很局限的，所以磁离子之间的直接相互作用很小。于是在 20 世纪 50 年代，从齐纳 (Zener) 开始 [3]，就提出了磁离子 d 电子产生的局域磁矩通过半导体的导电电子，s 电子或者 p 电子的间接耦合相互作用。这种间接交换作用能够用一个简单的类海森伯公式描写 [4]：

$$H_{\mathrm{sd}} = \sum_n J(\boldsymbol{r} - R_n)\,\boldsymbol{s} \cdot \boldsymbol{S}_n \tag{8.1}$$

式中，$\boldsymbol{s}$ 是在 $\boldsymbol{r}$ 点的一个 s 电子的自旋算符；$\boldsymbol{S}_n$ 是在 R_n 点磁离子 3d 壳层的总自旋；$J(\boldsymbol{r} - R_n)$ 是交换相互作用常数，它主要集中在 R_n 附近，当偏离 R_n 点时

迅速趋于零，反映了 3d 电子的局域性质。因为半导体中的导电电子波函数在空间是扩展的，它同时与大量的 Mn 原子相互作用。所以允许用 Mn 离子自旋算符的热平均 $\langle S\rangle$ 代替 S_n。无外磁场时 $\langle S\rangle$=0。设磁场沿 z 方向，则 $\langle S\rangle$ 只有一个不等于零的分量 $\langle S_z\rangle$。

因此，利用虚晶近似和分子平均场近似，交换哈密顿量 (8.1) 变为

$$H_{\mathrm{sd}} = x\sigma_z \langle S_z\rangle \sum_{\boldsymbol{R}} J(\boldsymbol{r}-\boldsymbol{R}) \tag{8.2}$$

式中，$\boldsymbol{R}$ 表示正离子晶格的位置。上式的显著优点是具有晶格周期性，因此可用布洛赫函数作为基函数，令

$$J(\boldsymbol{r}) = \sum_{\boldsymbol{R}} J(\boldsymbol{r}-\boldsymbol{R}) \tag{8.3}$$

$J(\boldsymbol{r})$ 具有晶格周期性，并且局限在正离子格点附近，具有各向同性的性质，因此 $J(\boldsymbol{r})$ 对价电子波函数不等于零的交换积分为

$$\begin{aligned} &\alpha = \langle S|\, J(\boldsymbol{r})\, |S\rangle \\ &\beta = \langle X|\, J(\boldsymbol{r})\, |X\rangle = \langle Y|\, J(\boldsymbol{r})\, |Y\rangle = \langle Z|\, J(\boldsymbol{r})\, |Z\rangle \end{aligned} \tag{8.4}$$

式中，$|S\rangle$ 和 $|X\rangle$，$|Y\rangle$，$|Z\rangle$ 分别为导带项和价带项的布洛赫函数。

由 (8.2) 式和 (8.4) 式可见，在外磁场下，半导体的导带和价带都会发生分裂。分裂能量的大小与磁离子的磁矩 $\langle S_z\rangle$ 成正比：

$$\begin{aligned} \Delta E_{\mathrm{c}} &= \pm\frac{1}{2}\bar{x}N_0\alpha\langle S_z\rangle \\ \Delta E_{\mathrm{v}} &= \pm\frac{1}{2}\bar{x}N_0\beta\langle S_z\rangle \end{aligned} \tag{8.5}$$

式中，$\bar{x}$ 是磁离子的有效浓度，比实际浓度 x 要小。前面的 $\pm$ 号由实验确定。例如，对 $\mathrm{Zn}_{1-x}\mathrm{Mn}_x\mathrm{Se}$，$N_0\alpha = -0.27$ eV，$N_0\beta = 0.90$ eV，取 $\bar{x}$=0.04，$T_0 = 1.4$ K，$T = 1.5$ K，$B = 1$ T，则可以求得 $\Delta E_{\mathrm{c}} = \pm 6.48$ meV。因此原来正负自旋的 2 个简并导带会分裂约 13 meV，正自旋能带在上，负自旋能带在下。4 度简并的价带项的分裂为 $\Delta E_{\mathrm{v}}(M_J = 3/2) = -21.6$ meV，$\Delta E_{\mathrm{v}}(M_J = 1/2) = -7.2$ meV。4 个价带总分裂能量为 43.2 meV。这个导带和价带的分裂能量远大于普通电子在磁场下的塞曼分裂能量。取 $g = 2$，$B = 1$ T，则塞曼分裂能量 $\Delta E_Z = g\mu_{\mathrm{B}}B = 0.116$ meV。这种由磁离子和导电电子交换相互作用产生的在磁场下能带的大分裂，使得稀磁半导体具有很大的应用前景，如磁传感器。

8.2　二维范德瓦耳斯晶体的铁磁性

二维晶体的磁性与三维的有本质的差别，在三维晶体中导致铁磁性的是“交换相互作用”，如图 8.2(a) 所示。交换相互作用能用来估计三维铁磁体的居里温度，因为短程交换相互作用需要克服热能量导致的磁矩无规化。但是，根据 Mermin-Wagner 定理，各向同性的海森伯模型在非零温度下不存在二维长程磁序。适用于三维系统的平均场图像在二维系统的长度上不再适用，维度效应将起作用。二维系统中的磁子 (magnon) 的色散将比三维系统的小，态密度突然上升 (类似于电子态密度)，因此容易热激发 (agitation)。如果二维系统没有磁各向异性 (图 8.2(b))，则自旋波激发的能隙为 0(图 8.2(c))。连同磁子在零能量处发散的玻色–爱因斯坦统计，任何非零温度都将产生大量的磁子激发，自旋有序被破坏。但是如果二维系统具有单轴的磁各向异性，则磁子激发的能隙被打开，阻止了热扰动 (图 8.2(d))，使系统具有有限的居里温度。同时，交换相互作用连同维度支配了磁子带宽和形状。当系统由二维变为三维时，磁子的态密度由台阶状变为连续增加的函数，并具有带隙 (图 8.2(f))。

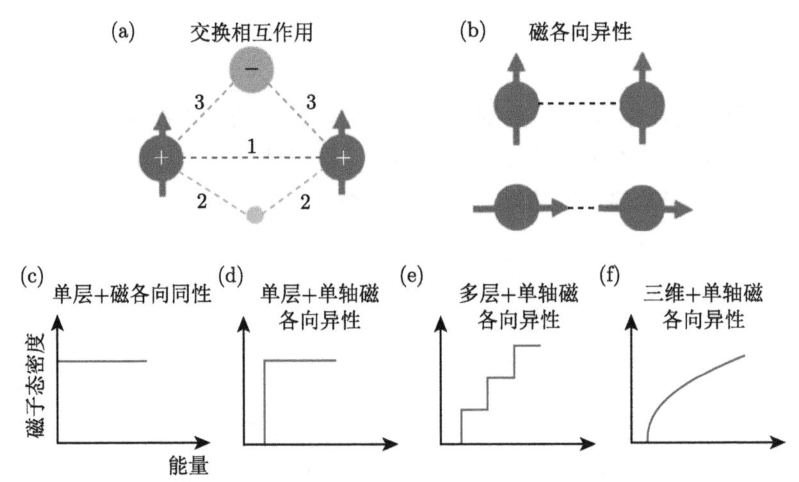

图 8.2　(a) 交换相互作用；(b) 磁各向异性；(c)～(f) 二维和三维材料的磁子态密度

实验上制备纯二维磁性材料是困难的，因为有多种不确定性。

三维铁磁体的铁磁性研究有约百年的历史，但是否存在二维铁磁体，最近才有发现 [5]。一种范德瓦耳斯晶体，$Cr_2Ge_2Te_6$ 被发现具有铁磁性，居里温度为 61 K，并具有垂直于平面的易磁轴。它是一种层状晶体，层与层之间是靠范德瓦耳斯相互作用力结合的。用机械方法将它剥离，发现单层是不稳定的，而双层是稳定的，并且可以重复制造。图 8.3(a) 是层状 $Cr_2Ge_2Te_6$ 材料的光学显微镜图。用扫描克尔显微镜研究它的磁性，得到了图 8.3(b)～(e)，是从 40 K 降至 4.7 K 的克尔旋转信号图。温度升高时，克尔信号趋于零。图 8.3(k) 是由克尔信号趋于零确定的铁磁转变温度 (T_C) 随层数的变化。为了稳定磁矩，克尔测量时加了一个小外加磁场 0.075 T，所以这里测量的只能称作准居里温度。图 8.3(f)～(l) 分别是 2、3、4、5 层和体材料的克尔信号随温度的变化，由克尔信号趋于零的温度可确定居里温度 T_C，从二层材料的 32 K 增加到体材料的 61 K。

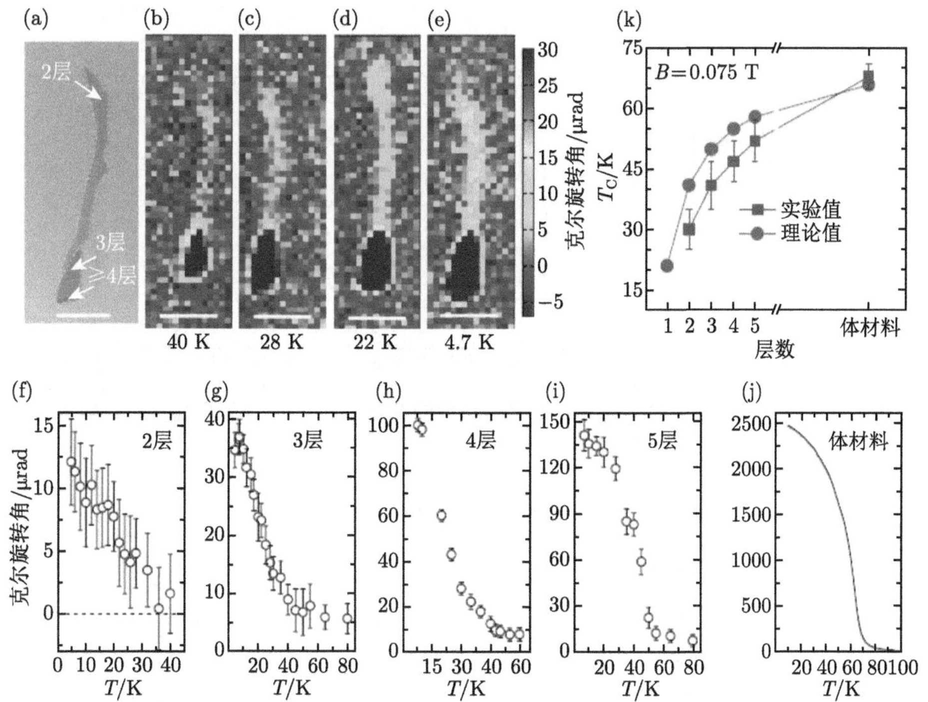

图 8.3　(a) 层状 $Cr_2Ge_2Te_6$ 的光学显微镜图，其中不同部分有不同层数；(b)～(e) 从 40 K 降至 4.7 K，克尔旋转信号图；(k) 由克尔信号趋于零确定的铁磁转变温度 (T_C) 随层数的变化；(f)～(j) 分别是 2、3、4、5 层和体材料的克尔信号随温度的变化

这里用海森伯模型，考虑了磁各向异性，理论计算了居里温度。理论计算的结果示于图 8.3(k)，与实验结果符合得很好。实验发现，对少数层材料，外加磁场能增加准居里温度，但对体材料则不能。因此提供了一个新的平台，利用维度调控磁性质。图 8.4(a)～(d) 是不同层材料的克尔信号随温度的变化。图 8.4(e)～(i) 是准居里温度随外磁场的变化。由这些图可见，外加磁场确实能增加准居里温度，而且这种效应是很稳定的。

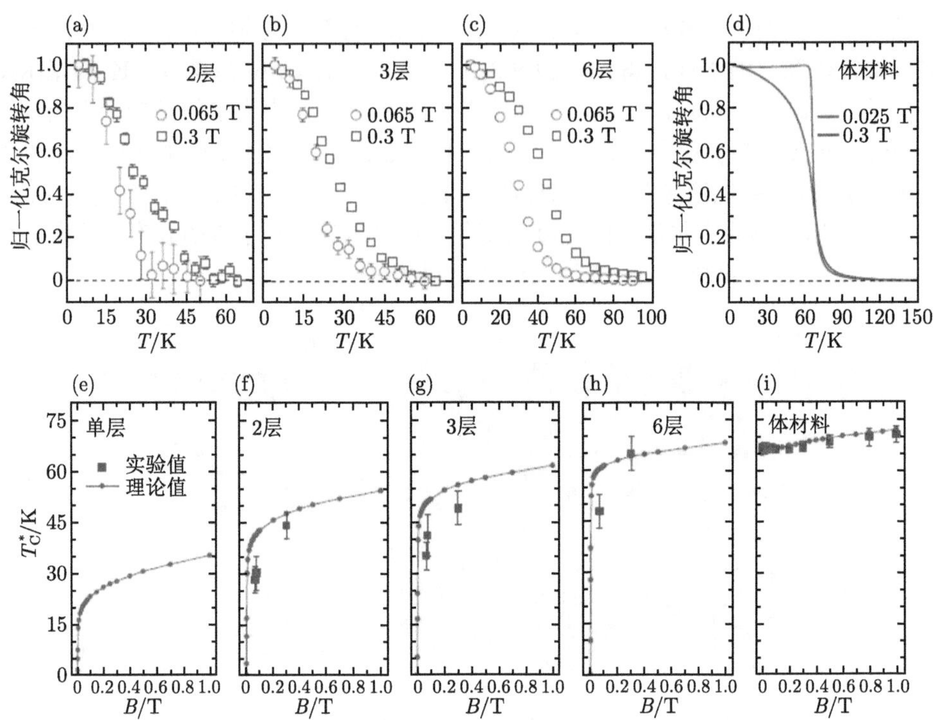

图 8.4　(a)~(d) 不同层数材料的克尔信号随温度的变化；(e)~(i) 准居里温度随外磁场的变化

8.3　二维磁半导体 Fe_3GeTe_2

继在 $Cr_2Ge_2Te_6$ 中发现二维本征铁磁性之后，Fe_3GeTe_2 作为一种新型二维铁磁材料走进人们的视野。实验发现单层 Fe_3GeTe_2 在低温下具有长程铁磁序和面外磁各向异性。实验采用 Al_2O_3 辅助的剥离方法，首先通过热蒸发 Al，用厚度为 50 ~ 200 nm 的 Al_2O_3 薄膜覆盖在刚解离的晶体表面。随后用热释放胶带粘起 Al_2O_3 薄膜并一起分离出 Fe_3GeTe_2。之后将胶带的另一面放到聚二甲基硅氧烷之上，即让 Fe_3GeTe_2 与之接触，加热后分离胶带，转移到衬底上，并迅速分离聚二甲基硅氧烷。通过此步骤，容易获得薄层的 Fe_3GeTe_2 样品。

霍尔电阻 (R_{xy}) 可以分为正常霍尔电阻 (源于外部磁场) 和反常霍尔电阻 (源于自发磁化)，所以，通过自发磁化在零场下引起的非零霍尔效应，提取剩余霍尔电阻，可以估测居里温度 (T_C)。通过施加一个垂直于样品的外磁场，测试霍尔电阻 R_{xy}，并将正向和反向磁场下的测量结果相加，得到反常霍尔电阻的大小，计算出材料的自发磁化强度。

图 8.5(a) 显示在低温下，单层的 Fe_3GeTe_2 仍能保持铁磁性，而图 8.5(b) 中在 100 K 的温度下，少层的 Fe_3GeTe_2 已经失去铁磁性，说明少层的样品其铁磁

转变温度 (T_C) 更低。在较厚的样品中，磁滞回线仍然存在。根据其反常霍尔效应的温度依赖性，将 T_C 确定为层数的函数，通过测量不同厚度样品的剩余反常霍尔电阻可以得到 T_C，如图 8.5(c) 所示，随着样品变薄，T_C 单调降低，从块体的 180 K 降到单层的约 20 K。图 8.5(d) 中铁磁相转变的相图也说明了这一点。值得一提的是，通过掺杂可以提高 T_C 的大小，甚至可以使三层样品的 T_C 达到室温水平。

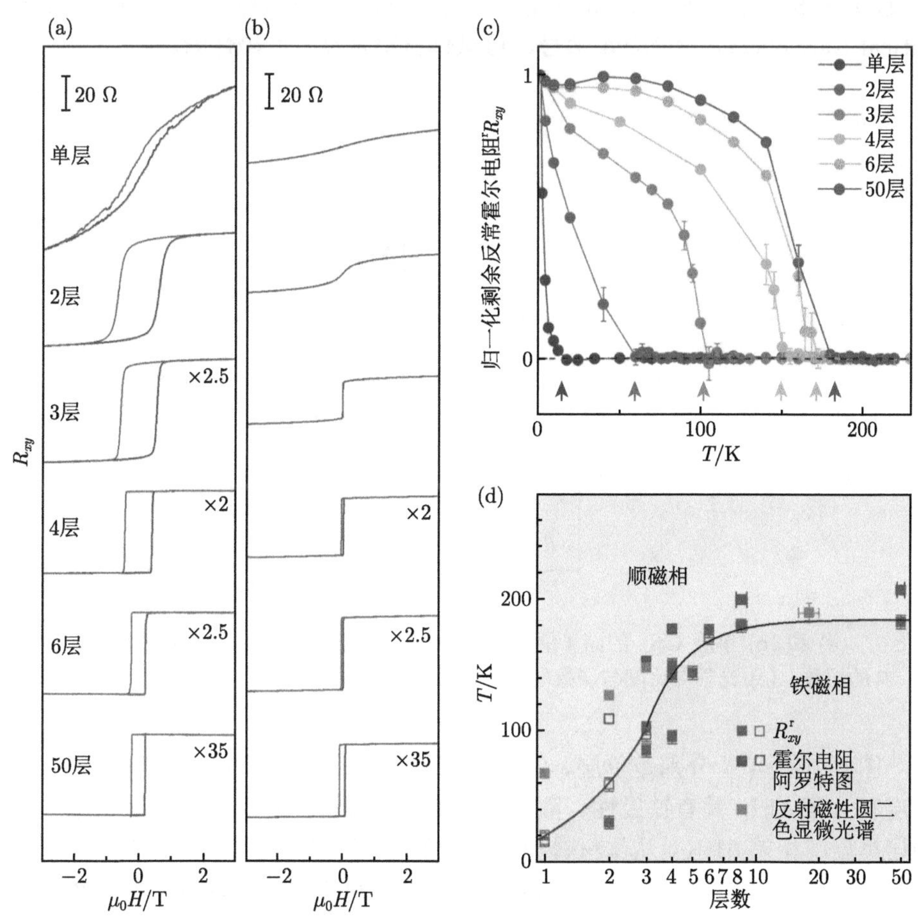

图 8.5　在 (a) 低温和 (b) 100 K 下测量不同层数样品霍尔电阻 R_{xy} 与外磁场关系；(c) 不同层数的 Fe_3GeTe_2 样品剩余反常霍尔电阻和温度的关系；(d) Fe_3GeTe_2 层数与温度的相图，即铁磁转变温度的变化

8.4　二维磁半导体 CrI_3[6]

按照各向同性的海森伯模型，二维晶体中不能产生铁磁性。但如果二维晶体是磁各向异性的，那么按照伊辛模型的推论，可以产生铁磁性。实验发现，范德

瓦耳斯晶体 CrI_3 具有与层数有关的铁磁性，单层、3 层和体材料都具有铁磁性。因为它具有磁各向异性，甚至体材料也有二维磁相互作用。这意味着在单层就具有磁基态。单层 CrI_3 的居里温度为 45 K，而体材料的居里温度为 61 K。

单层 CrI_3 的原子结构如图 8.6(a) 和 (b) 所示，每个 Cr^{3+} 周围有 6 个 I^-，分布在上下两层；图 8.6(c) 和 (d) 是光学显微镜图，由光学亮度对比可确定材料的层数，如图 8.6(e) 所示。图 8.6(f) 是一块薄体材料的偏振磁光克尔效应 (magneto-optical Kerr effect，MOKE) 信号，可见体材料是具有铁磁性的。

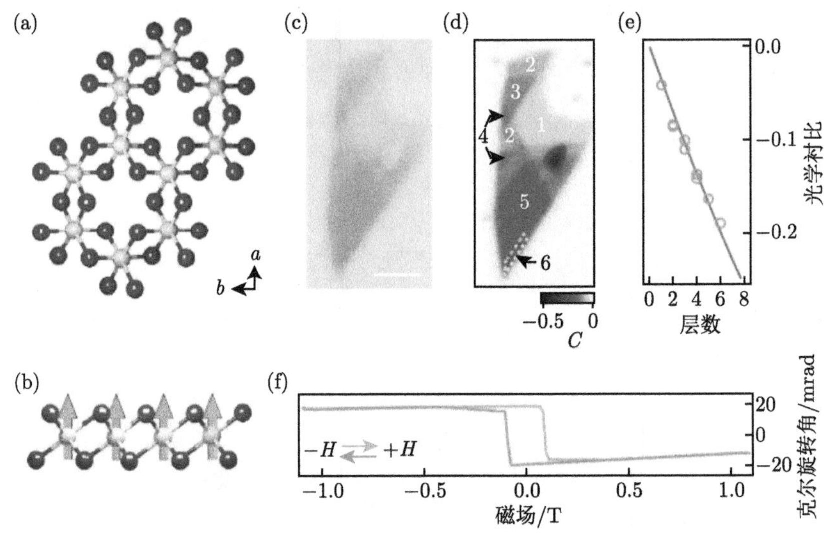

图 8.6 (a) 和 (b) 单层 CrI_3 的原子结构；(c) 和 (d) 光学显微镜图，光学亮度对比可确定材料的层数；(e) 光学对比度与层数的关系；(f) 一块薄体材料的偏振磁光克尔效应信号

图 8.7(a)～(c) 分别是单层、2 层、3 层 CrI_3 的磁光克尔效应图。由图可见，单层和 3 层 CrI_3 具有铁磁性。测量得到单层的居里温度为 45 K，3 层与体材料的居里温度相差 61 K。从体材料到 3 层、单层，居里温度下降不多，说明层间的相互作用对铁磁序影响不大，并且衬底的效应也可忽略。剥离的各种厚度的 CrI_3 都可以看作是孤立的单晶。

图 8.7(b) 中，2 层的行为比较特殊，磁光克尔效应信号被强烈地抑制，克尔角 θ_K 趋于零，直至 ±0.65 T。在经过临界场 ±0.65 T 时，θ_K 有一个突变，说明恢复了垂直方向的自旋。这个新的磁态具有饱和克尔角 $\theta_K = (40 \pm 10)$ mrad，比单层的大，但比 3 层的小。进一步观察说明，每一个单层都具有垂直的铁磁序，而层间耦合是反铁磁的。层间耦合强度确定了 2 层材料的临界磁场 ±0.65 T。2 层材料的特殊性是由于垂直各向异性抵消了，如图 8.7(b) 所示。

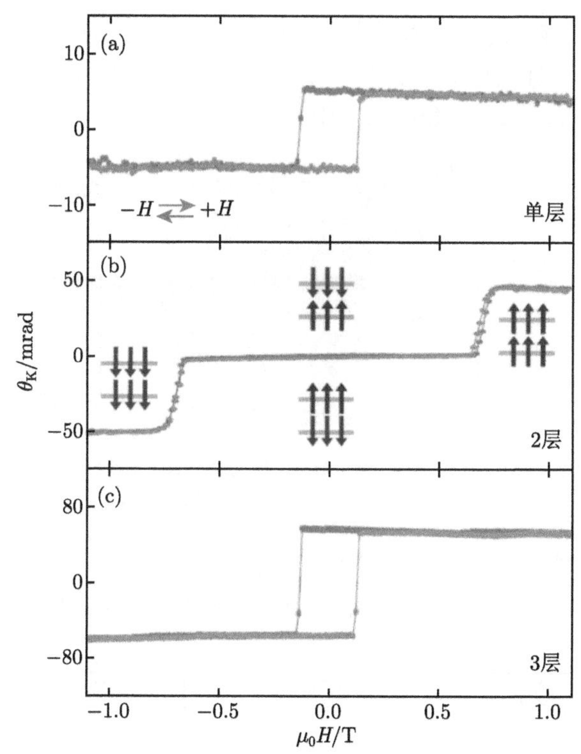

图 8.7 (a) 单层、(b) 2 层和 (c) 3 层 CrI_3 的磁光克尔效应信号

8.5 稀磁二维半导体 $Fe_{0.02}Sn_{0.98}S_2$[7]

磁原子，如 Mn, Fe, Co 和 Ni，掺入二维过渡金属二硫族化合物 (two-dimensional transition metal dichalcogenide，2D TMDC) 也能制出稀磁二维半导体。许多科学工作者已经预言稀磁二维半导体能产生室温下的铁磁性，因此需要研究高质量磁性原子掺杂的二维过渡金属二硫族化合物的磁性和其他功能性质。在稀磁二维半导体中，如 8.1 节中稀磁三维半导体中的磁离子与巡游电子之间的强交换相互作用不再存在，因此磁离子对二维半导体的能带影响不大，主要作用是让半导体产生了铁磁性。

已经有研究人员制得磁二维半导体 $Fe_{0.02}Sn_{0.98}S_2$，并发现它具有铁磁性，居里温度为 31 K。先用直接蒸气相方法 (direct vapor-phase method) 生长 Fe 掺杂的 SnS_2 晶体，Fe 含量 x=0.011, 0.015, 0.021，然后用机械剥离的方法得到单层的二维半导体 $Fe_{0.02}Sn_{0.98}S_2$。实验发现，它是 n 型的半导体，是在 2 K 以下具有垂直各向异性的铁磁性，居里温度约为 31 K。Fe 原子均匀地替代了 Sn 原子。图 8.8(a) 是二维材料的能量色散 X 射线谱 (energy dispersive X-ray spectroscopy)，

图 8.8(b) 是高分辨率的扫描透射电子显微镜图 (scanning transmission electron microscopy，STEM)，图 8.8(c) 是沿图 8.8(b) 中黄线的高度图。由这些图可以看出，Fe 均匀地分布在 $Fe_{0.02}Sn_{0.98}S_2$ 中。

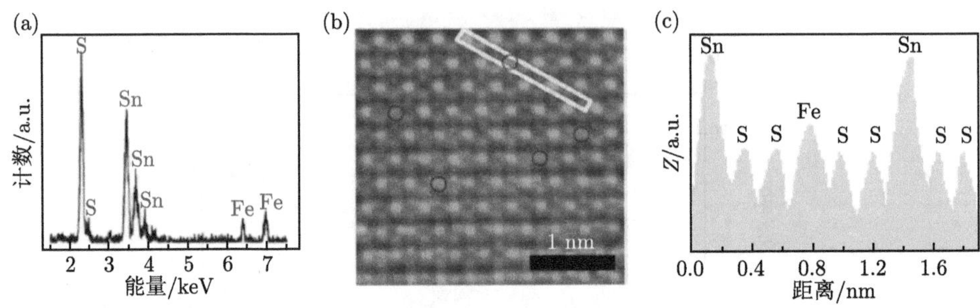

图 8.8　(a) 二维 $Fe_{0.02}Sn_{0.98}S_2$ 的能量色散 X 射线谱；(b) 高分辨率的扫描透射电子显微镜图；(c) 沿图 (b) 中黄线的高度图

为了研究材料的输运性质，将 $Fe_{0.02}Sn_{0.98}S_2$ 制成场效应晶体管 (FET)，如图 8.9(a) 的插图所示。图 8.9(a) 和图 8.9(b) 分别为室温下 FET 的转移和输出特

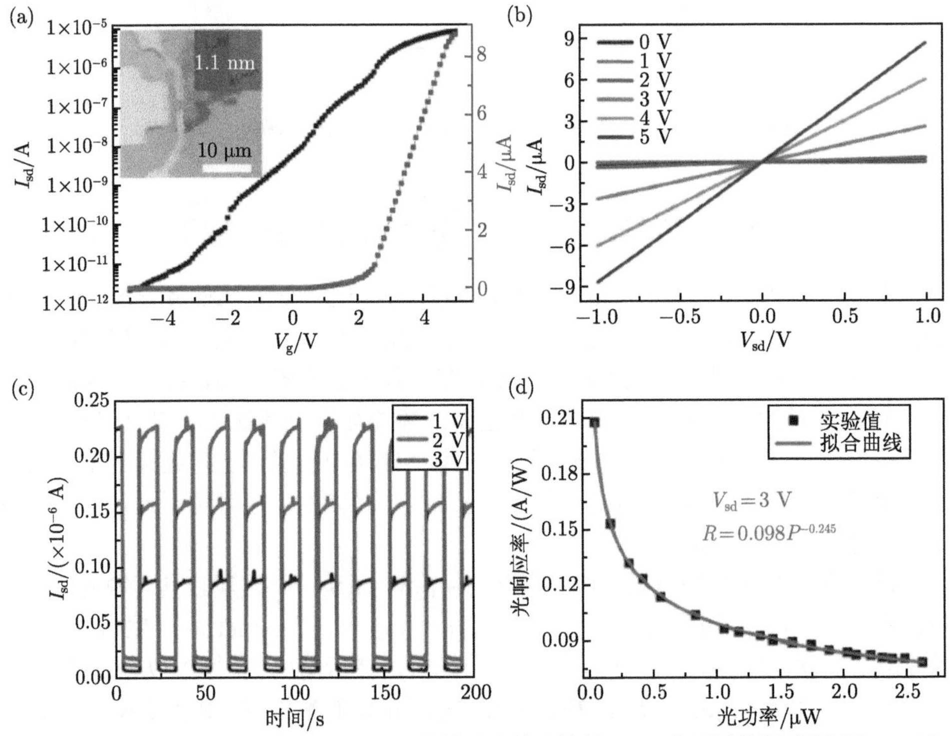

图 8.9　(a) 和 (b) 分别为室温下 FET 的转移和输出特性；(c) 在不同的源–漏电压 V_{sd} 下，电流 I_{sd} 随光的周期性开关的变化；(d) 在 $V_{sd} = 3$ V 下，光响应率作为光功率的函数

性；图 8.9(c) 是在不同的源–漏电压 V_{sd} 下，电流 I_{sd} 随光的周期性开关的变化；图 8.9(d) 为在 $V_{sd} = 3$ V 下，光响应率 (photoresponsivity) 作为光功率的函数。由图 8.9(a) 可见，当 V_g 由 -5 V 变至 5 V，源–漏电流 I_{sd} 由 1.1×10^{-12} A 变至 8×10^{-6} A，电流的开关比为 7.3×10^6。

由 FET 的特性曲线可以求得迁移率：

$$\mu = \frac{\partial I_{sd}}{\partial V_g}\left[\frac{L}{WC\left(Al_2O_3\right)V_{sd}}\right] \tag{8.6}$$

式中，L 和 W 分别是器件的长和宽；$C(Al_2O_3)$ 是 Al_2O_3 的栅电容，$C(Al_2O_3) = \varepsilon_0\varepsilon_r/d$，这里 $\varepsilon_0 = 8.85\times10^{12}$ F/m 是真空介电常数，$\varepsilon_r = 6.4$，d=30 nm 是 Al_2O_3 的厚度。利用 (8.6) 式，计算得到迁移率为 8.15 $cm^2/(V{\cdot}s)$。光响应率 $R = I_{ph}/P$，其中，$I_{ph} = I_{light}-I_{dark}$，$P$ 是光功率。由图 8.9(d) 可见，R 可以拟合为 $R = 0.098P^{-0.245}$。光电流响应时间约为 9 ms。

$Fe_{0.02}Sn_{0.98}S_2$ 的磁性质示于图 8.10，图 8.10(a) 是两个不同方向下的磁化性质；图 8.10(b) 是在外磁场 1000 Oe 下，磁化 M 随温度的变化。由图 8.10(a) 可见，磁化有明显的磁各向异性，易磁轴在垂直方向 [001]。由图 8.10(b) 可见，当温度低于 30 K 时，磁化明显增大，所以得到居里温度 T_C ~31 K。

这里利用大元胞，使用第一原理方法计算了 $Fe_{0.02}Sn_{0.98}S_2$ 的能带。大元胞取 108 个原子，其中两个是 Fe 原子。原子计算的与自旋有关的总态密度示于图 8.11(a)，图 8.11(b) 和 (c) 分别为自旋向上和向下的能带。由图可见，$Fe_{0.02}Sn_{0.98}S_2$ 单层具有半金属性，100%自旋向下的电子位于费米能级附近，而自旋向上的电子则显示了半导体的行为，如图 8.11(b) 所示。计算得到磁各向异性能量 MAE = $E(x) - E(z)$=2.3 meV，其中 $E(x)$、$E(z)$ 分别为沿 x 和 z 方向磁化的能量。通

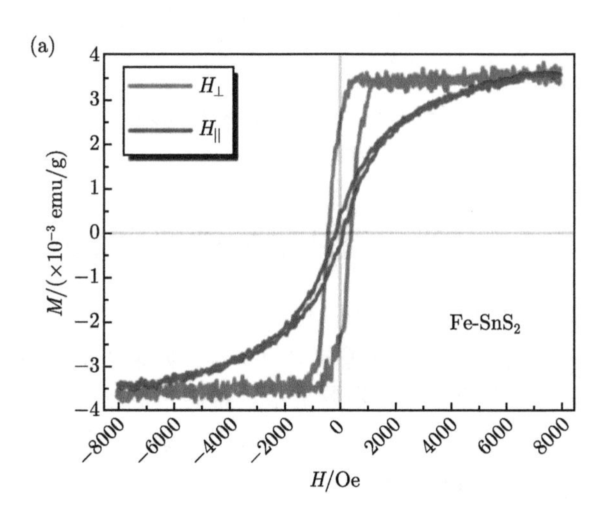

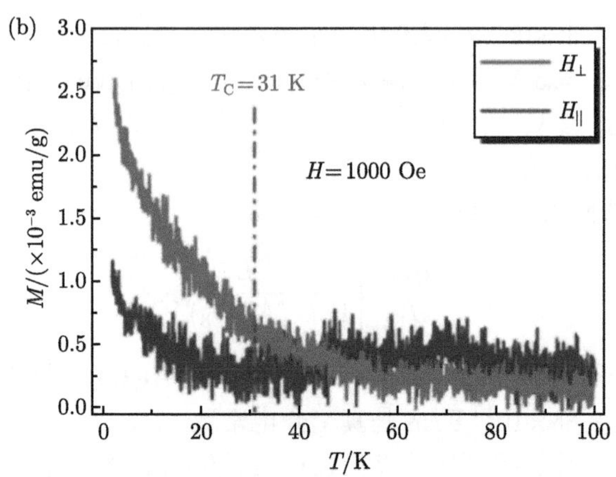

图 8.10　(a) $Fe_{0.02}Sn_{0.98}S_2$ 在两个不同方向下的磁化性质；(b) 在外磁场 1000 Oe 下，磁化 M 随温度的变化

过计算还得到了铁磁相和反铁磁相的能量差，$\Delta E = E_{FM} - E_{AFM} = -6.7$ meV，这说明铁磁相是稳定的。计算还发现，ΔE 还与磁原子之间的距离有关。距离变大时，会由铁磁相变为反铁磁相。同时，在层与层之间，Fe 原子是反铁磁耦合的。在 Fe-SnS_2 晶体中，Fe 原子是随机分布的，应该存在反铁磁耦合，减小了 Fe 原子的平均磁矩。单层和体材料的居里温度估计分别为 33 K 和 56 K。

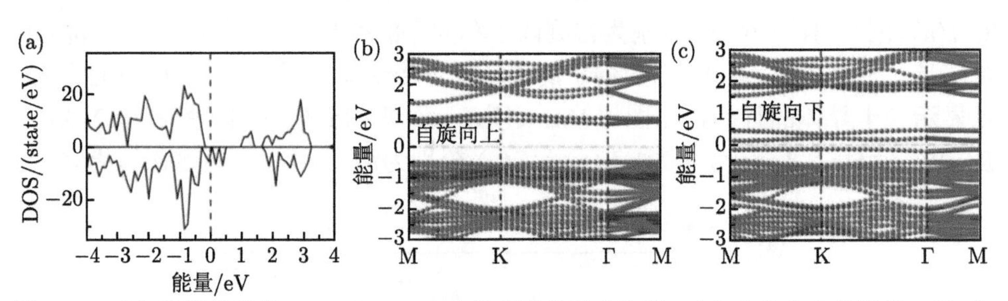

图 8.11　(a) 计算得到的 $Fe_{0.02}Sn_{0.98}S_2$ 自旋相关的总态密度；(b) 自旋向上的能带；(c) 自旋向下的能带

8.6　二维室温铁磁材料 Cr_2Te_3[8]

在铁磁半导体材料的研究过程中，有一个重要的科学问题亟待解决，那就是“是否存在室温铁磁半导体？”就像超导材料一样，如果不能寻找到室温的铁磁半导体材料，则其投入应用的过程将步履维艰。稀磁半导体大多通过掺杂得到，即使能得到居里温度大于室温的材料，其实验过程也难以重复。得到室温下稳定的二维本征半导体，是重要的研究方向之一。

一般情况下，随着二维铁磁材料厚度的降低，其居里温度也会降低，这也是室温铁磁难以实现的原因之一。然而，不同厚度的 Cr_2Te_3 样品表现出了完全不同的性质。Cr_2Te_3 与之前发现的 $Cr_2Ge_2Te_6$ 和 CrI_3 不同，并不是二维层状材料，原子之间由非范德瓦耳斯相互作用力相连接。随着样品材料厚度的降低，其居里温度 T_C 逐渐升高，由块体 (厚 40.3 nm) 的 160K 提高到 4 个晶胞厚度 (厚 5.5 nm) 的 280 K，在室温下也存在自发磁化的现象。

首先，通过常压化学气相沉积 (APCVD) 在云母片衬底上用范德瓦耳斯外延法合成了厚度不同的 Cr_2Te_3，图 8.12(a) 代表生长的大尺寸 Cr_2Te_3，其厚度为 19.5 nm，尺寸超过 0.73 mm，图 8.12(b) 代表一个晶胞厚度的单层 Cr_2Te_3，其厚度为 1.6 nm。图 8.12(c) 表示通过高分辨率透射电子显微镜 (high resolution transmission electron microscope，HRTEM) 观察到 (300) 面的晶格常数为 0.197 nm，图 8.12(d) 则清晰地显示了 X 射线衍射 (XRD) 图样，与标准 PDF 卡片 (PDF #71-2245) 匹配良好。二者表明 Cr_2Te_3 的结晶质量很高，结果具有可信度。通过 TEM 和能量色散 X 射线光谱还可以估算出 Cr 和 Te 的化学计量比为 2:3.04，进

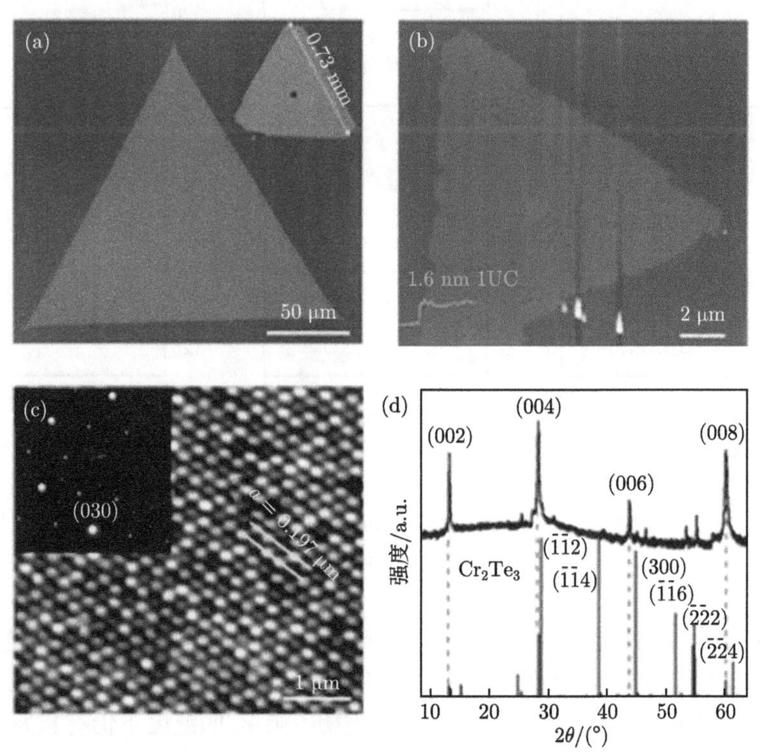

图 8.12 (a) CVD 生长的大尺寸 Cr_2Te_3；(b) 一个原胞厚度的 Cr_2Te_3 的原子力显微镜 (AFM) 图像；(c) 高分辨率透射电子显微镜观察到的 (300) 晶格常数 0.197 nm；(d) SiO_2/Si 衬底上 Cr_2Te_3 的 X 射线衍射谱

一步证明了样品质量。

通过测量反常霍尔电阻，可以对 Cr_2Te_3 进行研究，如图 8.13(a) 所示，在 170 K 的温度下，较薄的材料 (11.2 nm 和 17.2 nm) 在零外场时，相对于较厚的材料 (32.8 nm，36.6 nm 和 40.3 nm) 表现出更加明显的反常霍尔效应。这说明，随着铁磁体尺寸的减小，T_C 开始升高。通过这种方法得到 40.3nm，36.6nm，17.2nm 和 11.2nm 厚的 Cr_2Te_3 的居里温度 T_C 分别是 160 K，165 K，170 K 和 180 K，T_C 缓慢上升。

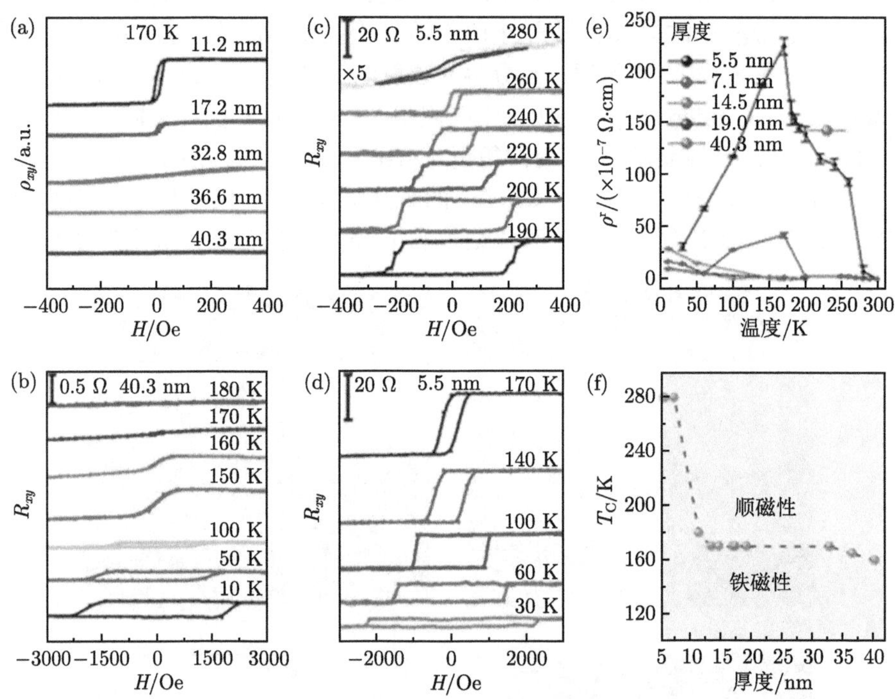

图 8.13　(a) 不同厚度的 Cr_2Te_3 的电阻率随外部磁场的变化；(b) 40.3 nm 厚的 Cr_2Te_3 的霍尔电阻在不同温度下随外部磁场的变化；(c)、(d) 5.5 nm 厚的 Cr_2Te_3 的霍尔电阻在不同温度下随外部磁场的变化；(e) 不同厚度 Cr_2Te_3 的剩余霍尔电阻率；(f) 不同厚度 Cr_2Te_3 的居里温度

图 8.13(b)～(d) 是 Cr_2Te_3 的霍尔电阻在不同温度下随外部磁场的变化。当厚度减小到 5.5 nm 时，温度在 280 K 以下时，R_{xy} 都表现出了明显的磁滞回线。在 280 K 时，零场下的霍尔电阻也不为零，说明 280 K 的温度下仍有自发磁场的存在。为了进一步说明厚度对居里温度的影响，图 8.13(e) 列出了不同厚度 Cr_2Te_3 在不同温度下的零场剩余霍尔电阻，剩余霍尔电阻不为零则说明有自发磁化的存在。图 8.13(e) 中厚度为 5.5 nm 和 7.1 nm 的 Gr_2Te_3 薄片，剩余霍尔电阻相对

于较厚的样品有明显升高。图 8.13(f) 则更清晰地说明了 T_C 与厚度的关系，从 7.1 nm 开始，居里温度显著升高，达到 280 K，说明 Cr_2Te_3 薄层在室温下也能保持自发磁化。其异常的厚度依赖性可能是表面重构导致的。

8.7 异质结构与界面工程 [9]

异质结构和界面工程提供了一个改善自旋电子学和谷电子学的机会。将二维电子学或谷电子学材料放到磁绝缘体上，提供了一个制造自旋极化和/或谷极化二维材料的方法。用这种邻近效应 (proximity effect) 制造的材料包括钇铁石榴石铁氧体 (YIG) 上的石墨烯、石墨烯上的 EuS，EuS 上的 WSe_2 以及 CrI_3 上的 WSe_2 等。

界面工程有一个优点：不需要外界的功率源。二维磁体的磁性质能通过不同的机制被相邻材料改变。它们的结构如图 8.14 的中心图所示，下面是二维磁体，上面是非相似材料。界面效应为：(a) 电荷转移，橙色和红色球分别代表电子和空穴；(b) 界面的杂化，两层材料中间是杂化键；(c) 应变效应，下面表示被拉长的二维磁体；(d) 附加的超交换相互作用；(e) 结构扰动；(f) 能带重整化；(g) 介电屏蔽；(h) 自旋轨道耦合的邻近效应。

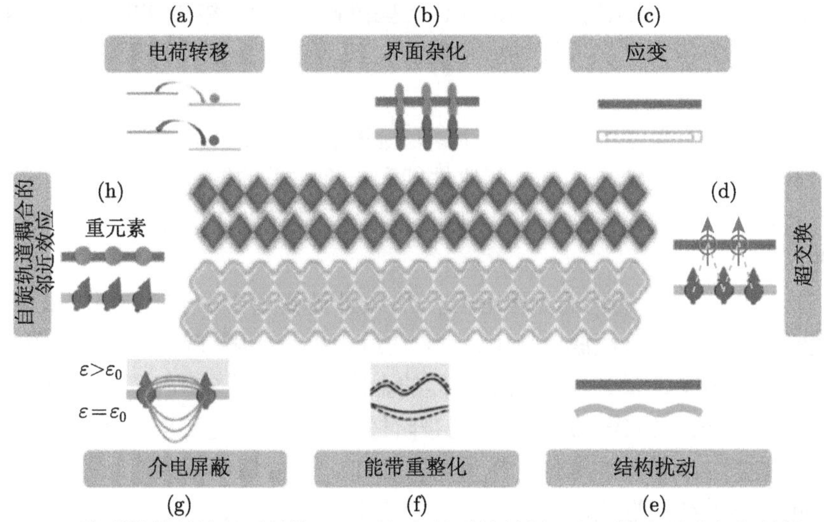

图 8.14 二维磁性材料的异质结构，下面绿色是磁性材料，上面橙色是非相似材料；周围 (a)~(e)：各种界面效应

效应 (a)，界面电荷转移或界面的偶极矩或内建电场能修正电子结构或者晶格场，这能解释 2 层 CrI_3 内插石墨烯的非零剩余磁化，以及各种石墨烯插层的 CrI_3 的磁性质；效应 (b)，界面轨道杂化冲击了二维磁体的电子性质和轨道特性；

效应 (c)，界面应变引起二维磁体形态的变化和晶格应变；等等。

8.8　二维磁体的器件应用 [9,10]

一个重要的应用是全范德瓦耳斯 (van der Waals, vdW) 磁隧道结 (MTJ)，因为均匀的势垒厚度产生了全面积的隧穿。如果隧穿势垒不均匀，则在较薄的势垒区将发生大的隧穿电流，造成击穿。因为隧穿电流与势垒厚度呈指数反比，这种范德瓦耳斯磁隧道结有：$Fe_{0.25}TaS_2/Ta_2O_5/$ $Fe_{0.25}TaS_2$、石墨烯/CrI_3/石墨烯、$Fe_3GeTe_2/BN/$ Fe_3GeTe_2、石墨烯/$CrBr_3$/石墨烯。最近报道了石墨烯/CrI_3/石墨烯在 2 K 时具有极大的 19000%磁阻，在 300 mK 为 550%，10 K 为 10000%，1.4 K 为 1000000%。这种类型的磁隧道结的关键是利用了隧穿电子通过交替的 CrI_3 层时的多重散射，是磁子中介的隧穿过程。另一类范德瓦耳斯磁隧道结是 $Fe_3GeTe_2/BN/Fe_3GeTe_2$，在 4.2 K 下具有 160%的隧穿磁阻。这些都显示了范德瓦耳斯磁体在高效自旋电子学方面将有重要的应用。

对超小的范德瓦耳斯磁隧道结，希望能得到较好的电控制，使得二维磁体能允许较低的电流用于自旋扭力磁开关。它是自旋扭力磁存储器 (MRAM) 长期奋斗的目标。对范德瓦耳斯磁隧道结的实际应用需要高居里温度、垂直磁各向异性、大的剩余磁场，中等的矫顽场。虽然还存在这些障碍，但是二维磁体的小磁体积、较好的电控制、自旋扭力开关需要的降低临界电流等都决定了用二维磁体做 MRAM 的优越性。

例如，此前的报道中通过理论计算系统地研究了 $CrX_3/BN/CrX_3$(X=Br，I) 异质结形成的磁隧道结，计算了其磁性能和自旋相关的输运特性，结果表明该结构具有大的隧穿磁阻，与此同时，其电导相对于传统的磁隧道结来说，有了很大的改进。

$CrX_3/BN/CrX_3$ 的结构见图 8.15(a)。在理论模型中，一般采用双极模型，由中央散射区和两侧电极组成。其中，BN 在最中央充当隧穿势垒，CrX_3 作为两侧的铁磁层过滤电子，最外层是无限延伸的金属电极。图 8.15(b) 是以 Ag 为金属电极的 $CrBr_3/BN/CrBr_3$ 磁隧道结的带阶图。BN 作为隧穿势垒横亘中央，与此同时，金属在与半导体的 CrX_3 接触时，由于大部分情况下为肖特基接触，其势垒也影响着隧道结的性能。

通过密度泛函理论和非平衡格林函数的方法，计算电子透射谱，可以得到基本的透射情况，并得到隧穿磁阻的大小。图 8.16 中，颜色代表透射概率，圈出的点是每张图中透射概率最大的点，叫热点。通过热点的分布可以分析透射电子的对称性。铁磁层磁矩平行时的多数自旋电子透射概率最大，显示出主要的自旋透射特征。对应的少数自旋透射电子显示出球对称的特征，没有在多数自旋中观察到。

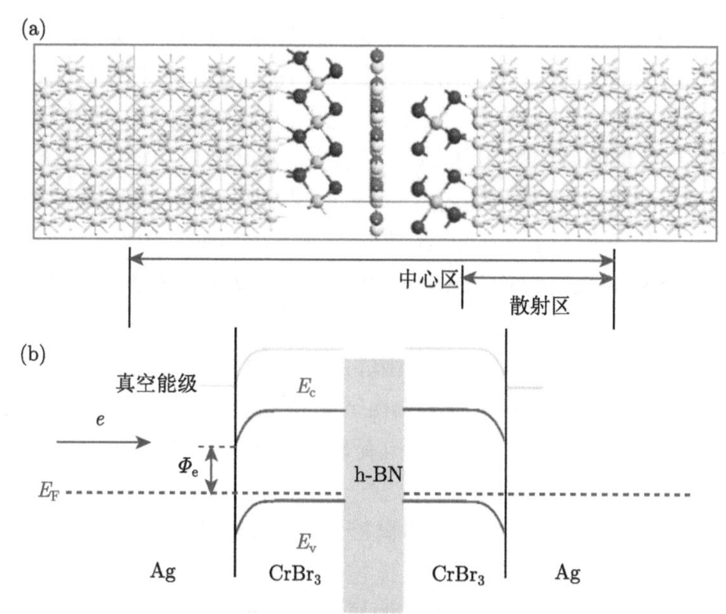

图 8.15 (a) $CrX_3/BN/CrX_3$ 磁隧道结的结构模型。其中，中央是 BN，两侧相邻的是单层的 CrX_3 作为铁磁层，最外侧是相连的金属电极；(b) 该结构的带阶图

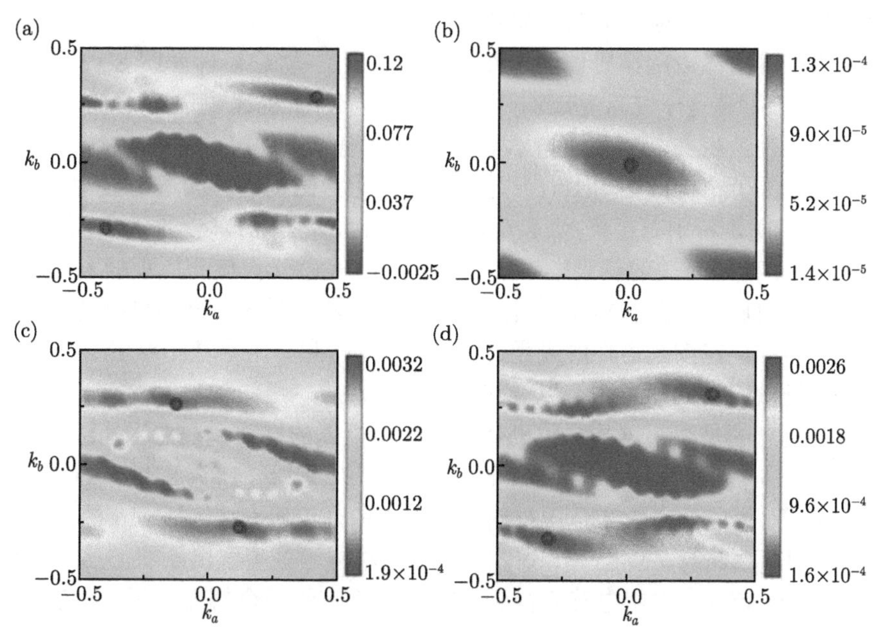

图 8.16 $CrBr_3/BN/CrBr_3$ 磁隧道结的透射谱，分别为铁磁层磁矩平行时的 (a) 多数自旋电子和 (b) 少数自旋电子的透射谱；铁磁层磁矩反平行时的 (c) 多数自旋电子和 (d) 少数自旋电子的透射谱

这里分别用 CrI_3 和 $CrBr_3$ 作为铁磁层，更换不同的金属电极以更改金属半导体的接触情况，减小肖特基势垒的高度，并通过透射谱计算不同结构的隧道磁阻的大小。最后得到，以良导体 Ag 作为金属电极的情况下，性能远超其他电极，以 CrI_3 作为铁磁层的隧道磁阻达到了 1300%，以 $CrBr_3$ 作为铁磁层的隧道磁阻达到了 1500%。同时，过程中通过计算电导，发现二维的超薄材料增强了器件的整体电导率。二维铁磁材料为构建新型的磁隧道结提供了条件。

二维磁体材料的双层结构为磁子学和自旋–轨道学提供了很好的机会。自旋泵和自旋扭力是一个相反的过程。磁子能在磁衬底中被微波相干地激发。被激发的磁子不需要通过导电电子就能传播到相邻的二维材料。如果二维材料具有大的自旋–轨道耦合强度或大的 Rashba-Edelstain 系数，它们就能有效地将传播的磁子转变成电流和被检测的电压，这种自旋–电荷转换已经在石墨烯/YIG、MoS_2/Al/Co、MoS_2/YIG 异质结中观察到了。

与自旋泵相反的过程，由于强的自旋–轨道耦合从二维材料可以向磁薄膜衬底注入自旋极化电流，引起的自旋–轨道扭力使磁矩反向，所以利用这个原理可以制成自旋–轨道扭力的磁随机存储器。如果利用二维材料作为自旋电流源，就有可能让磁随机存储器变成原子级的厚度。利用二维材料作为自旋电流源的另一个优点是自旋电流在界面，而不是耗散在体内，为低功率自旋电子学构筑了一个平台。二维磁体的主要器件应用见图 8.17[9]。

基于二维磁体或磁异质结的自旋、磁子及自旋–轨道器件如图 8.17 所示，图 8.17(a) 和 (b) 是基于 $Fe_{0.25}TaS_2/Ta_2O_5/Fe_{0.25}TaS_2$ 的磁隧道结 (MTJ)，Fe 掺杂的 TaS_2 是铁磁的，其表面自然氧化物用作绝缘隔离层；图 8.17(a) 是 Fe 掺杂的 TaS_2 原子结构；图 8.17(b) 是 MTJ 三明治结构的界面透射显微镜图；图 8.17(c) 和 (d) 是基于石墨烯/CrI_3/石墨烯的 MTJ。图 8.17(c) 是 MTJ 的形象图；图 8.17(d) 是磁场有关的隧穿电导率；图 8.17(e) 是基于自旋泵原理的石墨烯-YIG 异质结产生自旋流；图 8.17(f) 是自旋–轨道扭力测量系统，核心材料是 WTe_2-坡莫合金异质结，左图是器件的光学图；图 8.17(g) 和 (h) 是基于双层 A 型反铁磁体的自旋场效应管的示意图，以及它预言的电性质。

值得注意的是半金属的二维磁体。由于半金属的性质，在费米能级处，一半自旋的电子是占据的，另一半自旋的电子是空的，因此能产生 100% 自旋极化的导电电子。对可能的二维半金属材料已经有一些理论研究，包括 Mn 的三卤化物、$FeCl_2$、$FeBr_2$、FeI_2、单层 MnSSe 的 Janus 结构等。半金属还能在 A 型的反铁磁体 (如 2H-VSe_2) 中用电感应得到。这种电感应的半金属促进了一种新型的自旋场效应晶体管，具有一个简单的栅电压，类似于通常的半导体晶体管。

二维磁体既不同于传统的三维磁薄膜，又不同于非磁的二维材料。维度、关联、电荷、轨道特性和拓扑的交叉，使得二维磁晶体及其异质结成为一个非常丰

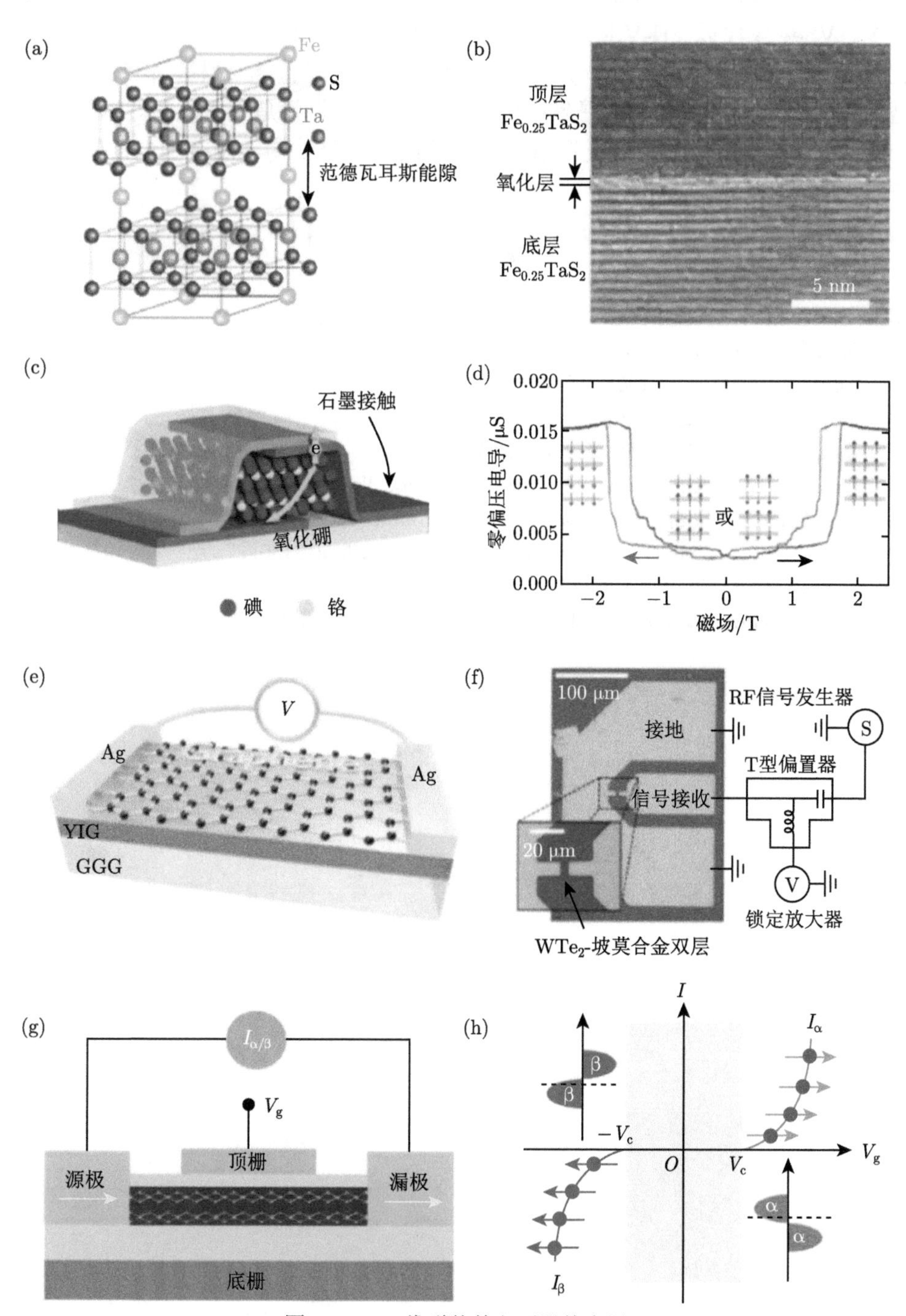

图 8.17　二维磁体的主要器件应用

富的凝聚态系统，具有大量的奇特 (exotic) 性质。目前实验上实现的二维磁体还不多。VSe_2 仅仅以 2H-VSe_2 形式出现，它的磁性质已经通过密度泛函理论被广泛地研究。范德瓦耳斯 $MnSe_x$ 已经由 MBE 生长得到二维材料，但它的体材料是反铁磁的。CrI_3 的体材料是铁磁的，但二维 A 型材料是反铁磁的。体 VCl_3 和 VBr_3 已经由实验证实是弱反铁磁的，虽然细致的磁结构还没有确定，但单层的 VCl_3 计算证明是铁磁的。

参 考 文 献

[1] 刘宜华，张连生. 物理学进展, 1994, 14: 82.
[2] Cook W R. Am J. Ceramic. Soc., 1968, 51: 518.
[3] Zener C. Phys. Rev., 1951, 81: 440.
[4] Furdyna J K. J. Appl. Phys., 1982, 53: 7636.
[5] Gong C, Li L, Li Z, et al. Nature, 2017, 546: 265.
[6] Huang B, Clark G, Navarro-Marattalla E, et al. Nature, 2017, 546: 270.
[7] Li B, Xing T, Zhong M Z, et al. Nature Commun., 2017, 8: 1958.
[8] Wen Y, Liu Z, Zhang Y, et al. Nano Lett., 2020, 20, 5: 3130.
[9] Gong C, Zhang X. Science, 2019, 363: 706.
[10] Pan L, Huang L, Zhong M, et al. Nanoscale, 2018, 10: 22196.

第 9 章　二维半导体的催化作用

9.1　三维半导体 TiO_2 的催化产氢效应

李京波等提出了在 TiO_2 中钝化共掺杂 (Mo+C) 的方法调制 TiO_2 的能带，使之更适用于利用太阳能分解水，从而产生氢的过程 [1]。利用 TiO_2 作为催化剂，太阳光分解水的过程如图 9.1 所示。TiO_2 的带隙比较宽，为 3.2 eV。导带底 (CBM) 高于真空能级 0.3~0.4 eV。在太阳光照射下，电子从价带跃迁到导带。如图所示，如果在禁带中存在一对施主和受主能级，间隔 1.23 eV，电子和空穴分别跃迁到这两个能级上，就能催化水的分解反应：

$$
\begin{aligned}
&2H_2O\,(l) + 4h^+ \longrightarrow O_2\,(g) + 4H^+ \\
&4H^+ + 4e^- \longrightarrow 2H_2\,(g)
\end{aligned}
\tag{9.1}
$$

式中，h^+ 和 e^- 分别代表空穴和电子；l 和 g 分别代表液体和气体状态。

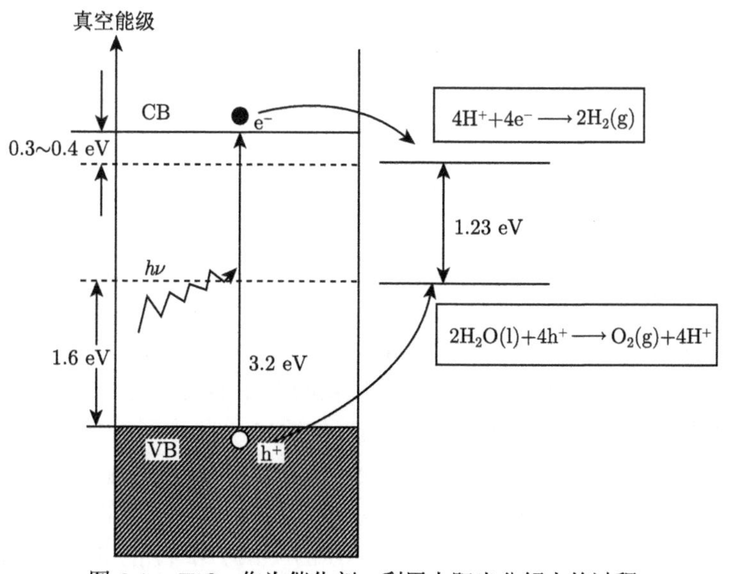

图 9.1　TiO_2 作为催化剂，利用太阳光分解水的过程

由图 9.1 可见，要想有高的产氢效率，导带底必须靠近真空能级；价带顶必须尽量提高。因为 TiO_2 具有一个 3.2 eV 的宽带隙，它只能吸收一小部分紫外太阳光谱。理想的带隙应该是 2.0 eV 左右，接近于水的氧化还原势 (redox potential)。还是希望导带底在真空能级上方一点，从能带工程的角度，只有将价带顶提高才可以实现这种效果。

在以往的研究中，人们只采用单掺杂的方法，例如，用其他 3d 过渡金属原子替代 Ti 原子，在某种程度上能减小 TiO_2 的带隙。但因为在带隙中形成了强局域的 d 态，它们又是载流子复合中心，大大减小了载流子的迁移率。

文献 [1] 提出了钝化共掺杂 (Mo+C) 方法，既减小了 TiO_2 的带隙，又改善了催化产氢的效率。这里采用了 48 个原子的大元胞，使用局域密度近似下的第一性原理方法计算了 TiO_2 和掺杂以后的能带结构，结果如下。

TiO_2 的带边特性　LDA 计算的带隙是 1.874 eV，而实际的带隙是 3.2 eV，这是由 LDA 方法的局限产生的，但不影响以后的讨论。计算得到的纯 TiO_2 的总态密度和各原子态的分态密度如图 9.2 所示。由图可见，价带主要由 O 原子的 s 和 p 态组成，而导带主要由过渡原子 Ti 的 d 态组成。

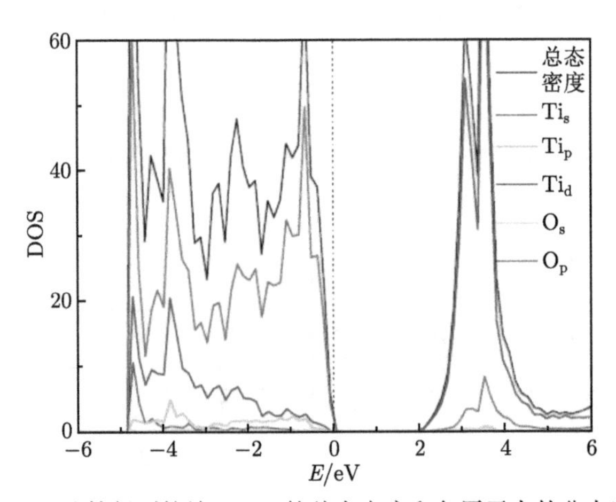

图 9.2　计算得到的纯 TiO_2 的总态密度和各原子态的分态密度

图 9.3 是单掺杂以后的总态密度和分态密度。由图可见，掺杂 C 原子能大大提高价带顶；而掺杂 Mo 原子对导带底位置的改变不大，但大大增加了导电边的态密度，因此能增加电子密度。因为 C 比 O 少 2 个价电子，是双受主，而 N 只比 O 少 1 个价电子，是一般的受主。而过渡金属施主产生的施主能级主要由它们的 d 态相对位置决定。V 和 Cr 的 3d 态比 Ti 的 3d 态分别低 1.8 eV 和 3.3 eV，所以它们的施主能级比较深。而 Mo 和 Nb 的 4d 态比 Ti 的 3d 态更局域，缺陷能级只与 Ti 的导带共振，对导带边影响不大。Mo 是双施主，所以更合适。

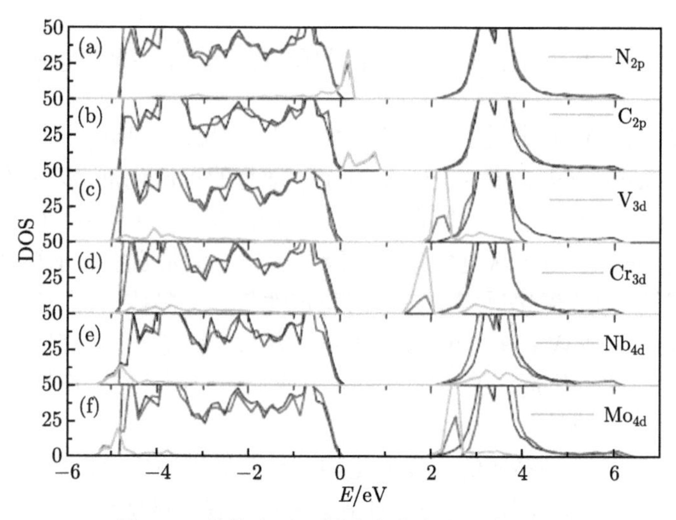

图 9.3 单掺杂以后的总态密度和分态密度

单掺杂容易在禁带中产生部分占据的杂质带，也就是复合中心，减小了光电化学 (PEC) 效应。所以采用双掺杂的方法，试验了几种方案：(N+V)、(Nb+N)、(Cr+C)、(Mo+C)，这时施主能级的电子钝化了受主能级中相同量的空穴，使得系统还保持半导体特性。图 9.4 是这 4 种结构双掺杂以后的总和分态密度。由图可见，只有掺 (Mo+C) 以后，价带顶大大增加，而导带底改变很小，符合增加光电化学效率的目的。因为它减小了带隙 1.1 eV，而导带边位置变化很小。同时高位的钝化缺陷价带能够解决宽禁带半导体中 p 型掺杂困难的问题。

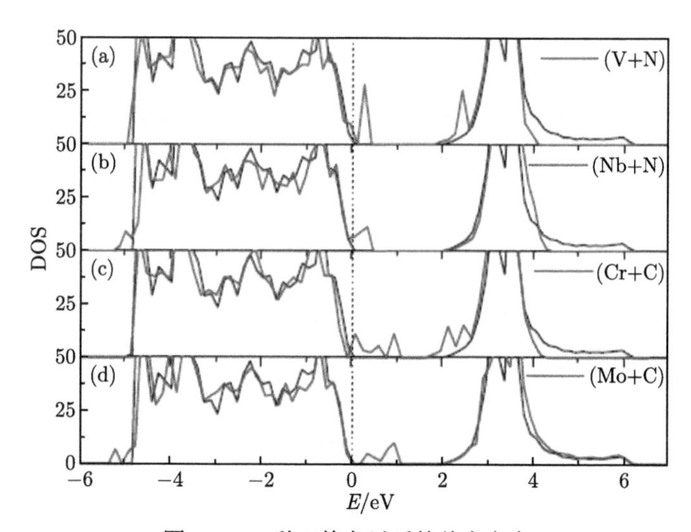

图 9.4 4 种双掺杂以后的总态密度

9.2　二维 TMD 的催化产氢作用的一些基本概念

催化物材料　V 族金属的化合物，如 VS_2、TaS_2、NbS_2 已经被认为是氢离解反应 (hydrogen evolution reaction, HER) 理想的电催化剂，因为在这些材料的基平面和边缘有许多作用点，氢在这些点上脱附的吉布斯自由能特别低，并且它们的金属性质减小了电子从电极输运的能量损失。但是它们在水溶液中可能被氧化，因此在长时间的催化反应中它们的稳定性是一个障碍。而 Ⅵ 族化合物中的 TMD，如 MoS_2 和 WS_2 在酸或碱溶液中具有高的稳定性，后来大家都用这两种材料作为 HER 的催化剂。但是作为未来工业上的应用，在低电压 1.5~1.7 V 下，电流密度要达到 1000 mA/cm^2，这个任务还是很艰巨的。

二维 TMD 是一种高效的产氢催化剂，具有优异的化学稳定性，大的比表面积。通常用 Pt 和 Ru 作为催化剂，但是这两种金属数量稀少，价格贵，以及稳定性差，限制了它们的工业应用。二维 TMD 具有多种形态，典型的有 2H(六角)、1T(三角) 和 3R(斜方形) 相。每种相晶体的电子结构决定了不同的催化性能。第一原理计算发现，在 2H-MoS_2 的边缘位置比在中心位置有较高的产氢反应 (HER)。

TMD 催化 HER 过程　分 3 步：① 溶液中的电化学反应，产生吸附氢；② 电化学脱附；③ 化学脱附。质子源是在酸介质中的 H_3O^+，或者碱介质中的 H_2O。当在电极表面上加一个极小的外势时，电子通过 Volmer 反应与一个质子结合，形成一个吸附在电极上的氢原子 (H^*)，然后是电化学脱附或化学脱附，过程如下所述。

(1) 电化学反应产生的吸附氢 (Volmer 反应)

$$\begin{aligned}\text{酸性介质}:\mathrm{H_3O^+ + * + e^- \longrightarrow H^* + H_2O}\\ \text{碱性介质}:\mathrm{H_2O + * + e^- \longrightarrow H^* + OH^-}\end{aligned}\tag{9.2}$$

(2) 电化学脱附 (Heyrovsky 反应)

$$\begin{aligned}\text{酸性介质}:\mathrm{H_3O^+ + e^- + H^* \longrightarrow H_2 + H_2O}\\ \text{碱性介质}:\mathrm{H_2O + e^- + H^* \longrightarrow H_2 + OH^-}\end{aligned}\tag{9.3}$$

(3) 化学脱附 (Tafel 反应)

$$\text{酸性和碱性介质}:\mathrm{H^* + H^* \longrightarrow H_2}\tag{9.4}$$

与三维半导体催化过程 (见 9.1 节) 比较，二维半导体的催化过程在表面进行，面积大且效率高。

起始电压 (onset potential) 和产出电压 (overpotential) 要实现第一个反应——Volmer 反应，则在溶液里要有电流，催化材料上要加电极。起始电压是在溶液中有明显电流，例如，1 mA/cm^2 所需的电压。而产出电压定义为产生一定量的 H^* 所需的电压，例如，10 mA/cm^2 所需的电压。好的催化剂要求这两个电压都比较小。

Tafel 斜率和交换电流密度 溶液中的电流和电压不遵从欧姆定律，满足下列方程：

$$\eta = a + b\lg(j) \tag{9.5}$$

式中，η、b、j 分别为产出电压、Tafel 斜率和电流密度；$\lg(j)$ 的单位一般取为 $\lg(mA/cm^2)$，称为十倍频程 (decade)。在产出电压 V-decade 坐标上，Tafel 曲线斜率越小，反应催化效率越高，因此加的产出电压就小了。如果 η ~0.029 V/dec，则吸附 H 原子的结合 ((9.4) 式) 是脱附的主要步骤 (Volmer-Tafel 反应)。如果 η ~0.038 V/dec，电化学脱附 ((9.3) 式) 是脱附的主要步骤 (Volmer-Heyrovsky 反应)。在产出电压 V-decade 坐标上，将 Tafel 曲线外插到横轴，交点处的电流就是交换电流密度 j_0。大的交换电流密度标志着高的反应动力学。

各种过程的吉布斯自由能 ① 初始水离解，Volmer 反应，$\Delta G(H_2O)$；② OH^- 离子脱附的吉布斯自由能 $\Delta G(OH^-)$；③ 相邻的吸附 H^* 原子结合成氢分子，Tafel 反应的自由能，ΔG_{H^*}。

火山图 将各种催化材料的 ΔG_{H^*}(eV) 作为横坐标，交换电流密度 j_0 作为纵坐标，画在一张图上，来比较它们的催化性能。结果它们都分布在一座“火山”上，占据火山顶端的 j_0 最大，而 ΔG_{H^*} ~0，因此催化性能最好。其余的都分布在下面的火山上，也包括二维 TMD 材料。

稳定性 稳定性对催化剂的工业应用很重要，一般有两个试验：① 电量计的循环试验 (CV)，一般在 1000~10000 次循环后测量电流-电压曲线，如果与初始曲线的重叠小于 10%，则认为有耐久性 (durability)；② 在一定的电压或电流密度下长时间工作，大于 10 h，产额没有变化，认为有长期稳定性。

9.3 二维半导体的光催化性质

近年来，二维单层半导体也被提议作为光催化水分解的潜在候选对象，如 g-C_3N_4 和 MoS_2。这类二维半导体光催化剂有两种可取的优点，可用于提高光催化水分解的效率。一是二维材料具有大的用于光吸收和光催化反应的接触面积。二是光生电子和空穴之间的短距离能够使电子和空穴更快速地到达界面来进行光催化反应。但是 g-C_3N_4 和 MoS_2 的带隙宽度为 2~3 eV，这个缺点限制了这些半导体光催化剂在紫外区的光吸收。另外，由于这类光催化剂的价带顶或者导带底的位置距离光催化水解反应的氧化还原电势较远，所以它们的析氢反应 (HER) 或者析氧反应 (OER) 的活性仍然很差。

9.3.1 边缘修饰的黑磷烯纳米带的光解水性质 [2]

磷烯是一种通过机械剥离，从块体黑磷中分离出来的二维元素材料。磷烯具有一些优于其他半导体二维材料 (g-C_3N_4 和 MoS_2) 的卓越光电性能。它是直接带隙半导体，空穴迁移率高达 10^5 $cm^2/(V{\cdot}s)$，具有高达 10^5 的漏极电流调制。它是黑磷量子点的基础材料，而且已经被用来制备具有开关电流比为 6×10^4 而且稳定性良好的柔性记忆器件。而且，磷烯是一种带隙大小依赖于厚度的直接带隙半导体，其带隙在 0.3 eV(块体) 到 1.6 eV(单层) 范围内，这为石墨烯和 MoS_2 之间的新型光电器件的应用搭建了一座桥梁。相比于石墨烯、g-C_3N_4 和 MoS_2，磷烯在近红外波段展现了极佳的光吸收性能。因此，磷烯已经被认为是一种具有前景的非金属光催化水解材料。

但是磷烯的价带顶和导带底的位置都要比 O_2/H_2O 氧化电势和 H^+/H_2 的还原电势高，而且导带底能级要比 H^+/H_2 还原电势高 0.56 eV，如图 9.5 所示。因此，磷烯只能作为一种低效率的可见光驱动的产氢光催化剂。目前，有一些外部条件和实验技术可用于调节半导体光催化剂的带边位置，如电偏置、机械应变、缺陷或掺杂、pH 等，但这些方法也会影响光催化水分解的光电特性。此外，实验和理论上提出了几种以磷烯为基础的异质结构作为水分解的光催化剂。然而，这些方法大多都需要额外的能量输入来维持，或者在实际工业应用中很难实现。

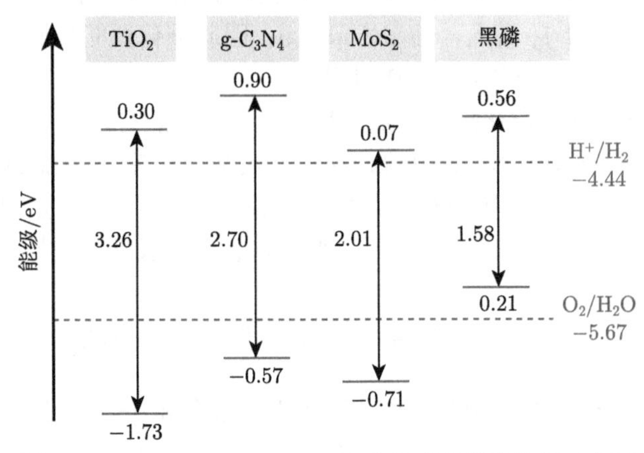

图 9.5 TiO_2，g-C_3N_4，MoS_2 和黑磷的带边位置示意图

为了解决上述问题，杨金龙等提出了一种边缘修饰的磷烯纳米带 (phosphorene nanoribbon，PNR)，它可以直接用于光催化水分解的氧化还原总反应。功能性原子和基团的电负性对磷的能带偏移有很大的影响，因为具有较大电负性的功

能性原子和基团可以引入具有大电偶极矩的极性共价键。研究发现，被拟卤素化学基团 (CN 和 OCN) 钝化的 PNR 在光催化水分解中具有合适的价带顶和导带底带边位置，可用于水氧化和氢还原。

图 9.6 显示，边缘修饰的 PNR 带隙随纳米带宽度的增加而减小。由于边缘形状的不同，扶手椅形黑磷纳米带 (ZZPNR) 的带隙值下降得比锯齿形黑磷纳米带 (ACPNR) 更快。对于大尺度的 ACPNR，当纳米带宽度增加到 12 时，ACPNR12_CN 和 ACPNR12_OCN 的带隙值 (1.59 eV) 几乎接近于本征磷烯的带隙值 (1.58 eV)，如图 9.7 所示。ZZPNR12_CN 和 ZZPNR12_OCN 的带隙比本征磷烯的带隙稍大 (约 1.7 eV)。

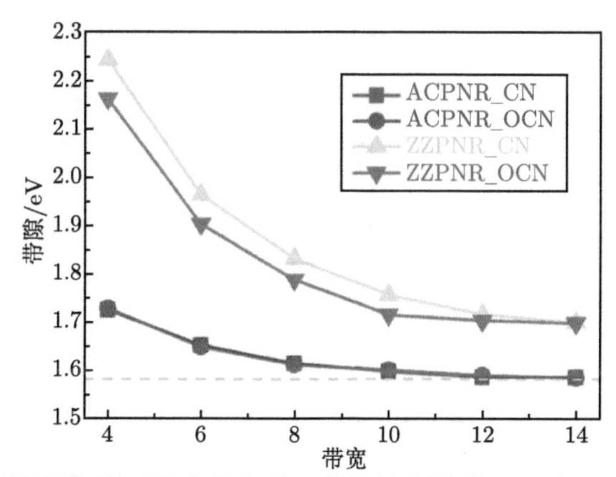

图 9.6　不同边缘形状类型 (扶手椅和锯齿形)，边缘钝化类型 (CN 和 OCN) 和纳米带宽度下 PNR 的带隙。本征磷烯的带隙用绿色虚线标记，带宽为横向原胞数

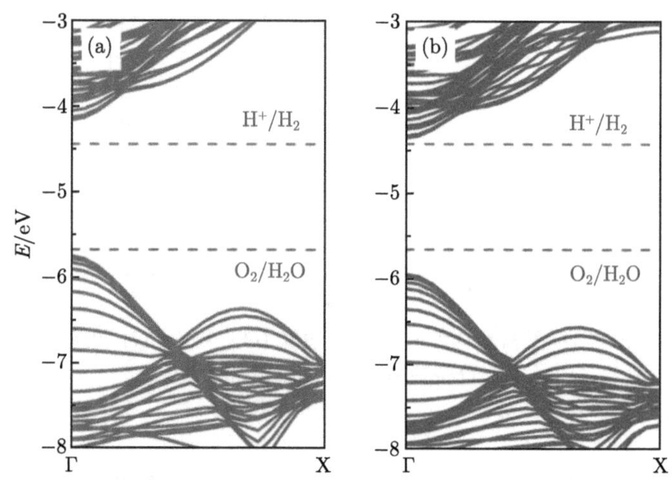

图 9.7　纳米带宽度为 12 的具有不同边缘钝化类型 (CN 和 OCN) 的 ACPNR 的电子带结构
(a) ACPNR12_CN；(b) ACPNR12_OCN

尽管大尺度 PNR 的带隙似乎对边缘钝化的类型不敏感,但它们的价带顶和导带底能级位置受到边缘修饰类型的强烈影响，如图 9.8 所示。ACPNR 和 ZZPNR 中的 CN 和 OCN 基团可以将价带顶和导带底相对于本征磷烯向下移动。大尺度的 ACPNR 和 ZZPNR 在光催化水分解中的水氧化和氢还原中均显示出合适的价带顶和导带底带边位置。以大尺度 ACPNR12_CN 和 ACPNR12_OCN 为例，光催化水分解反应的氧化还原电势位于 PNR 的带隙内。ACPNR12_CN 和 ACPNR12_OCN 的价带顶能级分别比 O_2/H_2O 的氧化电势低 0.11 eV 和 0.25 eV，它们的导带底能级分别比 H^+/H_2 的还原电势高 0.24 eV 和 0.10 eV。因此，这种边缘修饰的 PNR 可用作完全水分解反应的高效光催化剂。

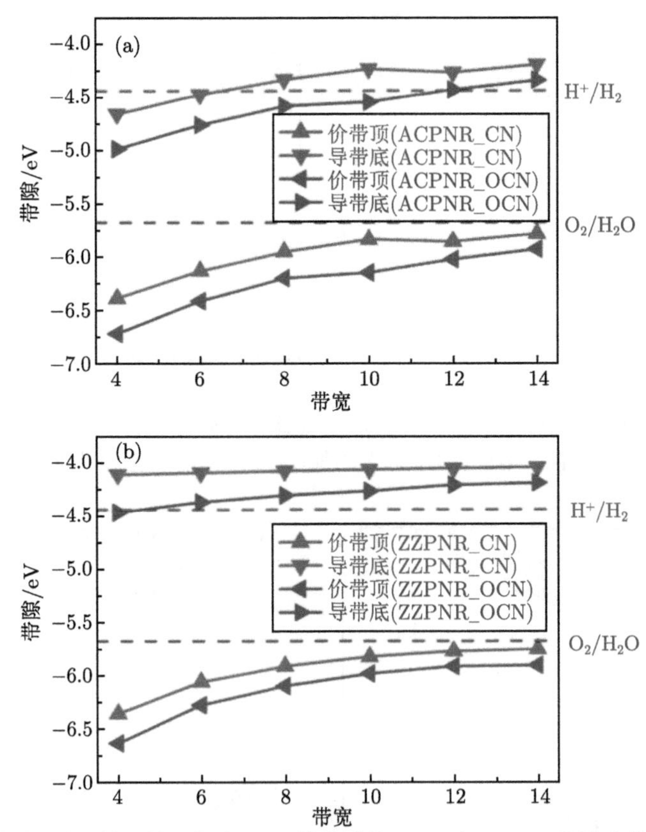

图 9.8　不同边缘形状 (扶手椅和锯齿形)，钝化边缘 (CN 和 OCN) 和纳米带宽度的 PNR 的价带顶和导带底的带边位置

(a) ACPNR；(b) ZZPNR

图 9.9 是 ACPNR12_CN/ACPNR12_OCN 异质结的带边对齐示意图，这是一种 Ⅱ 型异质结。由于 PNR 内部的边缘偶极层所产生的内建电势，这种类型的

异质结可以促进载流子 (电子和空穴) 在异质双层界面处的转移和分离。这种内建电势很可能将价带顶和导带底局域在施主和受主区域内。价带顶和导带底态的局部化最终导致增强的电荷分离，并使载流子更加易于收集。这些特性可以提高载流子寿命，使之适合应用于太阳能电池中。

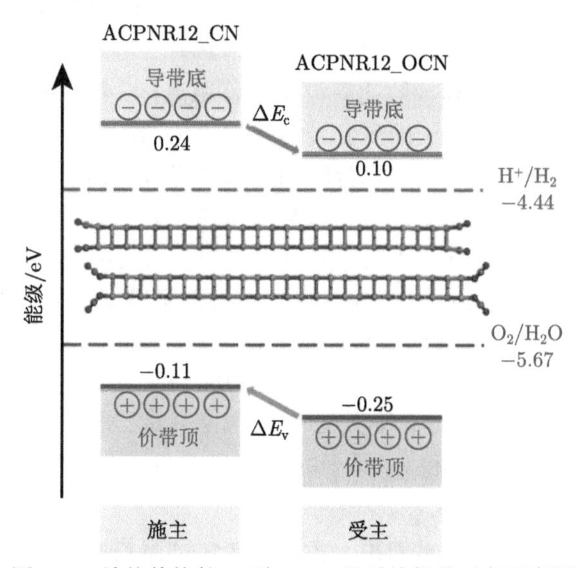

图 9.9 边缘修饰的 Ⅱ 型 PNR 异质结能带对齐示意图

从实际应用的角度来看，异质结太阳能电池的质量取决于功率转换效率 (PCE)：

$$\eta = \frac{0.65\left(E_{\mathrm{g}} - E_{\mathrm{c}} - 0.3\right)\displaystyle\int_{E_{\mathrm{g}}}^{\infty} \frac{P\left(\hbar\omega\right)}{\hbar\omega}\mathrm{d}\left(\hbar\omega\right)}{\displaystyle\int_{0}^{\infty} P\left(\hbar\omega\right)\mathrm{d}\left(\hbar\omega\right)} \tag{9.6}$$

式中，0.65 是能带填充因子；$P(\hbar\omega)$ 是在光子能量 $\hbar\omega$ 下的 AM1.5 太阳能通量；E_{g} 是施主的带隙；ΔE_{c} 是导带带阶，$(E_{\mathrm{g}} - \Delta E_{\mathrm{c}} - 0.3)$ 项是对最大开路电压的估算。

由式 (9.6) 可知，光电化学效应的大小关键取决于施主和受主材料之间的界面能带对齐。对于由两个不同的边缘修饰的 PNR 组成的大规模异质结双层 (例如 ACPNR12_CN / ACPNR12_OCN)，施主和受主单层的带隙值 E_{g} 相近 (1.59 eV)，接近本征磷烯 (1.58 eV)。这个带隙值非常适合吸收太阳光谱，并且可以通过改变多层磷烯的层数来调整带隙的大小。对于 ACPNR12_CN / ACPNR12_OCN 异质结，ACPNR12_CN 和 ACPNR12_OCN 之间的导带带阶 $\Delta E_{\mathrm{c}} = 0.15$ eV，接近实现高光电化学效应的导带带阶的最佳值 [3]。因此，大规模 PNR 异质结双层可实现高达 20%的功率转换效率。

9.3.2 WSSe 的光催化性质

一个优秀的光催化剂应当具有高的光吸收效率和低的反应势垒。受到 Janus MoSSe 单层在实验上成功合成的启发 [4,5]，Janus 二维材料因其潜在的出色光催化性能而受到越来越多的关注 [6,7]。它们除了具有二维材料的常规优点 (较大的表面积，可调的电子结构和较短的载流子迁移距离) 以外，由结构不对称而引发的本征偶极矩还会抑制载流子的复合。例如，Yang 等 [8] 发现，在近红外线的作用下，二维极性光催化剂可以将水分解为氢气和氧气。由于存在极化，导带和价带被分离在两个相对的表面上，其中的电势差通过充当光激发的附加助推器来帮助降低水分解对带隙的需求。因此，光利用效率大大提高。

最近，这些结论在 Janus MoSSe 单层中得到了验证 [9-11]。另一个 Janus 单层 WSSe 也被预测具有合适的带边位置和出色的光吸收 [12,13]。然而，其光催化水分解的应用尚不清楚。Ju 等 [14] 通过 HSE06 方法计算发现，WSSe 单层的带隙为 2.13 eV，满足水分解的带隙要求 (大于 1.23 eV)。他们发现，WSSe 的导带底主要由 W 原子的 d 轨道和 Se 原子的 p 轨道组成，价带顶主要由 W 原子的 d 轨道和 S 原子的 p 轨道组成。

光吸收性质　作为光解水的第一步，光催化剂需要通过吸收光来产生电子空穴对。对于二维材料，由于其弱的屏蔽效应，当研究光吸收时需要考虑电子空穴间的库仑相互作用。因此 Yang 等使用了考虑激子效应的 G_0W_0-BSE 方法计算了 WSSe 的光学性质。在可见光区域内，他们观察到了两个明显的吸收峰 (图 9.10)，

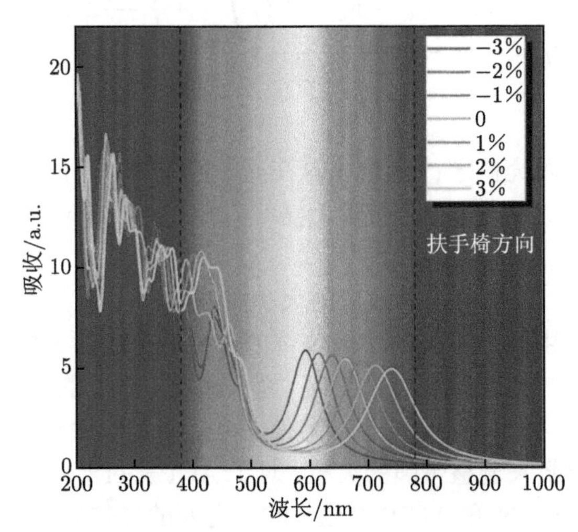

图 9.10　WSSe 在不同应力下的光吸收谱，其中正值和负值分别代表拉伸和压缩应变

分别在 400 nm 和 650 nm 附近，并且在 400 nm 附近吸收峰的强度更大。出色的光捕获能力使 WSSe 成为有前途的可见光响应候选者。

当催化剂吸收光之后会产生电子空穴对，这些电子空穴对需要确保能够有效地被分解成自由的光生载流子，以便参与到之后的氧化还原反应中。因此，Ju 等通过以下三个方面研究了 WSSe 中载流子的分离：① 激子结合能；② 载流子的空间分离；③ 直接–间接带隙的转变。激子结合能越小，则载流子越容易分离。由于内建电场的存在，WSSe 的激子结合能小于它们的母体材料 WS_2 和 WSe_2，并且应力可以进一步减小激子结合能，因此大大提高了光催化效率。为了可视化载流子在空间上的分离，他们绘制了价带顶和导带底处的电荷密度 (图 9.11)，发现导带底主要分布在 Se 原子一侧，价带顶主要分布在 S 原子一侧。载流子在空间上的分离进一步降低了其复合概率。除此之外，间接带隙也可以有效地抑制载流子的结合。通过施加应力，可以将 WSSe 转变为间接带隙半导体，从而增加了自由载流子的数目。

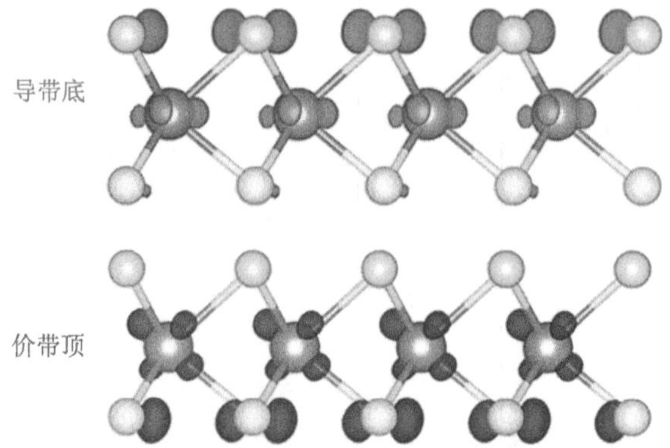

图 9.11 WSSe 中导带底和价带顶处的电荷分布，其中黄色和绿色分别代表 S 原子和 Se 原子

输运性质 当电子空穴对分离之后，这些自由载流子需要移动到化学活性位点参与水分解，所以载流子的移动速度也就变得至关重要。在锯齿形方向，WSSe 的电子迁移率和空穴迁移率分别为 124.7 $cm^2/(V{\cdot}s)$ 和 433.22 $cm^2/(V{\cdot}s)$, 这两个值分别位于对应的母体材料 WS_2 和 WSe_2 之间，这是因为它们具有相似的结构和化学性质。在扶手椅形方向，空穴迁移率是电子迁移率的 5.79 倍。在移动过程中，电子和空穴迁移率之间大的差异会导致复合概率降低，从而增加光催化效率。

水分解的表面氧化还原反应 当光生载流子到达表面活性位点之后，它们将会参与到氧化还原反应当中。光解水的效率部分依赖于水分子的吸附情况以及载流子的驱动力。通常，水的吸附强度被用作表征水分解光催化剂活性的关键指标。通过计算水的吸附能发现，所有吸附方式的能量都是负的。如图 9.12(a) 和 (b) 所示，当水分子被吸附到 WSSe 的不同侧时，电荷主要积累在 H 原子和与之近邻的 S 或 Se 原子之间，其间的相互作用由氢键主导。两侧吸附能的不同主要源于 S 和 Se 原子的电负性差异。因此，Se(S) 原子层的电势和电负性增加 (降低)。更多 (更少) 的电子在 H 原子和 Se(S) 原子之间聚集，并且它们之间的氢键相应地增强 (减弱)。

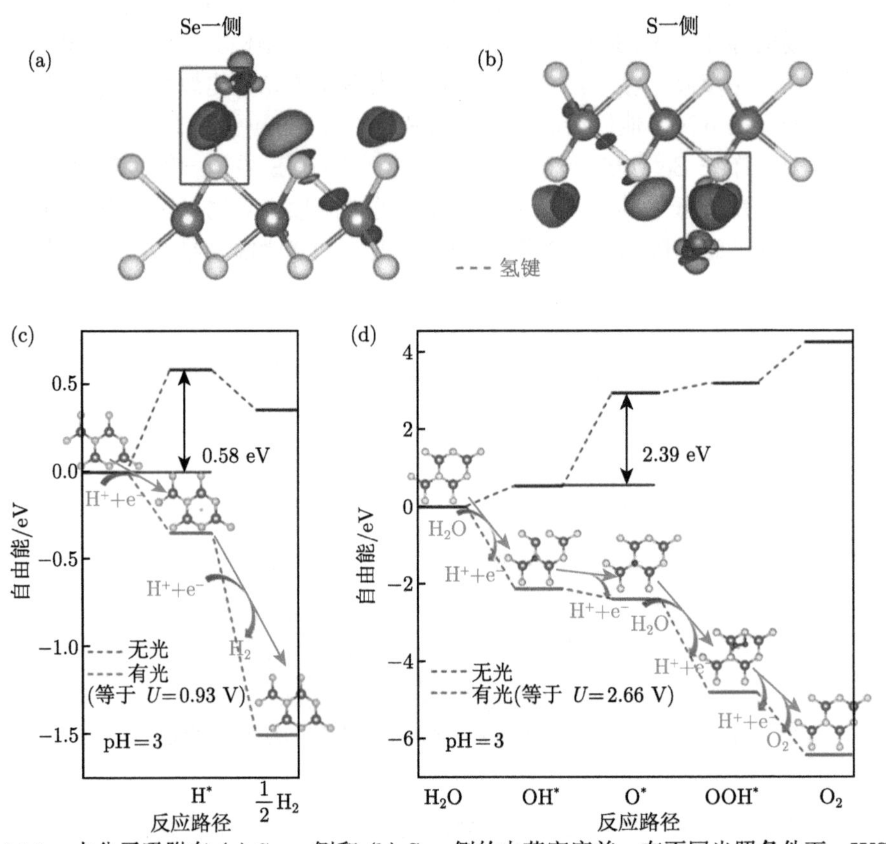

图 9.12　水分子吸附在 (a) Se 一侧和 (b) S 一侧的电荷密度差；在不同光照条件下，WSSe 单层在 pH= 3 时 (c)HER 和 (d)OER 的自由能改变

标准的氧化势和还原势可以用下式表达 [15]：

$$E^{\mathrm{red}}_{\mathrm{H^+/H_2}} = -4.44\ \mathrm{eV} + \mathrm{pH} \times 0.059\ \mathrm{eV} \tag{9.7}$$

$$E^{\mathrm{ox}}_{\mathrm{O_2/H_2O}} = -5.67\ \mathrm{eV} + \mathrm{pH} \times 0.059\ \mathrm{eV} \tag{9.8}$$

作为一个用于总的光解水的优秀催化剂，在 pH = 0 (−5.67 eV 和 −4.44 eV) 时，价带顶 (导带底) 应低于 (高于)H_2O/O_2 的氧化电势 (H^+/H_2 的还原电势)。

对于 WSSe 单层，导带底/价带顶的位置跨越了水分解的标准氧化还原电势，这表明整体水分解具有足够的氧化还原能力。其次，WSSe 的能量转换效率达到了 11.68%，比母体材料的值高很多 (WS_2:8.32%,WSe_2:6.20%)，说明它满足光解水产氢的商业应用标准 (10%)。

除了氧化还原能力，光生载流子也需要足够的驱动力去引发水的氧化还原反应。水氧化半反应是一个四电子反应，如 (9.9) 式 ~ (9.12) 式。对于每一步反应，OH*, O*, OOH* 和 O_2 分子依次是中间体和最终产物，其中“*”是催化剂的吸附位点。首先在 S 原子层一侧，质子和电子将被吸附的水分子释放出来，变成 OH*。其次，OH* 将释放另一个质子和另一个电子，然后转化为 O*。再次，O* 与另一个水分子结合在一起并释放出质子和电子，从而变成 OOH*。最后，在 OOH* 释放电子和质子后，会生成自由的 O_2 分子。图 9.12(d) 总结了在 pH=3 时 WSSe 单层的自由能曲线。如图所示，最大的自由能改变在第二步，正的 ΔG_{O^*} 表明，S 原子层一侧的水氧化半反应在黑暗环境下不能自发进行。ΔG_{O^*} 在反应中的值是最大的，它可以被看作 OER 势垒。当施加一个 2.66 V 的外加电势以后，水氧化半反应的所有步骤呈下降趋势。即在光照条件下，H_2O 分子可以自发地在 WSSe 单层上被氧化成 O_2。与大多数现有的光电催化剂相比，这是一个领先的优势，因为现有的光电催化剂经常具有很高的过电势和不稳定性。

$$* + H_2O \longrightarrow OH^* + H^+ + e^- \tag{9.9}$$

$$OH^* \longrightarrow O^* + H^+ + e^- \tag{9.10}$$

$$O^* + H_2O \longrightarrow OOH^* + H^+ + e^- \tag{9.11}$$

$$OOH^* \longrightarrow * + O_2 + H^+ + e^- \tag{9.12}$$

$$* + H^+ + e^- \longrightarrow H^* \tag{9.13}$$

$$H^* + H^+ + e^- \longrightarrow H_2 + * \tag{9.14}$$

氢气生成反应包含两步，如 (9.13) 式和 (9.14) 式。首先在 Se 原子层一侧，WSSe 单层结合电子和质子变成 H*。接下来，在 H* 键合电子和质子后，生成一半的 H_2 分子。如图 9.12(c) 所示，在 pH=3 时，ΔG_{H^*} 始终为正值，这意味着在 Se 侧没有光照的情况下，氢还原半反应也不能自发进行。ΔG_{H^*} 高于 ΔG_{H_2}，因此 ΔG_{H^*} 是 HER 势垒。当施加一个 0.93 V 的电势时，两个反应步的能量都有所下降，表明此条件下氢气还原反应可以自发进行。

9.3.3 MM′XX′ (M, M′=Ga, In; X, X′=S, Se, Te) 的光催化性质 [16]

在 pH 为零的时候，一个理想的光催化剂的带隙要大于 1.23 eV，其次，它也应该具有合适的带边位置。图 9.13 是 Janus MM′XX′ (M, M′=Ga, In; X, X′=S, Se, Te) 单层在 pH=0 时的带边对齐图。可以看出，GaInSSe, GaInSTe, GaInSeTe, InGaSSe, InGaSeTe 的导带底都高于生成氢气的还原势, 表明这 5 种材料可以作为光解水制氢的催化剂。此外，GaInSSe, GaInSTe, InGaSSe, InGaSeTe 的价带顶都高于生成氧气的氧化势，表明这 4 种材料都可作为光解水制氧的催化剂。

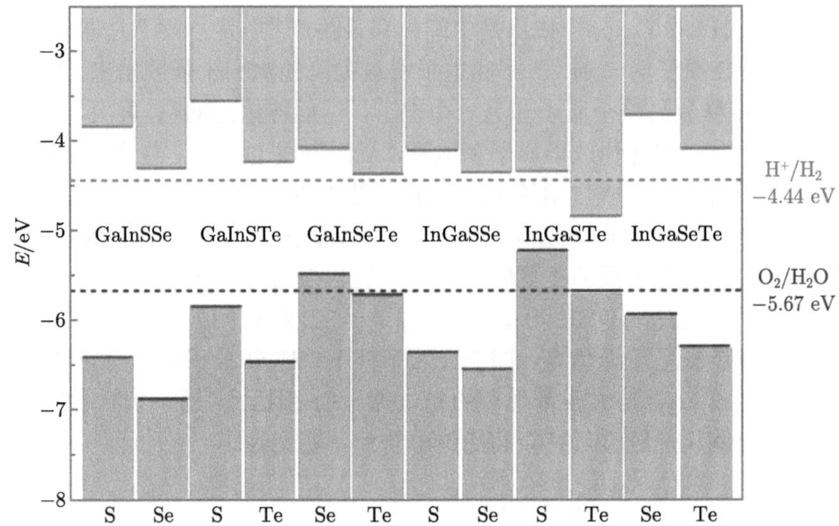

图 9.13　Janus MM′XX′ (M, M′=Ga, In; X, X′=S, Se, Te) 单层相对于光解水氧化还原势的带边排列

基于以上的能带排列，使用 Yang 等提出的方法估算太阳能到氢能 (solar-to-hydrogen, STH) 的转换效率 [17]。STH 效率定义为光吸收效率 (η_{abs}) 和载流子利用率 (η_{cu}) 的乘积:

$$\eta_{\text{STH}} = \eta_{\text{abs}} \times \eta_{\text{cu}} \tag{9.15}$$

式中，光吸收效率定义为

$$\eta_{\text{abs}} = \frac{\int_{E_{\text{g}}}^{\infty} P(h\omega)\mathrm{d}(h\omega)}{\int_{0}^{\infty} P(h\omega)\mathrm{d}(h\omega)} \tag{9.16}$$

式中，$P(h\omega)$ 是光子能量为 $h\omega$ 处的 AM1.5G 太阳能通量；E_{g} 是光催化剂的直接带隙。分母代表 AM1.5G 太阳光谱的总功率密度，分子是光催化剂吸收的光功率密度。载流子的利用效率定义为

$$\eta_{\mathrm{cu}} = \frac{\Delta G_{\mathrm{H_2O}} \displaystyle\int_{E}^{\infty} \frac{P(h\omega)}{h\omega} \mathrm{d}(h\omega)}{\displaystyle\int_{E_{\mathrm{g}}}^{\infty} P(h\omega) \mathrm{d}(h\omega)} \tag{9.17}$$

式中，$\Delta G_{\mathrm{H_2O}}$ 是水分解的自由能 (1.23 eV)，分子的其余部分代表有效光电流密度。E 表示在水分解过程中可以实际利用的光子能量：

$$E = \begin{cases} E_{\mathrm{g}}, & (\chi(\mathrm{H_2}) \geqslant 0.2, \chi(\mathrm{O_2}) \geqslant 0.6) \\ E_{\mathrm{g}} + 0.2 - \chi(\mathrm{H_2}), & (\chi(\mathrm{H_2}) < 0.2, \chi(\mathrm{O_2}) \geqslant 0.6) \\ E_{\mathrm{g}} + 0.6 - \chi(\mathrm{O_2}), & (\chi(\mathrm{H_2}) \geqslant 0.2, \chi(\mathrm{O_2}) < 0.6) \\ E_{\mathrm{g}} + 0.8 - \chi(\mathrm{H_2}) - \chi(\mathrm{O_2}), & (\chi(\mathrm{H_2}) < 0.2, \chi(\mathrm{O_2}) < 0.6) \end{cases} \tag{9.18}$$

在光催化水分解过程中，本征电场对电子–空穴对的分离起到了积极作用。因此,应将这部分作用加到总能量中,此时具有垂直内建电场的二维材料的修正 STH 效率计算表达式为

$$\eta'_{\mathrm{STH}} = \eta_{\mathrm{STH}} \times \frac{\displaystyle\int_{0}^{\infty} P(h\omega) \mathrm{d}(h\omega)}{\displaystyle\int_{0}^{\infty} P(h\omega) \mathrm{d}(h\omega) + \Delta V \int_{E_{\mathrm{g}}}^{\infty} \frac{P(h\omega)}{h\omega} \mathrm{d}(h\omega)} \tag{9.19}$$

式中，ΔV 为两个表面的真空能级差。

由此可以计算出太阳能到氢能的转换效率，如表 9.1 所示。$\chi(\mathrm{H_2})$ ($\chi(\mathrm{O_2})$) 是导带底 (价带顶) 与 $\mathrm{H^+/H_2}$ ($\mathrm{H_2O/O_2}$) 的氧化还原势的势能差。可以看到，除了 GaInSSe，所有 Janus MM′XX′ 单层的光吸收效率都超过了 20%。所有 Janus MM′XX′ 单层的载流子利用效率都超过了 30%。两者一起导致了高的太阳能到氢能的转换效率，除了 GaInSSe，所有 Janus MM′XX′ 单层的 STH 效率都超过了 10%(在考虑了偶极矩修正之后仍是如此)，这是一个将太阳能转化为氢气的关键值。

表 9.1 Janus MM′XX′ 单层的光吸收效率 (η_{abs})，载流子利用率 (η_{cu})，STH 转换效率 (η_{STH})，修正的 STH 转换效率 (η'_{STH})

	$\eta_{\mathrm{abs}}/\%$	$\eta_{\mathrm{cu}}/\%$	$\eta_{\mathrm{STH}}/\%$	$\eta'_{\mathrm{STH}}/\%$
GaInSSe	16.11	41.84	6.74	6.58
GaInSTe	25.27	45.16	11.41	10.74
GaInSeTe	67.36	30.01	20.18	18.51
InGaSSe	26.51	39.68	10.52	10.50
InGaSTe	89.08	37.45	33.36	26.72
InGaSeTe	27.58	45.96	12.67	12.11

9.4　增加 HER 效率的方法

9.4.1　相变工程

Chhowalla 等证明，在 WS_2 中增大 1T 相的比例能增加 HER 效率 [18]。所以人们开展了 TMD 在催化剂中的相变研究。Gao 等从理论上确定了 2H-MoS_2 的带隙是 1.74 eV，而 1T 和 1T′-MoS_2 的带隙只有 0.006 eV[19]。由此说明由于在金属相中增加了电荷转移的能力，HER 性能改善。

图 9.14 是三种不同形态的 MoS_2 的原子结构和能带，由图可见，2H-MoS_2 是半导体，具有带隙 1.74 eV，1T 和 1T′ MoS_2 的带隙为 0，1T′ 形态是 1T-MoS_2 的 Mo 原子沿 y 方向稍微畸变一点，见图 9.14 (c), (f)。2H-MoS_2 的形成能比 1T-MoS_2 的低 0.80 eV。

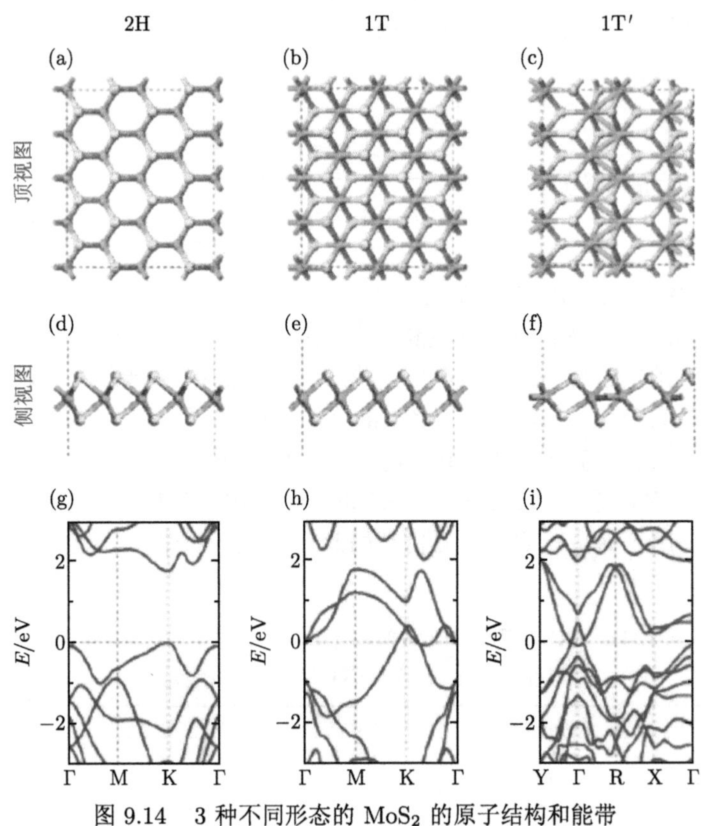

图 9.14　3 种不同形态的 MoS_2 的原子结构和能带

图 9.15(a) 是在不同的电荷态下或有离子插层的情况下从 2H 相到 1T 相的极小能量路径；图 9.15(b) 为自发地从 1T 相弛豫到新 1T′ 相。这说明负电荷能

降低从 2H 相变到 1T 相的势垒，并且使 1T 相的能量低于 2H 相的。计算表明，电子主要积累在 S 和 Mo 之间，削弱了 Mo—S 键，增强了 1T-MoS_2 的稳定性。同时还有少量电子转移到 Mo 的反键 d 轨道上，使得在 2H-MoS_2 中的 d 态由 z^2 (占据)、x^2-y^2, xy(空) 和 xz, yz(空) 态变为 1T-MoS_2 的 yz, xz, xy (部分填充) 和 z^2, x^2-y^2(空) 态，显示了金属特性，减小了 1T-MoS_2 的相对能量。

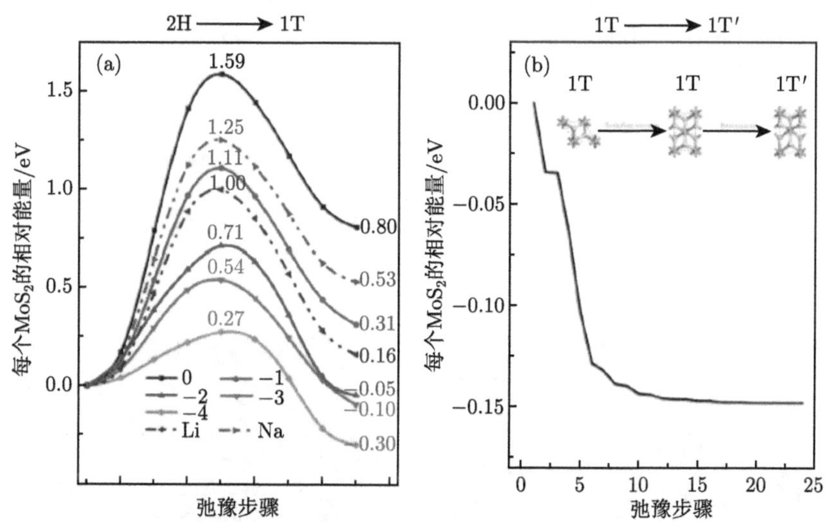

图 9.15 (a) 在不同的电荷态下或有离子插层的情况下从 2H 相到 1T 相的极小能量路径；(b) 自发地从 1T 相弛豫到新 1T′ 相

在催化过程中，原子氢脱附的吉布斯自由能 (ΔG_{H^*}) 是关键的，理想的催化剂的 ΔG_{H^*} 应该趋于 0。计算表明，氢吸附在 $(10\bar{1}0)$Mo 边缘的自由能分别为 0.062 eV(0.25 ML) 和 0.059 eV(0.50 ML)，接近于 0。

9.4.2 缺陷工程

用 O_2 等离子体和 H_2 退火的方法可以在 MoS_2 上产生空位和裂缝 [20]。这种在处理过的表面上形成的缺陷是催化激活点，大大改善了 HER 参数：产出势、Tafel 斜率、电流密度等。类似地，通过用 Ar 等离子体调制 2H-MoS_2 上 S 空位的浓度，可以发现 S 空位提供了附加的激活点，具有优化的 $\Delta G_{H^*}=0$[21]。

实验发现，$MoSe_2$ 上的空位能使催化的 Tafel 斜率接近于 Pt 的 [22]，并且产生空位后不需要等离子体的后处理。DFT 计算表明，在位的 Se 空位能降低 HER 的脱附能和氢的扩散势垒。

用 CVD 方法生长具有 Se 空位的 $MoSe_2$，原料是 MoO_3 和 Se 粉末，H_2 或 Ar 作为载流子气体，在生长过程中调节 H_2 的浓度就能控制 Se 空位浓度。用

$MoSe_2$-X，$X = 0, 10, 20, 30, 40, 50$ 表示生长过程中载流子气体中 H_2 的相对含量。在生长过程中 H 起了两种作用，例如，$MoSe_2$-10 是高空位和高杂质，$MoSe_2$-30 是低空位和低杂质，$MoSe_2$-50 是高空位和低杂质。图 9.16(a) 是无空位和有空位的原子结构，图 9.16(b), (c) 和 (d), (e) 分别是 $MoSe_2$-30 和 $MoSe_2$-50 的原子分辨 ADF-STEM 图和对应的原子位置图。由图 9.16(c) 可见，$MoSe_2$-30 几乎没有空位，具有六角排列；而由图 9.16(d), (e) 可见，$MoSe_2$-50 有 1 ~ 2 个空位，并且两个空位有聚在一起的趋势。

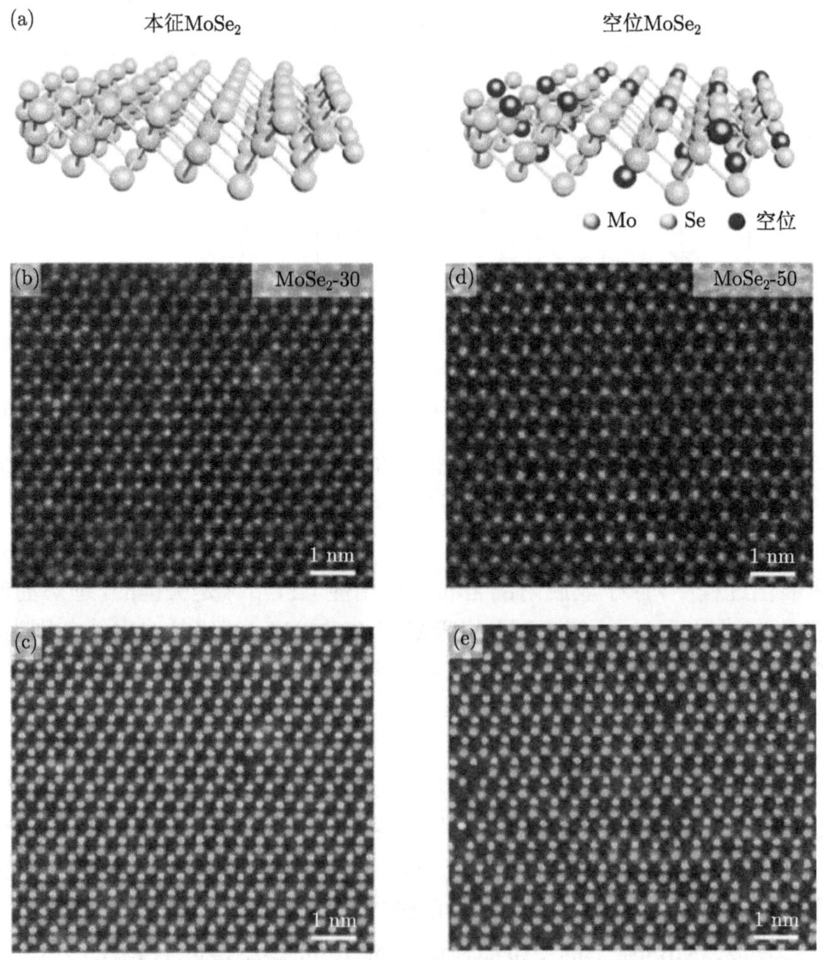

图 9.16　(a) 无空位和有空位 $MoSe_2$ 的原子结构；(b), (c) 和 (d), (e) 分别是 $MoSe_2$-30 和 $MoSe_2$-50 的原子分辨 ADF-STEM 图和对应的原子位置图

为了研究空位调制的 $MoSe_2$ 的电催化作用，将单层 $MoSe_2$ 转移到一个玻璃碳电极上。图 9.17(a) 是 HER 极化电流与电压的关系；图 9.17(b) 为相应的 Tafel

图；图 9.17(c) 为纯金属和空位 $MoSe_2$ 的"火山"图，以及 lg$j$ 与 ΔG_{H^*} 的关系，插表是纯 $MoSe_2$ 的值；图 9.17(d) 是各种 $MoSe_2$ 材料的 Tafel 斜率，图 9.17(e) 是 AV-$MoSe_2$ 和 CV-$MoSe_2$ 的 HER 过程示意图。由图 9.17(b) 可见，Pt/C 具有最小的 Tafel 斜率 30 mV/dec，$MoSe_2$-10 和 $MoSe_2$-30 的 Tafel 斜率都比较小，

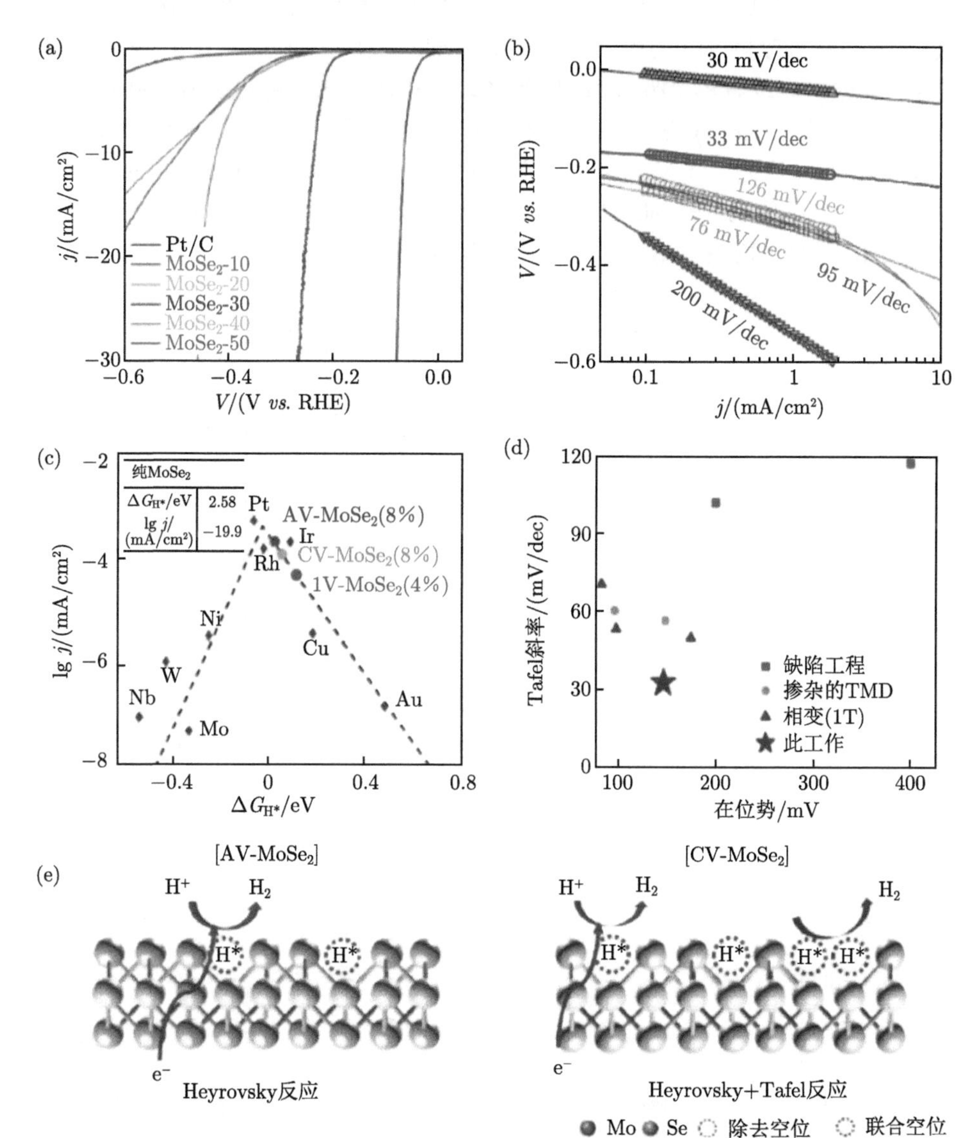

图 9.17 (a) HER 极化电流与电压的关系；(b) 相应的 Tafel 图；(c) 纯金属和空位 $MoSe_2$ 的"火山"图，以及 lg$j$ 与 ΔG_{H^*} 的关系，插表是纯 $MoSe_2$ 的值；(d) 各种 $MoSe_2$ 材料的 Tafel 斜率；(e) 是 AV-$MoSe_2$ 和 CV-$MoSe_2$ 的 HER 过程示意图

而 $MoSe_2$-50 的接近于 Pt/C 的，达到 33 mV/dec，这是由于空位的共聚和清洁的表面。CV-$MoSe_2$ 表示其中空位是共聚的 (coalesced)，AV-$MoSe_2$ 表示其中空位是分开的 (apart)，1V-$MoSe_2$ 表示单空位。由图 9.17(c) 可见，这 3 种 $MoSe_2$ 的 ΔG_{H^*} 都接近于 0，而金属的 ΔG_{H^*} 都比较大 (除了 Pt)。

图 9.18(b) 是整个催化过程包括吸附氢原子的扩散，以及由催化剂表面脱附的示意图。单独吸附 H^* 的脱附称为 Heyrovsky 反应，见 (9.3) 式，脱附的自由能 ΔG_{H^*} 较大。或者单个吸附的 H^* 原子通过扩散聚在一起，这需要克服一个势垒能量 E_D。图 9.18(a) 是 3 种不同材料的势垒高度。由图可见，AV-$MoSe_2$ 最高，CV-$MoSe_2$ 次之，5CV-$MoSe_2$ 最低。由图 9.18(b) 可见，H^* 原子的脱附，在 AV-$MoSe_2$ 中只是 Heyrovsky 反应；在 CV-$MoSe_2$ 中单空位和双空位都起作用，所以 HER 过程包括 Heyrovsky 和 Tafel 两种反应。

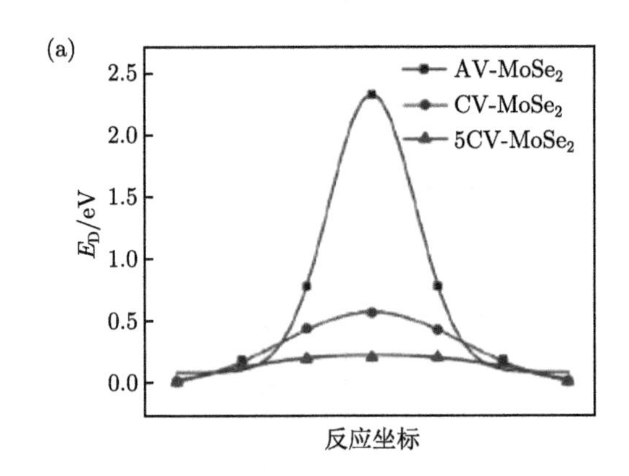

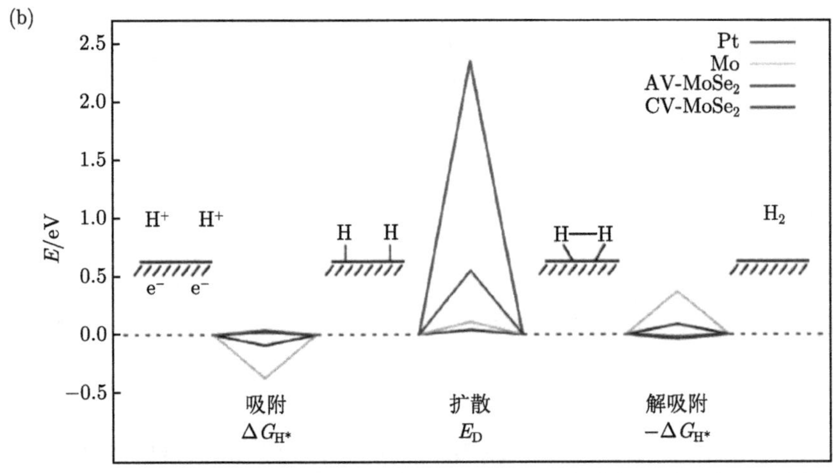

图 9.18　(a) 3 种不同材料的 H^* 原子扩散的势垒高度；(b) 整个催化过程包括吸附氢原子的扩散，以及由催化剂表面脱附的示意图

9.4.3 异质原子掺杂工程

TMD 中的异质掺杂包括非金属的 C, N, O, B, P，贵金属 Au, Pt, Ru，以及非贵金属 Fe, Ni, Co, Zn 等，它们能调制 TMD 的电子结构，优化 ΔG_{H^*}，提高 HER 效率。

Xie 等 [23] 报道了 MoS_2 中的 O 掺杂，并同时引入了无序效应，无序结构能提供丰富的不饱和 S 原子作为 HER 的作用中心，而掺入 O 能减小 MoS_2 的带隙，改善本征电导率。因此大大提高了 HER 效率，Tafel 效率降到 55 mV/dec。

图 9.19(a) 是理论计算的掺 O 前后的态密度；图 9.19(b) 是价带 (左) 和导带 (右) 电荷密度的分布图。由图 9.19(a) 可见，掺 O 以后，导带底向下移，原来的带隙从 2.75 eV 减小为 1.30 eV，将产生更多的载流子和较高的本征电导率。由图 9.19(b) 可见，掺入的 O 原子将为价带和导带提供更多的载流子。计算还得到，掺 O 以后，催化剂边缘具有较小的 H 脱附的自由能。

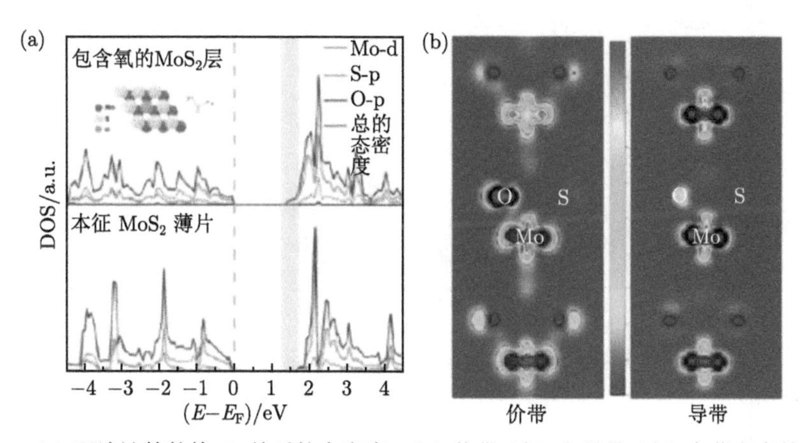

图 9.19 (a) 理论计算的掺 O 前后的态密度；(b) 价带 (左) 和导带 (右) 电荷密度的分布图

通过调制反应温度，能得到可控的无序度。表 9.2 是 4 个用这种方法得到的样品的无序度和 O 的原子比。

表 9.2 掺 O 的 MoS_2 的无序度和元素分析

	无序度	氧原子比/%	Mo/S 比	
			XPS	EDS
S140	100%	4.18	1:2.10	1:2.10
S160	53.3%～56.7%	3.36	1:2.07	1:2.09
S180	35.0%～40.0%	2.28	1:2.04	1:2.05
S200	8.3%～13.3%	1.92	1:2.02	1:2.01

图 9.20 是掺 O 和引入无序以后的 MoS_2 的催化性质研究。由图 9.20(a) 可见，S180 样品具有最低的起始电压 120 mV，在 η=300 mV 时具有非常大的阳极

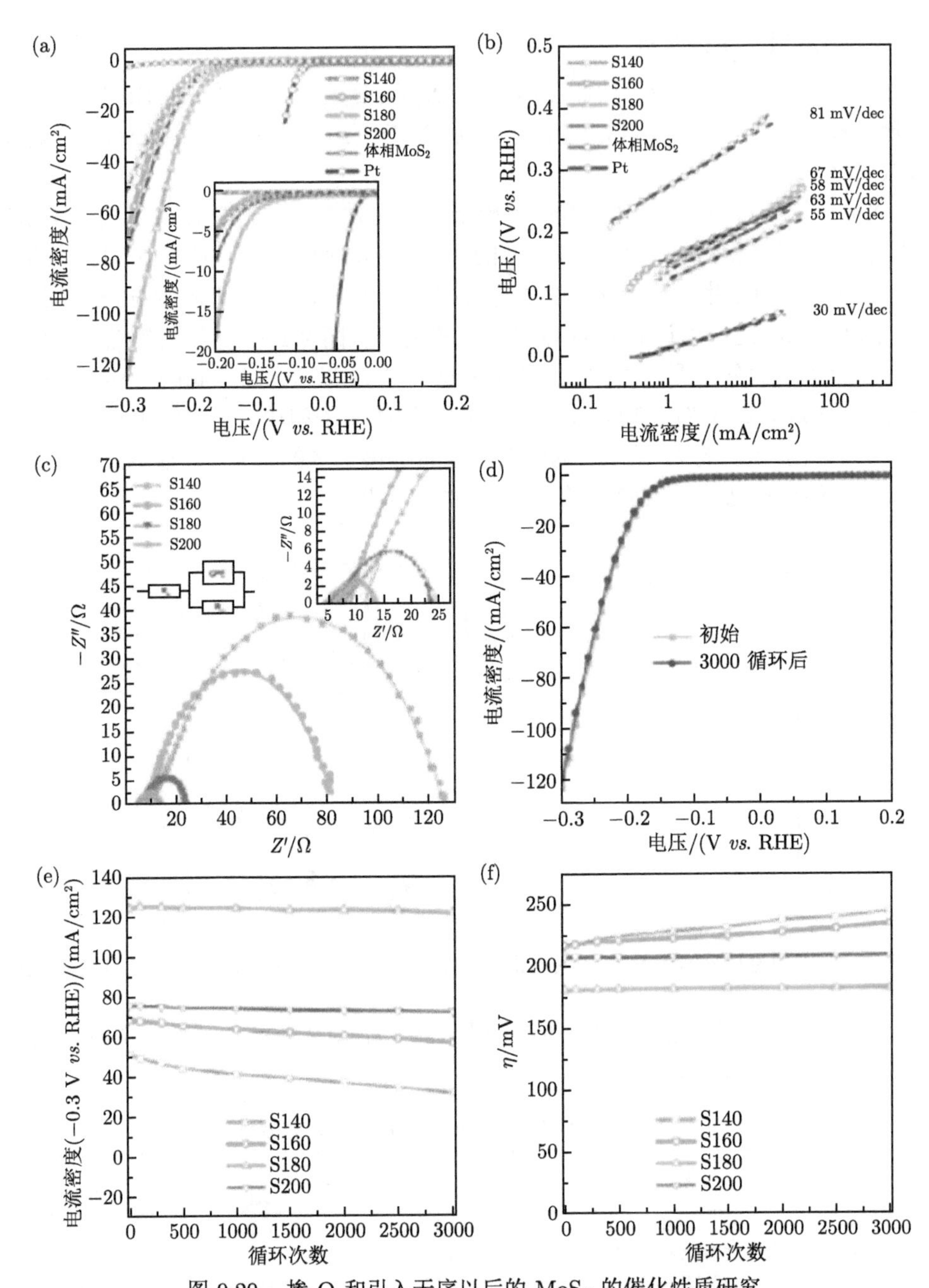

图 9.20　掺 O 和引入无序以后的 MoS_2 的催化性质研究

(a) 电流密度–电压关系 (极化曲线)；(b) 相应的 Tafel 图；(c)Nyquist 图；(d) 多次催化循环后的极化曲线；(e) 在 300 mV 下多次循环稳定性；(f) 驱动电流 10 mA/cm^2 的电压多次循环的稳定性

电流密度 126.5 mA/cm^2，比其他 3 个样品大 52~77 mA/cm^2，是体相 MoS_2 的 60 倍。由图 9.20(b) 可见，S180 和 S140 具有最小和次小的 Tafel 斜率 55 mV/dec 和 58 mV/dec。由图 9.20(d)~(f) 可见，经过多次循环后，催化作用基本保持不变，因此样品的催化稳定性很好。

这个结果由四个方面的原因造成：① 无序结构提供了大量不饱和 S 原子作为产氢的催化剂；② 中等的无序度提供了准周期结构，部分保留了二维电子位形，导致快速电子输运；③ 氧掺入使 MoS_2 带隙减小，增强了纳米畴的电导率，促进了正质子与催化剂的结合；④ 中等无序催化剂相对高的晶体质量保证了长时间电催化的稳定性。

Sun 等 [24] 用溶胶–凝胶 (sol-gel) 方法生长了 N 掺杂的 WS_2。从其分波态密度中得出，N 掺杂引起了 N 原子的 p 轨道和 W 原子的 d 轨道之间的强杂化，增加了载流子的数目和电导率。同时 N 原子的掺杂增加了表面积和 HER 功能。

Zhang 等 [25] 报道了在 MoS_2 中掺 Ni, Co, Fe，改善了 MoS_2 缓慢的 HER 动力学。其中 Ni-MoS_2 显示了最好的 HER 性能，在电流密度 10 mA/cm^2 下具有 −98 mV 的产出电压。Ni 原子的掺入有效地减小了水分解的动力势垒，并助长了—OH 中间物的脱附。此外，计算表明 Ni-MoS_2 的 ΔG_{H^*} 接近于 0(−0.06 eV)。

文献 [25] 关注的是水分解催化过程的第一阶段：Volmer 反应 (9.2) 式。实验发现，在碱性溶液中 HER 动力学要求的产出电压很高，在 10 mA/cm^2 下大于 220 mV。同时在 MoS_2 表面上形成的 OH^- 离子的脱附过程都造成了 Volmer 过程的减慢，于是想通过在 MoS_2 中掺入 Ni 来加快这一过程。DFT 计算表明，在 Ni-MoS_2 中初始水离解的动能势垒和 OH^- 离子的脱附相互作用大大减小了。为此制备了 $Ni_{0.13}Mo_{0.87}S_2$，1 M KOH(1 M=1 mol/L) 水溶液在 10 mA/cm^2 下具有非常低的产出电压 ~98 mV，而酸溶液的为 110 mV。

还用 DFT 方法计算了 MoS_2, Ni-MoS_2, Co-MoS_2, Fe-MoS_2 中各种过程的动能势垒：① 初始水离解，Volmer 反应，$\Delta G(H_2O)$；② OH^- 离子脱附的吉布斯自由能 $\Delta G(OH^-)$；③ 相邻的吸附 H* 原子结合成氢分子，Tafel 反应，ΔG_{H^*}，结果示于图 9.21。由图可见，对纯 MoS_2，$\Delta G(H_2O)$=1.17 eV，$\Delta G(OH^-)$=−4.95 eV，ΔG_{H^*}=0.60 eV。而当 Fe, Co, Ni 掺入后，这些值或绝对值都大大减小，尤其是 Ni-MoS_2，它的 $\Delta G(H_2O)$=0.66 eV，$\Delta G(OH^-)$=−3.36 eV，ΔG_{H^*}=−0.07 eV，说明 HER 性能大大提高。

根据理论计算的结果，制备了这几种样品，测量了它们的催化性质，结果示于图 9.22。其中图 9.22(a) 是极化曲线，为电流密度–电压关系；图 9.22(b) 是 Tafel 曲线及斜率；图 9.22(c) 是电流–电压循环 2000 次后的稳定性；图 9.22(d) 是在 10 mA/cm^2 下 100 h 内电压的稳定性。由图 9.22(a) 可见，纯 MoS_2 的产出起始电压是 197 mV，在 10 mA/cm^2 下电压为 308 mV。而 Ni-MoS_2 在相同的电流下电压减小到 98 mV。由图 9.22(b) 可见，MoS_2 的 Tafel 斜率高达 201 mV/dec,

而 Ni-MoS_2 的降至 60 mV/dec。图 9.22(c) 和 (d) 则表明了催化作用的稳定性。

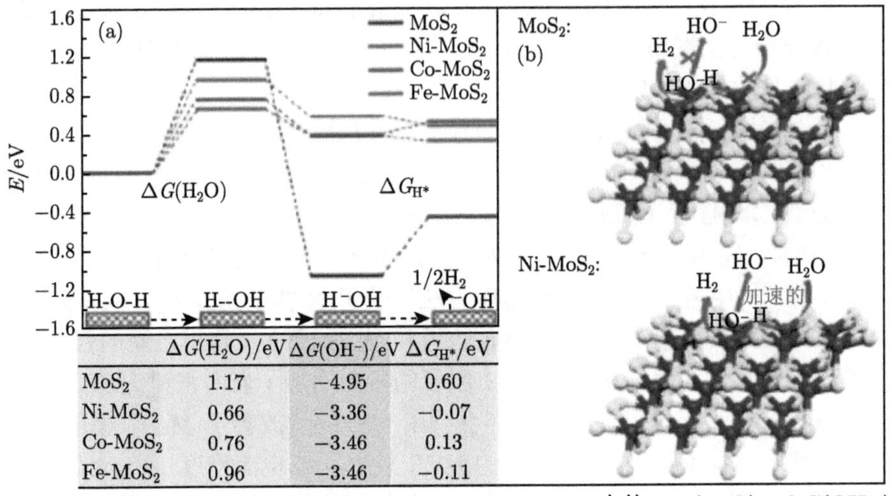

	$\Delta G(H_2O)$/eV	$\Delta G(OH^-)$/eV	ΔG_{H*}/eV
MoS_2	1.17	−4.95	0.60
Ni-MoS_2	0.66	−3.36	−0.07
Co-MoS_2	0.76	−3.46	0.13
Fe-MoS_2	0.96	−3.46	−0.11

图 9.21　(a) 计算的 MoS_2, Ni-MoS_2, Co-MoS_2, Fe-MoS_2 中的 $\Delta G(H_2O)$、$\Delta G(OH^-)$、ΔG_{H^*}；(b) 水离解的模型

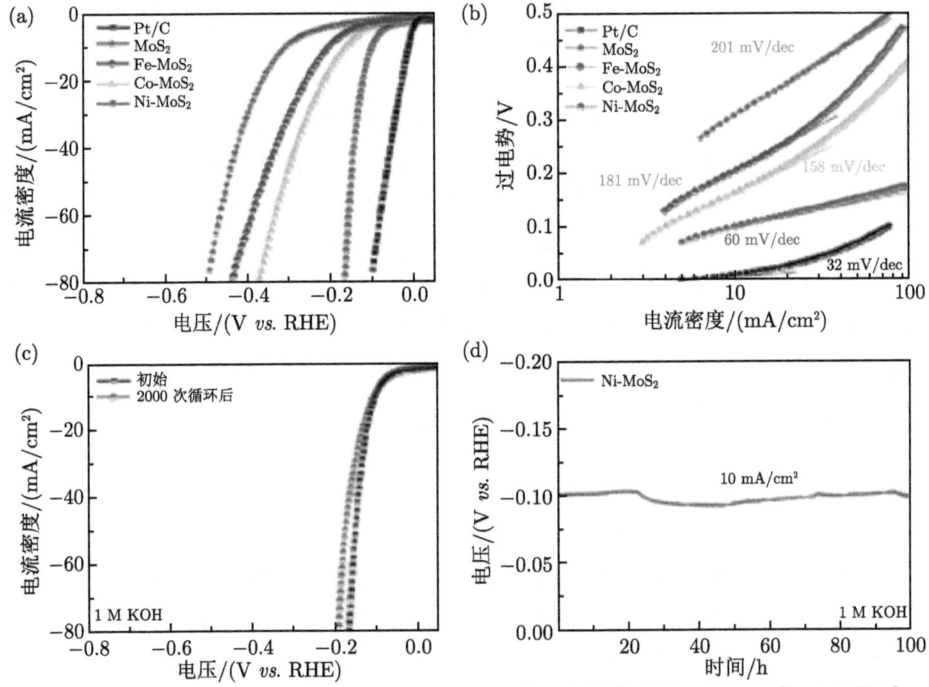

图 9.22　MoS_2, Ni-MoS_2, Co-MoS_2, Fe-MoS_2 的 (a) 极化曲线，电流密度–电压关系；(b) Tafel 曲线及斜率；Ni-MoS_2 在 1 M KOH 水溶液中；(c) 2000 次电流–电压循环 (CV) 的稳定性；(d) 工作 100 h 的稳定性

9.4.4 异质结构工程

以上几种方法都是一种催化剂，限制了 HER 过程。异质结的 TMD 进一步改善了 ΔG_{H^*}，优化了电子转移途径、电化学作用的表面积，以及交换电流密度。已经报道的有各种 TMD 与其他材料的异质结，如硫化物、硒化物、磷化物、氮化物、氧化物、黑磷、钙钛矿氧化物等。

Rheem 等 [26] 制备了 MoS_2/MoO_2 异质结，金属芯 MoO_2 夹在两片 MoS_2 之间，因此增加了 MoS_2 的表面积和电导率，改善了 HER 性能。

He 等 [27] 将 MoS_2 沉积在黑磷 (BP) 纳米片的表面上，形成 MoS_2/BP 异质结。由于 BP 的费米能级高于 MoS_2，电子由 BP 注入 MoS_2，使得 MoS_2 的 HER 性能大大提高，在 10 mA/cm^2 下产出电压为 85 mV，交换电流密度达到 0.66 mA/cm^2，是 MoS_2 的 22 倍。此外，CV 循环和静势实验都显示了 MoS_2/BP 异质结出色的电催化稳定性。

图 9.23(a) 是 BP, MoS_2/C, MoS_2/BP 在 0.5 M H_2SO_4 溶液中的极化曲线 (polarization curve)，Pt/C 作为参考；图 9.23(b) 是放大的极化曲线，虚线表示 10 mA/cm^2；图 9.23(c) 是 Tafel 图以及 Tafel 斜率；图 9.23(d) 是奈奎斯移 (Nyquist) 图；图 9.23(e) 是在材料表面的 Cu 的削裂曲线；图 9.23(f) 是交换电流密度。由图 9.23(a), (b) 可见，BP 和 MoS_2 的 HER 性能较差，起始电压较大，并且在 10 mA/cm^2 下的产出电压也高。而 MoS_2/BP 的产出电压很低，为 85 mV。由图 9.23(c) 可见，BP 和 MoS_2 的 Tafel 斜率分别为 161 mV/dec 和 117 mV/dec，而 MoS_2/BP 的 Tafel 为 68 mV/dec。主要原因是 MoS_2/BP 中的电子数增多，催化的作用点也增多。在图 9.23(d) 中，根据 Nyquist 半圆半径，MoS_2/C 和 MoS_2/BP 的电荷转移电阻分别为 35 Ω 和 5 Ω，因此 MoS_2/BP 中的法拉第过程远快于 MoS_2 中的，导致了优异的 HER 动力学。图 9.23(e) 中在材料表面 Cu 的削裂峰下面的积分面积正比于催化剂表面作用中心的数目。由图可见，MoS_2/BP 具有和 MoS_2/C 相同数目的作用中心。图 9.23(f) 中 MoS_2-BP 的交换电流密度也大大增加，为 0.66 mA/cm^2，是 MoS_2/C 的 22 倍，使得 H 脱附的吉布斯自由能 ΔG_{H^*} 大大减小。

Noh 等 [28] 对二维 TMD 的 HER 性质做了一个系统的材料计算设计 (所谓的 “材料基因工程”)，关键思想是设计优化的 TMD/衬底异质结。通过高通量地计算 256 种 TMD 异质结，发现最佳的异质结有 $NbS_2/HfSe_2$、$NbS_2/ZrSe_2$、$TaS_2/HfSe_2$，估计它们的 HER 效率将超过传统的 Pt/C 催化剂。氢原子脱附的吉布斯自由能趋于 0 eV。找到一个普适的主题 (descriptor)，它与氢的脱附能呈线性关系。因此设计思想为基于吸附能的差确定优化的氢脱附能量，并由实验证实。

计算的 256 种 TMD 异质结中的 TMD 包括 Ⅳ 族 (Ti, Zr, Hf)、V 族 (V, Nb, Ta)、Ⅵ 族 (Mo, W) 和硫族 (S, Se, Te) 的化合物。按照金属的类型，2D-TMD

分成三角菱形 (H) 和四方 (T) 结构。Ti, Zr, Hf 形成 T 结构 TMD，而其他的金属形成 H 型 TMD。

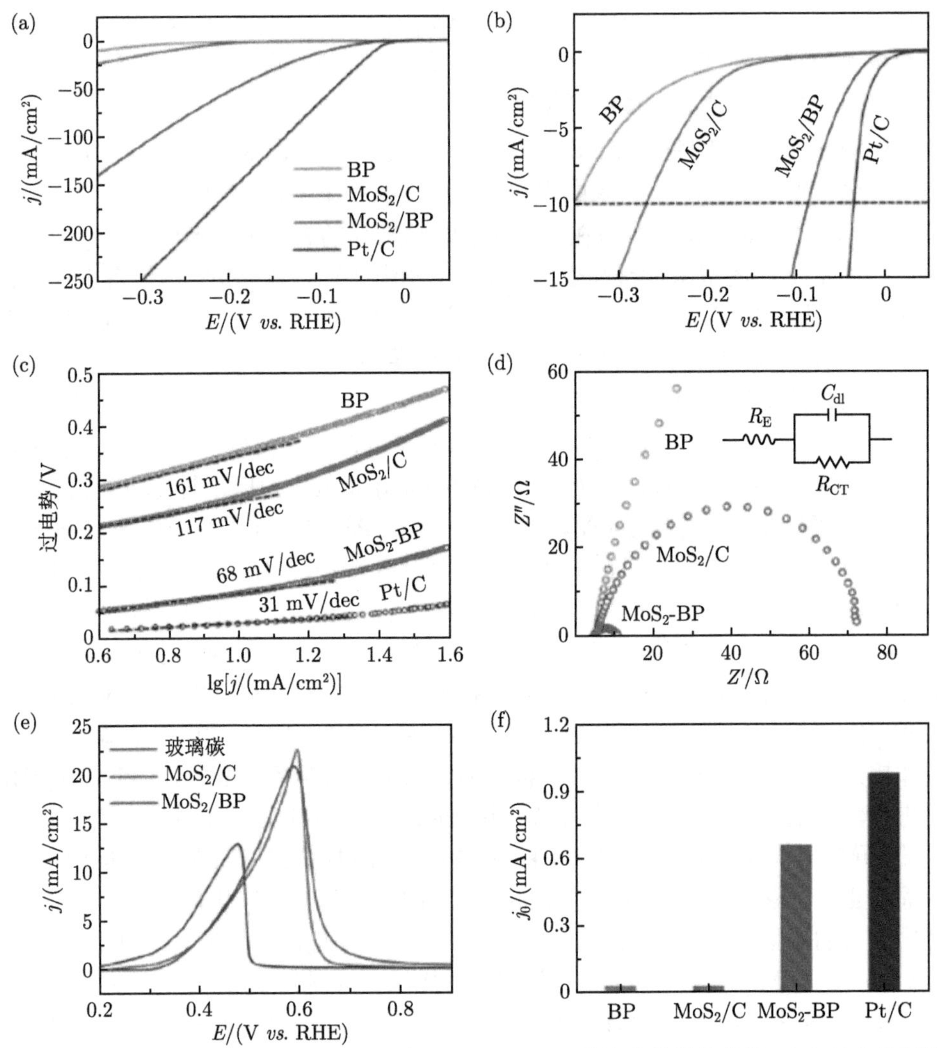

图 9.23　(a) BP, MoS_2/C, MoS_2/BP 在 0.5 M H_2SO_4 溶液中的极化曲线；(b) 放大的极化曲线；(c) Tafel 图以及 Tafel 斜率；(d)Nyquist 图；(e) 在材料表面的 Cu 的削裂曲线；(f) 交换电流密度

图 9.24(a) 是 H 型 TMD 原子结构顶视图，包括 M, C 边缘位置和台阶位置。图 9.24(b) 是 M 边缘位置上氢原子脱附能 ΔG_{H^*}；图 9.24(c) 是 C 边缘位置上的 ΔG_{H^*}；图 9.24(d) 是台阶位置上的 ΔG_{H^*}。由图 9.24(b) 可见，Ta, Mo, Ti 具有较小的脱附能，−0.04 eV、0.07 eV 和 0.13 eV，Pt(111) 表面的是 −0.09 eV。在图

9.24(d) 中，台阶位置的脱附能与 Pt 相比，都比较高。但台阶具有大的面积和多的原子位置，是非常吸引人的。通过引入缺陷、化学掺杂或者加应力都能改善 HER 性能，前面已经介绍过了，但有可能破坏稳定性。这里研究用异质结的方法。图 9.25 是计算的两种材料异质结平台上吉布斯自由能值。颜色越浅的代表 ΔG_{H^*} 值越小。由图可见，由 VS_2, NbS_2, TaS_2 组成异质结 ΔG_{H^*} 最小。在图 9.24(d) 中，NbS_2 和 TaS_2 的 ΔG_{H^*} 分别为 0.31 eV 和 0.33 eV，形成异质结以后，它将大大减小。同时还计算了异质结边缘位置的 ΔG_{H^*}，结果发现 $TaS_2/HfSe_2$ 是最理想的，2 个边缘位置和平台位置都具有高的 HER 性能，可以与 Pt/C 催化剂相比拟或者更好。

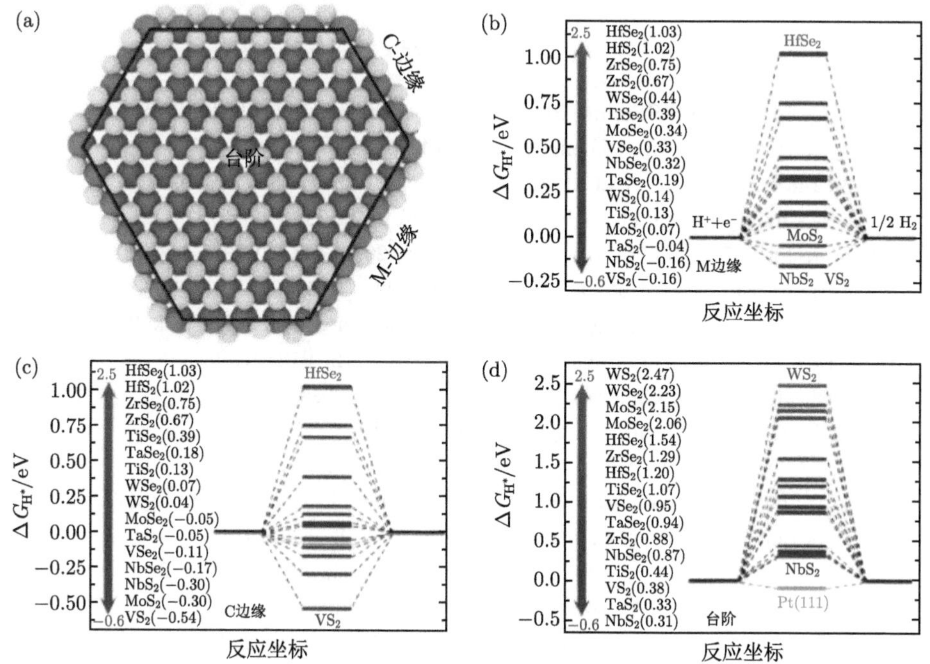

图 9.24 (a) TMD 原子结构顶视图；(b) M 边缘位置上氢原子脱附能 ΔG_{H^*}；(c) C 边缘位置上的 ΔG_{H^*}；(d) 台阶位置上的 ΔG_{H^*}

台阶上氢的吉布斯自由能（/eV；行：台阶 辅助材料；列：催化材料）

辅助材料 \ 催化材料	TiS_2	ZrS_2	HfS_2	VS_2	NbS_2	TaS_2	MoS_2	WS_2	$TiSe_2$	$ZrSe_2$	$HfSe_2$	VSe_2	$NbSe_2$	$TaSe_2$	$MoSe_2$	WSe_2
TiS_2	0.396	0.894	1.019	0.029	0.177	0.102	1.052	1.310	0.922	0.687	0.831	0.853	0.444	0.710	1.282	1.390
ZrS_2	0.230	0.962	1.230	0.049	0.090	0.120	0.877	1.027	0.688	1.157	1.437	0.706	0.437	0.640	1.265	1.412
HfS_2	0.276	0.997	1.157	0.107	0.092	0.115	0.973	1.215	0.755	1.076	1.501	0.754	0.500	0.655	1.393	1.543
VS_2	0.376	0.715	0.906	0.334	0.206	0.140	1.200	1.271	1.045	1.007	1.149	0.871	0.632	0.715	1.278	1.391
NbS_2	0.384	0.721	0.850	0.256	0.185	0.128	0.972	1.123	0.926	1.133	1.263	0.752	0.579	0.721	0.981	1.253
TaS_2	0.347	0.641	0.832	0.181	0.152	0.118	1.038	1.059	0.806	1.148	1.270	0.742	0.643	0.678	1.111	1.267
MoS_2	0.509	0.912	1.121	0.344	0.215	0.169	1.679	1907	1.012	1.276	1.454	0.921	0.640	0.770	1.860	1.865
WS_2	0.600	0.916	1.142	0.300	0.206	0.172	1.700	1.956	1.124	1.285	1.472	0.904	0.716	0.788	2.017	2.055
$TiSe_2$	0.357	0.911	1.143	−0.046	0.062	0.171	1.062	1.310	0.760	0.986	1.219	0.803	0.435	0.673	1.435	1.559
$ZrSe_2$	0.299	0.963	1.281	−0.073	−0.003	0.102	0.548	0.978	0.445	1.153	1.436	0.441	0.482	0.615	1.062	1.408
$HfSe_2$	0.420	0.948	1.251	−0.075	0.001	0.086	0.664	1.003	0.508	1.190	1.391	0.460	0.511	0.597	1.216	1.393
VSe_2	0.457	0.880	1.185	0.243	0.146	0.145	1.309	1.468	0.894	1.133	1.334	0.866	0.494	0.724	1.506	1.614
$NbSe_2$	0.313	0.954	1.214	0.221	0.047	0.176	1.007	1.184	0.702	1.380	1.527	0.744	0.641	0.717	1.289	1.383
$TaSe_2$	0.287	0.879	1.121	0.175	0.094	0.178	1.025	1.192	0.737	0.995	1.337	0.779	0.482	0.642	1.305	1.460
$MoSe_2$	0.377	0.974	1.242	0.132	0.153	0.190	1.275	1.616	0.931	1.129	1.515	0.835	0.597	0.747	1.921	2.117
WSe_2	0.438	0.980	1.256	0.033	0.062	0.202	1.267	1.586	0.906	1.237	1.529	0.855	0.524	0.739	1.910	2.142

（色标：2.2，0，−2.2）

图 9.25 计算的两种材料异质结平台上吉布斯自由能值

虽然这方面的研究已经取得不少成果，但利用二维材料催化产氢还有许多路要走。① 将观察到的作用位置与 HER 机制联系起来。② 将 TMD 结构的计算结果转移到实验，在这个新的研究中，实验和计算相结合对改进研究效率是有用的。③ 用人工智能发现理想的掺杂和异质结构。利用人工智能，合适的电催化过程的所有资料都能储藏和分析，以发现理想的掺杂和精确的异质结构。④ 研究电极对单层 TMD 的 HER 的效应。至今衬底 (电极) 对电催化和 ΔG_{H^*} 的关键作用研究得还很少，所以研究衬底和 HER 效率的关系至关重要。同时也提出了一个设计电极的新方向，最后将使催化性能极大化。从工业应用上来讲，最后还有一个大问题：制造大面积的二维材料。

参 考 文 献

[1] Gai Y Q, Li J B, Li S S, et al. Phys. Rev. Lett., 2009, 102: 036402.
[2] Dai J, Zeng X C. J. Phys. Chem. Lett., 2014, 5: 1289.
[3] Hu W, Lin L, Zhang R, et al. J. Am. Chem. Soc., 2017, 139: 15429.
[4] Lu A Y, Zhu H, Xiao J, et al. Nat. Nanotechnol., 2017, 12: 744.
[5] Zhang J, Jia S, Kholmanov I, et al. ACS Nano, 2017, 11: 8192.
[6] Ju L, Bie M, Shang J, et al. J. Phys. Mater., 2020, 3: 022004.
[7] Abbas H G, Hahn J R, Kang H S, et al. J. Phys. Chem. C, 2020, 124: 3812.
[8] Li X, Li Z, Yang J, et al. Phys. Rev. Lett., 2014, 112: 018301.
[9] Zhang S, Jin H, Long C, et al. J. Mater. Chem. A, 2019, 7: 7885.
[10] Wei S, Li J, Liao X, et al. J. Phys. Chem. C, 2019, 123: 22570.
[11] Ma X, Wu X, Wang H, et al. J. Mater. Chem. A, 2018, 6: 2295.
[12] Wang J, Shu H, Zhao T, et al. Phys. Chem. Chem. Phys., 2018, 20: 18571.
[13] Xia C, Xiong W, Du J, et al. Phys. Rev. B, 2018, 98: 165424.
[14] Ju L, Bie M, Tang X, et al. ACS Appl. Mater. Interfaces, 2020, 12: 29335.
[15] Chakrapani V, Angus J C, Anderson A B, et al. Science, 2007, 318: 1424.
[16] Wang P, Zong Y, Liu H, et al. J. Mater. Chem. C, 2021, 9: 4989.
[17] Fu C F, Sun J, Luo Q, et al. Nano Lett., 2018, 18: 6312.
[18] Voiry D, Yamaguchi H, Li J, et al. Nat. Mater., 2013, 12: 850.
[19] Gao G, Jiao Y, Ma F, et al. J. Phys. Chem. C, 2015, 119: 13124.
[20] Ding Q. Chem., 2016, 1: 699.
[21] Li H. Nat. Mat., 2016, 15: 48.
[22] Lee J Y, Kim C M, Choi K S, et al. Nano Energy, 2019, 63: 103846.
[23] Xie J F, Zhang J J, Li S, et al. J. Am. Chem. Soc., 2013, 135: 17881.
[24] Sun C, Zhang J, Ma J, et al. J. Mater. Chem. A, 2016, 4: 11234.
[25] Zhang J, Wang T, Liu P, et al. Energy Environ. Sci., 2016, 9: 2789.
[26] Rheem Y. Nanotechnology, 2017, 28: 105605.
[27] He R, Hua J, Zhang A, et al. Nano Lett., 2017, 17: 4311.
[28] Noh S H, Hwang J, Kang J, et al. J. Mat. Chem. A, 2018, 6: 20005.

第 10 章　二维半导体异质结

二维半导体分两类：垂直异质结和侧向异质结。垂直异质结就是两种单层二维半导体在垂直方向上相叠，中间靠范德瓦耳斯力相连。侧向异质结就是在同一平面上两种单层二维半导体边界相连接。其电子输运的方式是不同的。在垂直异质结中，电极在异质结的顶部和底部，电子沿垂直方向传播。在侧向异质结中，电极和异质结被衔接在一起，电子沿侧向方向输运。

10.1　二维半导体垂直异质结

垂直异质结由两种不同的单层二维半导体相叠而成。如果两种材料的二维空间周期性相同，则形成完美的异质结，但这种情形很少见。以六方氮化硼 (hBN)/石墨烯垂直异质结为例，两种材料在二维方向上都是六角结构，hBN 的晶格常数仅仅比石墨烯大 1.8%。在三维情况下，这样小的晶格失配可以通过一种材料的晶格弛豫来达到晶格匹配。在二维材料中就很难做到，一种材料的弛豫面积不会很大，往往是局部的，因此形成莫尔 (Moiré) 图形。为了晶格匹配，石墨烯晶格必须“弛豫”。由于石墨烯的杨氏模量很大，这种“弛豫”只能是局部的，弛豫区域只能是一块一块的，中间的石墨烯晶格与 hBN 不公度。

从实验上观察到，在 hBN 上的石墨烯，它们的晶格取向实际上是相同的。大面积的莫尔图形 (其中两种晶体是公度的) 被石墨烯晶格弛豫的区域分开，见图 10.1(a)~(c)。当石墨烯晶格取向与 hBN 不一致时，这种效应消失，这种公度–不公度的转变发生在一个临界角上。

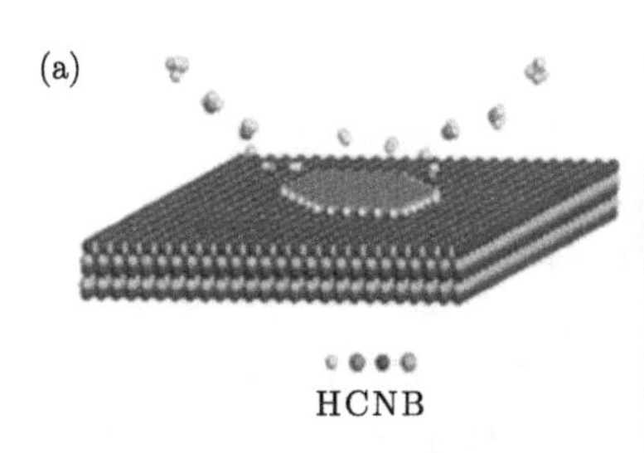

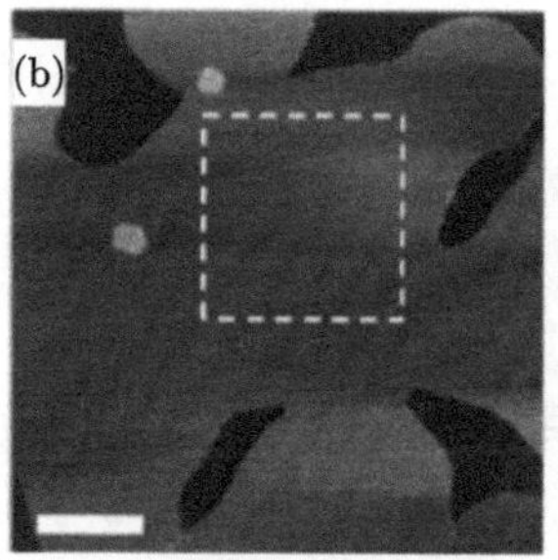

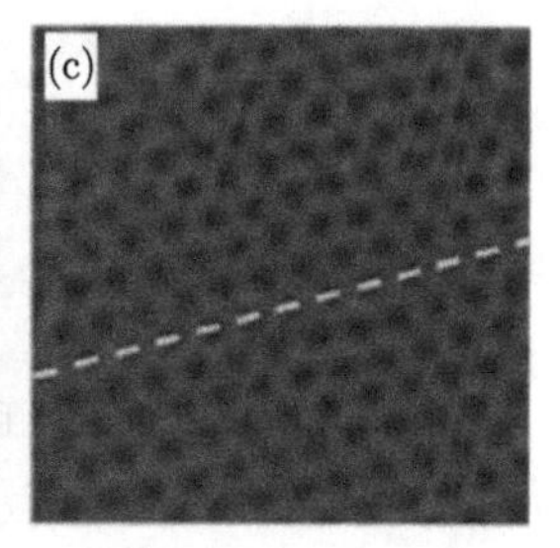

图 10.1　(a) hBN 上范德瓦耳斯外延生长的石墨烯；(b) 由原子力显微镜观察到的莫尔图形；(c) 为 (b) 中虚线包围的区域的快速傅里叶变换

莫尔图形提供了电子的周期散射势，它导致了石墨烯中电子谱在由莫尔结构周期性所确定的那些波矢上的重构。在实验上已经由扫描隧道显微镜、输运和电容测量观察到。电子谱上，导带和价带的第二狄拉克点消失了。谱重构的能量范围由石墨烯和 hBN 之间的范德瓦耳斯力相互作用强度确定，估计为 50 meV。此外表面重构导致了石墨烯中子晶格之间的强不对称性，又进一步打开了能隙。

对于其他二维半导体的垂直异质结，如 $MoS_2/MoSe_2$、MoS_2/WS_2、fluoro-石墨烯/MoS_2 等，也已经研究了电子性质和可能的表面重构。但是这些异质结的晶格失配通常都超过 2%，表面重构难以观察。实验上发现，硅烯/MoS_2 垂直异质结中，由于硅烯的垂直跳起 (bucking)，两种晶体完美地排列是被允许的。

生长大尺度的垂直异质结的方法是化学气相沉积 (chemical vapor deposition，CVD)，它分为：① 在力学转移或者生长的二维晶体顶上继续化学气相沉积生长二维晶体；② 用气–固反应直接生长二维过渡金属二硫族化合物 (two-dimensional transition metal dichalcogenide，TMDC) 异质结；③ 范德瓦耳斯外延直接生长许多垂直异质结，如石墨烯/hBN、MoS_2/石墨烯、GaSe/石墨烯、MoS_2/hBN、WS_2/hBN、$MoTe_2/MoS_2$、WS_2/MoS_2、$VSe_2/GeSe_2$、$MoSe_2/Bi_2Se_3$ 等。

除了化学气相沉积生长外，还有范德瓦耳斯外延生长。范德瓦耳斯生长也是化学气相沉积生长，不过在生长过程中范德瓦耳斯相互作用定义了石墨烯晶体沿着 hBN 衬底生长的优化方向，如图 10.1 所示。另一个例子是以力学剥离的 hBN 作为衬底，再范德瓦耳斯外延生长 MoS_2/hBN 异质结。另外，在超高真空条件下在低价的 AlN/Si 衬底上也可以范德瓦耳斯外延生长高质量的 $MoSe_2/Bi_2Se_3$ 异质结。

范德瓦耳斯外延能生长多层异质结，如原子级薄的 MoS_2/WSe_2/石墨烯和 $WSe_2/MoSe_2$/石墨烯共振隧穿二极管，如图 10.2 所示。以外延的石墨烯三层作为衬底，然后依次生长 2 层 TMDC 层。

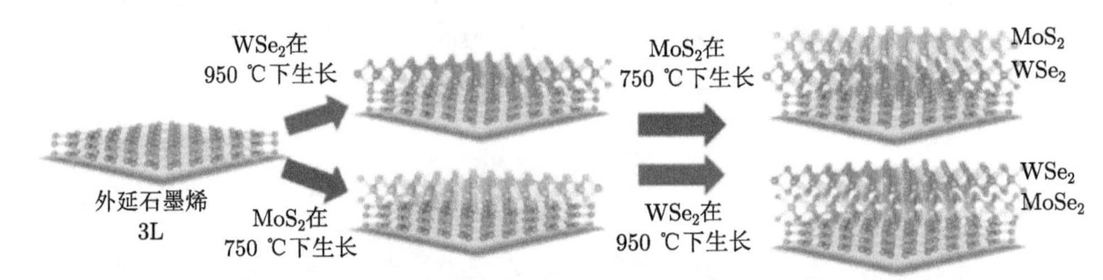

图 10.2　MoS_2/WSe_2/石墨烯和 $WSe_2/MoSe_2$/石墨烯共振隧穿二极管生长过程

液体中组装范德瓦耳斯异质结　实验发现液体中剥离二维材料是一种有效的方法。基于悬浮液的墨水形成发展成石墨烯为基的印刷电子学。这种与印刷结合的方法打开了低成本制造不同器件的大门，例如，基于 TMDC 的平面和垂直的光伏器件、基于石墨烯和 hBN 的平面和隧穿晶体管等。$MoSe_2$/石墨烯结构已经用于锂电池应用，类似的异质结也已经用于催化应用。

10.2 二维半导体垂直异质结的应用 [1]

量子电容 从概念上讲，基于范德瓦耳斯异质结的最简单的器件是电容测量器件。hBN 是一个理想的绝缘体，它能承受大的电场 (每层 0.5 V)，允许制造具有非常薄的介电层的电容。薄介电层的利用确保了量子电容，使电容测量成为研究二维材料中单粒子和相互作用现象的有力工具。至今相关研究已经探索了许多系统，包括石墨烯与 TMDC，以及黑磷的量子电容。

隧穿器件 石墨烯/hBN/石墨烯构成隧穿器件。hBN 作为势垒，由于其具有大的带隙 (~6 eV)、低杂质数和高击穿场，所以特别吸引人。另外，石墨烯中费米能级的位置和态密度 (density of state，DOS) 能被外栅改变，因此能制成场效应隧穿晶体管 (FETT)。场效应隧穿晶体管能通过测量隧道谱，测量石墨烯的 DOS，来观察杂质和声子辅助隧穿。图 10.3(a) 是场效应隧穿晶体管示意图；图 10.3(b) 是声子辅助隧穿的 d^2I/dV_b^2；图 10.3(c) 是 hBN 隧穿区中杂质隧穿的 dI/dV_b；图 10.3(d) 是动量守恒隧穿的 dI/dV_b。

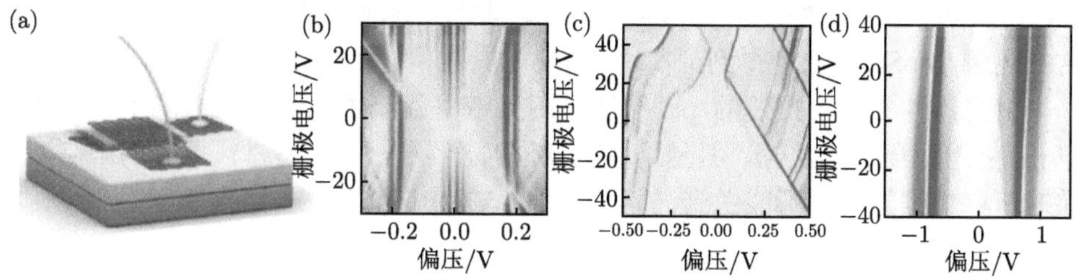

图 10.3 (a) 场效应隧穿晶体管示意图；(b) 声子辅助隧穿的 d^2I/dV_b^2；(c) hBN 隧穿区中杂质隧穿的 dI/dV_b；(d) 动量守恒隧穿的 dI/dV_b

如果石墨烯中费米能级的变化与隧穿势垒的能隙相比，则能得到最高的峰谷比 (on-off ratio)。如果用 WS_2 代替 hBN，峰谷比可以达到 10^6，用 MoS_2 则为 $10^3 \sim 10^4$，峰谷比的下降可能是因为存在杂质带。除了逻辑应用外，范德瓦耳斯异质结的隧穿还可以用作存储器件、逻辑回路、射频振荡器等。

光探测器 TMDC、GaS、InSe、黑磷等已经用于光二极管或光电导中的光探测器。利用这些材料的方便之处在于它们具有大的态密度 (保证了大的光吸收)、优秀的柔韧性，以及作局域栅的可能性。它们允许被做成 pn 结。另外，这些材料的带隙常常依赖于层的数目，进而可以控制这些器件的谱响应。

光伏器件 将不同功函数的材料结合在一起，就能将光激发的电子和空穴聚集在不同的层上，产生间接激子，例如在 MoS_2/WSe_2 和 $MoSe_2/WSe_2$ 异质结上，如图 10.4 所示。从 WSe_2 中光激发的电子聚集在 MoS_2 上，而由 MoS_2 上激发的空穴聚集在 WSe_2 上。这种激子具有典型的长寿命，它们的结合能可以由层之间的距离来调控。

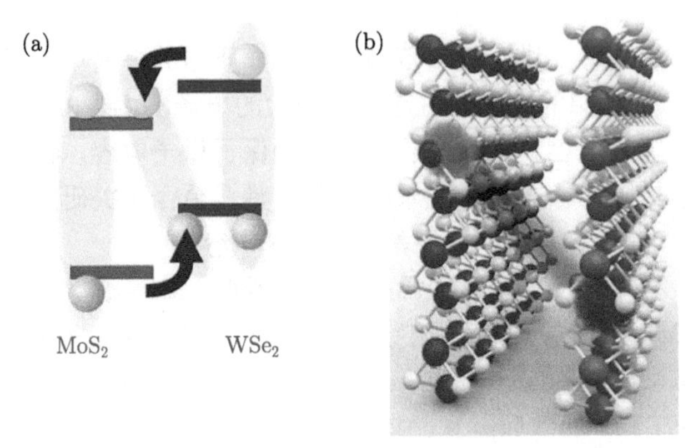

图 10.4　在 MoS_2/WSe_2 异质结中光激发的间接激子

如果在这种器件中使用 p 和 n 掺杂的材料，则器件会自动形成尖锐的 pn 结。这种器件在载流子分离方面非常有效，所以它们有非常高的量子效率，例如 $GaTe/MoS_2$ 器件的外量子效率大于 60%。此外，它们的功能可以被外栅压调制，这在黑磷/MoS_2 上已经得到证实。

发光器件　以上描述的 pn 结能应用于带电载流子电注入的情况下，导致了电子–空穴复合和光发射。但是这受到要同时产生 p 和 n 型材料条件的限制，目前对所有二维材料还不能做到。同时，pn 结的电阻和 p、n 电极的电阻相当，很难控制电流分布。

一个比较直接的方法是在垂直结构中从高导透明电极直接注入载流子。但是它要求精确控制注入电子和空穴的停留 (dwell) 时间，因为光发射的时间与穿透结的时间相比是一个慢过程。停留时间可以被引入一个附加的隧穿势垒调控。

10.3　二维半导体侧向异质结 [2]

以双层 MoX_2-WX_2 侧向异质结的直接生长为例介绍侧向异质结。采取双层半导体异质结是为了在化学稳定性和降低对衬底质量或环境条件的敏感性方面，产生一个比较稳定的系统。同时较厚的侧向异质结能为光子垂直穿过结提供较长的路径，增加光子吸收和产生电子–空穴对的概率。

用化学气相沉积方法在 SiO_2/Si 衬底上直接制造双层 MoX_2-WX_2 侧向异质结，过程见图 10.5(a)：725 ℃ 和 810 ℃ 条件下的衬底放在管子的下游，1060 ℃ 条件下的 MoX_2 和 WX_2 粉末源放在上游。步骤 1：N_2 气体经过 H_2O 以后，

与 MoX_2 和 WX_2 粉末相互作用，形成气相的副产品流到下游的低温衬底处 (图 10.5(b))，在衬底表面形成 TMDC 的畴。其中的化学反应是 MoO_2 与硫化物相互作用，在衬底上形成 MoX_2 的成核点，最后生成 MoX_2 畴。同时 WX_2 经过一系列氧化过程，形成了较高氧化相的 $WO_x(x = 2 \sim 3)$ 和 H_2O。但是它们在高水蒸气下对生长没有贡献。步骤 2：通入气体由 N_2+H_2O 切换到 $Ar+H_2(5\%)$。这中断了 MoX_2 畴的生长，有利于 WX_2 在暴露的晶体边缘生长。H_2 的作用是突然耗尽 MoX_2 粉末源，对 MoO_2 提供金属 Mo(图 10.5(c))。相反地，WX_2 粉末源继续蒸发，形成 W 的过氧化物。这样重复 1-2-1-2 步骤，MoX_2-WX_2 侧向异质结就能靠改变气体流实现。在过程中有许多控制参量，例如，粉末源的量、通入气体经过的水浴温度、气体的流量等，所以优化的生长参量不是唯一的。

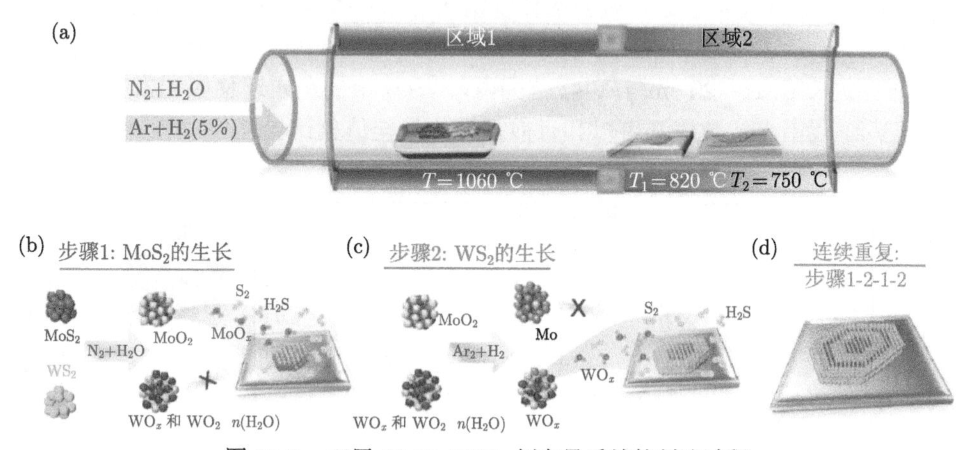

图 10.5 双层 MoX_2-WX_2 侧向异质结的制造过程

图 10.6 是均匀分布的双层 MoS_2/WS_2 侧向异质结的大面积影像。其中的标尺分别为 100 μm 和 10 μm。放大的图 10.6(b), (c) 显示为三结异质结/七结异质结。硫化物为基的异质结主要生长成截断的三角形。

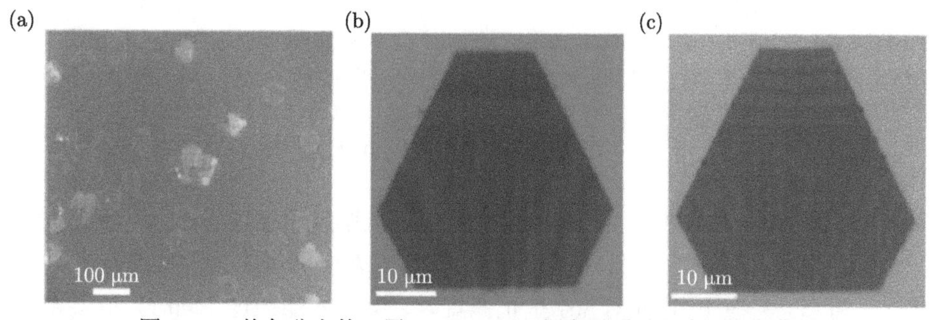

图 10.6 均匀分布的双层 MoS_2/WS_2 侧向异质结的大面积影像

10.4 二维半导体侧向异质结的应用 [3]

二维半导体纵向异质结提供了海量的材料基础，表现出优越的器件性能，但是二维侧向异质结也具有自己的优势。纵向异质结在层间不可避免地存在杂质，同时在堆叠过程中的取向也不是精确可控的。在纵向异质结具有局限性的情况下，可以量身定制的侧向异质结是一种可能的解决途径。以 WS_2/WSe_2 侧向异质结为例，可以得知侧向异质结在不同领域的应用。

场效应晶体管 Si/SiO_2 衬底上制造的 WS_2/WSe_2 场效应晶体管以 Ti/Au 薄膜作为 WS_2 的触点，以 Au 薄膜作为 WSe_2 的触点，Si 基板作为背栅电极。图 10.7(a)，(b) 分别显示了该场效应晶体管两侧的 I_{ds}-V_{ds} 特性，WS_2 显示了 n 型特性，WSe_2 显示了 p 型特性。该场效应晶体管具有高载流子迁移率，WS_2 中的电子迁移率通常在 10~20 $cm^2/(V{\cdot}s)$ 范围内，WSe_2 中的空穴迁移率通常在 30~100 $cm^2/(V{\cdot}s)$ 范围内，数值都可以和目前报道的最佳值相比。

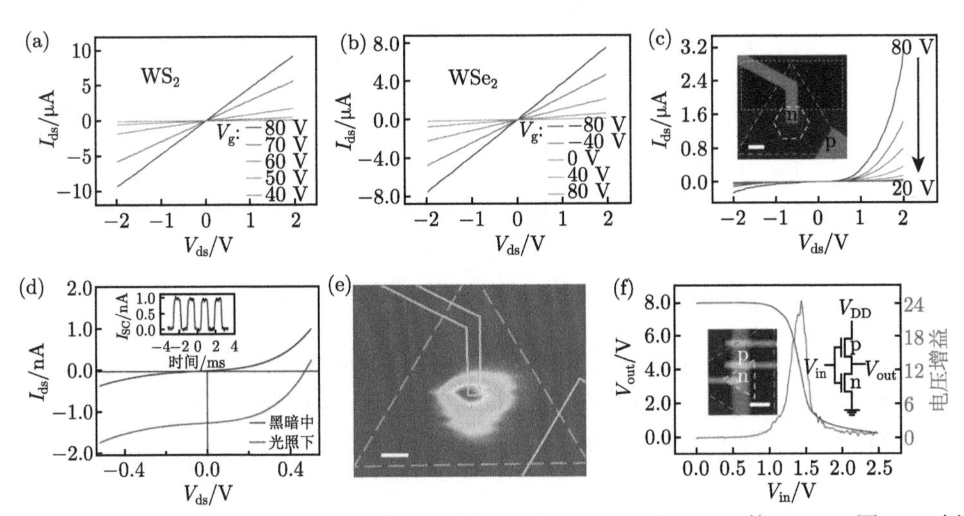

图 10.7 (a)，(b)WS_2/WSe_2 FET 在不同背栅电压下，WS_2 和 WSe_2 的 I_{ds}-V_{ds} 图；(c) 侧向 WS_2/WSe_2 异质结 pn 二极管；(d) 二极管在黑暗中和 30 nW、514 nm 光照下的输出，插图为周期性照射下的光电响应；(e) 光电流映射图；(f) 黑色曲线代表输出–输入曲线，红色曲线代表电压增益，实现了 CMOS 反相器

二极管 WS_2 明显的 n 型特性和 WSe_2 明显的 p 型特性，使 WS_2/WSe_2 自然形成了 pn 二极管。跨异质结器件的电输运表现出了明显的整流行为，如图 10.7(c) 所示。只有 p 型的 WSe_2 呈正偏置时，电流才能通过。同时，单层超薄的异质结构式二极管具有栅极可调性，输出电流随着正栅极电压的增加而增加。

光伏器件 WS_2/WSe_2 pn 二极管作为光电二极管，具有明显的光电流响应，在图 10.7(d) 中，30 nW、514 nm 的光照下，I_{ds}-V_{ds} 测量显示出了明显的光伏效应。插图中显示，在周期性的光照下，器件显示出快速的时间响应。异质结具有约 23%的光吸收率。图 10.7(e) 显示，光电响应主要位于异质结中心附近轻微掺杂的 WS_2 和界面的区域。

CMOS 反相器 通过串联集成 n 沟道 WS_2 和 p 沟道 WSe_2，可以构造互补金属氧化物半导体 (CMOS) 反相器，也就是构建逻辑上的非门电路。使用 20 nm 的 HfO_2 作为栅极电介质，检测反相器的输出输入，图 10.7(e) 显示，当输入电压达到 1.5 V 左右时，输出电压迅速降至几乎为 0，并在更高输入下也保持低电压状态。同时，图中红线表示电压增益高达 24，有利于进行逻辑电路互联。

10.5 双层 MoS_2/WS_2 侧向异质结的物理性质

拉曼光谱和荧光谱 图 10.8(a) 是拉曼谱，从 WS_2 和 MoS_2 两个区中产生，拉曼峰 354 cm^{-1}(E_{2g} 模)、420 cm^{-1}(A_{1g} 模)、350 cm^{-1}(2LA(M) 模) 是 WS_2 的特征，而拉曼峰 383 cm^{-1}(E_{2g} 模)、407 cm^{-1}(A_{1g} 模)、450 cm^{-1}(2LA 模) 是 MoS_2 的特

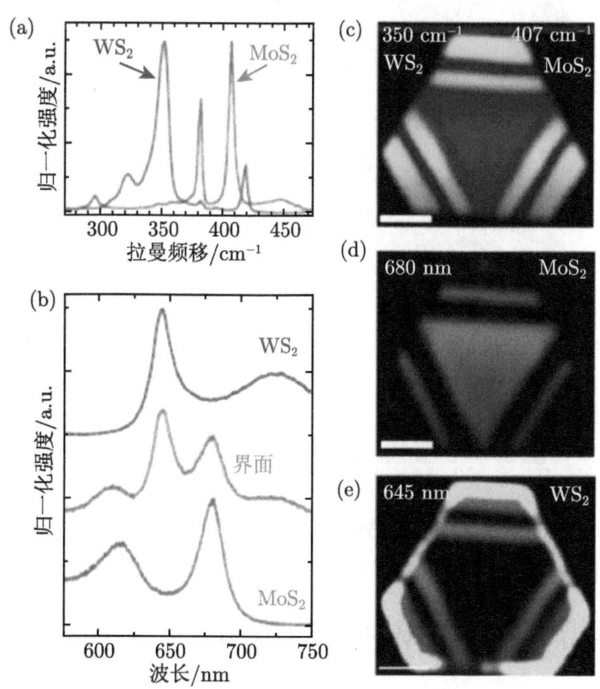

图 10.8 MoS_2/WS_2 侧向异质结的 (a) 拉曼谱；(b) 光致发光谱；(c)~(e) 来自两个区的荧光的空间分布

征，证明了组成异质结材料的高质量。图 10.8(b) 是光致发光 (photoluminescence，PL) 谱，分别由 WS_2、MoS_2 和界面区域得到，WS_2 区域包含了一个主峰 645 nm，还有一个小的宽伴峰 720 nm。645 nm 峰对应于在 K 和 K′ 点的直接激子峰。720 nm 峰来自于间接激子跃迁。两层 WS_2 是直接带隙半导体，显示了强的直接激子跃迁。在 MoS_2 区域，有两个主峰 680 nm 和 606 nm，对应于 A 和 B 激子。此外在 WS_2 到 MoS_2 的界面包含了来自两个区光致发光峰的叠加。图 10.8(c) 是拉曼谱 $MoS_2(407\ cm^{-1})$ 和 $WS_2(350\ cm^{-1})$ 的空间分布。图 10.8(d)，(e) 是来自两个区的荧光的空间分布。

异质结中的原子分布 利用扫描隧道电子显微镜研究了异质结中的原子分布，图 10.9(a) 是异质结的扫描隧道电子显微镜图样，其中较亮部分是 WS_2 区域，较暗部分是 MoS_2 区域。图 10.9(b) 是沿图 10.9(a) 中的线测量的散射电子强度以及球模型。图 10.9(c) 是较低放大的 Z 对比图；图 10.9(d) 是相应的电子能量损失谱 (electron energy loss spectroscopy，EELS) 图。由图 10.9(a) 可见，在两个区域内晶体都是六角结构，因此是 $2H_c$ 型的，过渡金属原子夹在两层硫族原子之间。

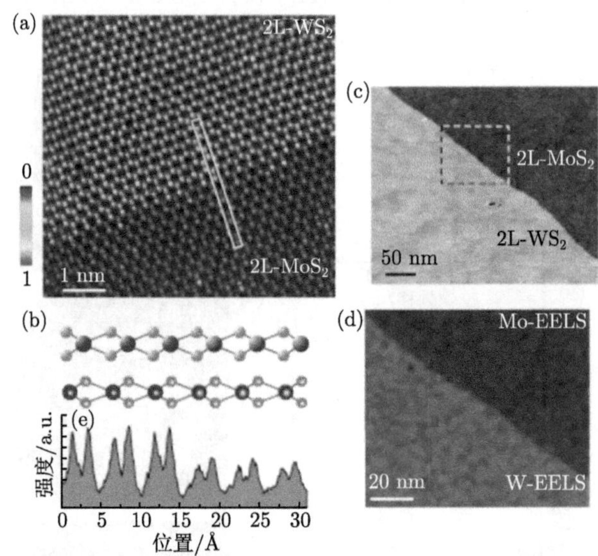

图 10.9 (a) 异质结的扫描隧道电子显微镜图；(b) 沿图 (a) 中的线测量的散射电子强度以及球模型；(c) 较低放大的 Z 对比图；(d) 相应的电子能量损失谱

10.6 单层 MoS_2/WS_2 异质结的制备和物理性质 [4]

CVD 生长方法类似于图 10.4，在高温 850 ℃ 下能生长 MoS_2/WS_2 垂直异质结，在低温 650 ℃ 下生长侧向异质结。先看垂直异质结。图 10.10(a) 是拉曼谱的空间分布；图 10.10(b) 是图 10.10(a) 中 4 个点上的拉曼谱。从 1 和 2 点上 (紫色区域) 只有 MoS_2 的 $E'(383.9\ cm^{-1})$ 和 $A_1'(405.3\ cm^{-1})$ 峰。在两层的 3 和 4 点 (深紫色区域) 上，还有 2 个 WS_2 的 $A_1'(418\ cm^{-1})$ 和 $2LA(M)(356.8\ cm^{-1})$ 峰，说明 3 和 4 点在垂直异质结内。

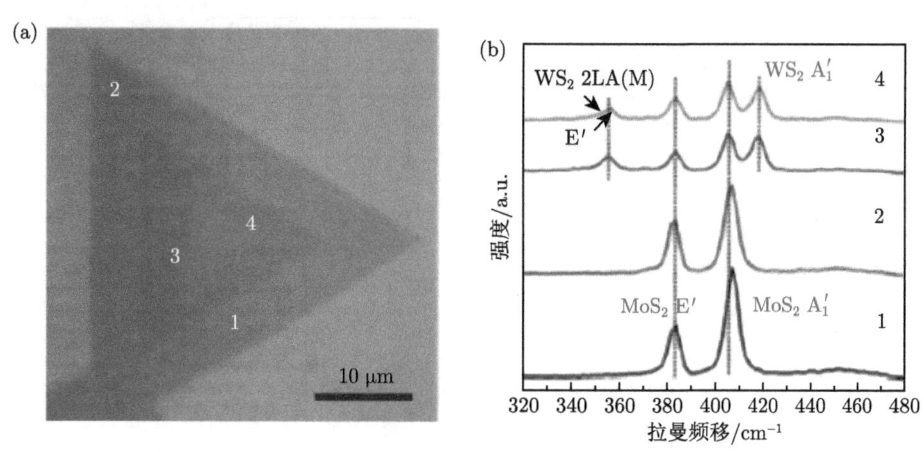

图 10.10 单层 MoS_2/WS_2 垂直异质结的 (a) 拉曼谱的空间分布；(b) 4 个点上的拉曼谱

图 10.11(a) 是光致发光谱的空间分布；图 10.11(b) 是图 10.11(a) 中 4 个点上的光致发光谱。类似于拉曼谱，在 1 和 2 点上，只有强的 680 nm 峰，对应于 MoS_2 层中 1.82 eV 直接激子跃迁。在 3 和 4 点上，除了 680 nm 峰以外，还有 630 nm(1.97 eV) 和 875 nm(1.42 eV) 峰。1.97 eV 峰是顶层的 WS_2 直接激子峰，1.42 eV 峰认为是两层之间耦合产生的激子峰。

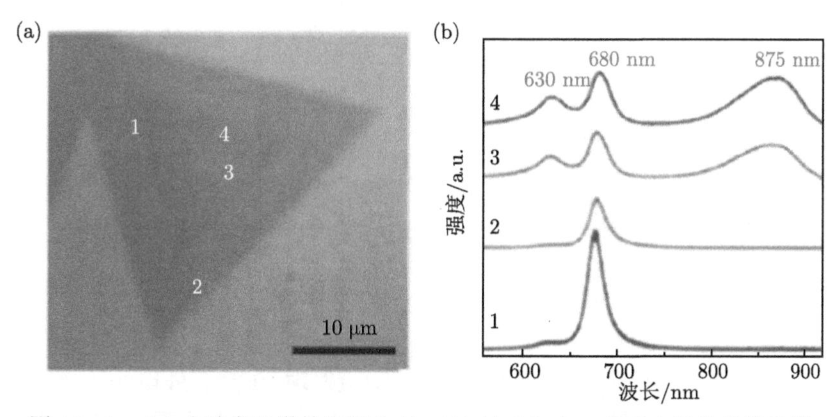

图 10.11 (a) 光致发光谱的空间分布；(b) 是 (a) 中 4 个点上的光致发光谱

对于侧向异质结，原子分辨 Z 衬比扫描隧道电子显微镜测量结果表明，两种材料的界面并不很平整。图 10.12(a) 是拉曼谱的空间分布；图 10.12(b) 是在 1、2、3 点上的拉曼谱。由图可见，1 点谱显示了 WS_2 的特点，3 点谱显示了 MoS_2 的特点，而 2 点谱为两者的叠加。侧向异质结是三角形的。

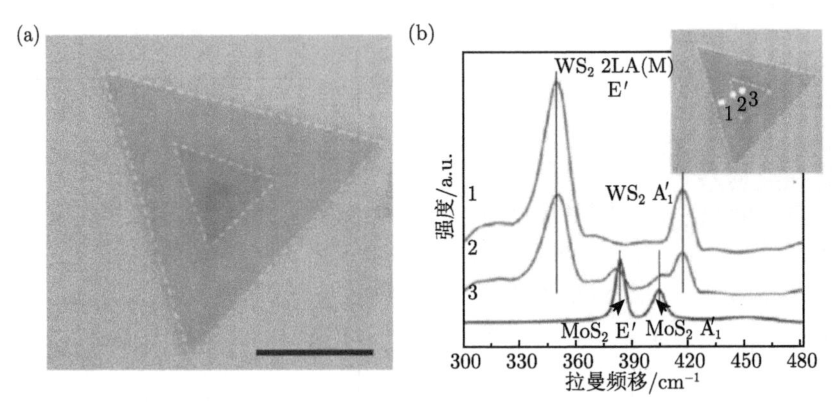

图 10.12　MoS_2/WS_2 侧向异质结的 (a) 拉曼谱的空间分布；(b) 在 1、2、3 点上的拉曼谱

图 10.13(a) 是在 1 ~ 6 点上的光致发光谱。点 1 和点 6 的光致发光谱分别是 WS_2 和 MoS_2 的特征光致发光谱。由于激发激光的光点比较大 (1 μm)，2 ~ 5 点的光致发光谱都看作在界面 (点 3) 和纯 WS_2、纯 MoS_2 的光致发光谱的叠加。

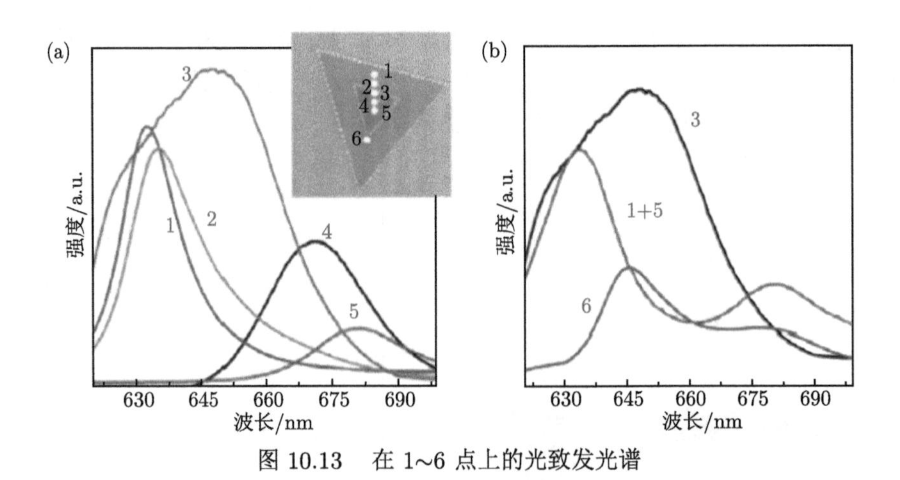

图 10.13　在 1~6 点上的光致发光谱

至今侧向异质结的应用还只是初步的。实验发现，在没有外电场下，MoS_2/WS_2 侧向异质结具有 pn 结的整流特性，如图 10.14 所示。在光照下，前向电流是反向电流的两个数量级大，显示了好的整流特性。它还显示了清晰的光伏效应，开路电压为 0.12 V，闭路电流为 5.7 pA。

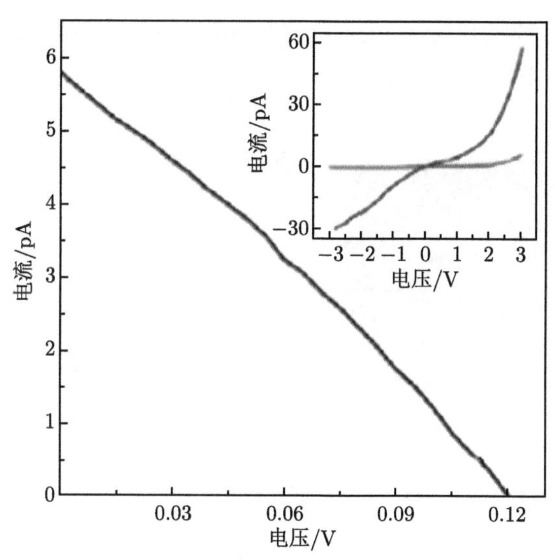

图 10.14 侧向异质结的光伏效应

插图是在光照 (黑色) 和无光照 (红色) 下的 I-V 曲线

10.7 垂直异质结中的激子 [5]

由范德瓦耳斯力相连的垂直异质结中的激子现象是热门的研究话题，在异质结中出现了和单层中截然不同的激子现象。在单层的二维材料中存在的激子，我们可以统称为直接激子或层内激子，而在异质结中，最大的不同就是出现了层间激子，或者称为间接激子，如图 10.15(a) 所示，组成激子的电子和空穴分别位于异质结的不同层中。

层间激子的形成与异质结的能带结构有关。在图 10.15(d) 中展示了 I 型，Ⅱ 型和 Ⅲ 型三种不同的能带结构，Ⅲ 型的能带比较少见，常见的是 I 型和 Ⅱ 型。异质结形成后，因为能量最低原则，电子跃迁到更低的导带，而空穴跃迁到更高的价带，所以在图 10.15(b) 中的 I 型能带中并没有形成层间激子，电子和空穴都趋向存在于同一层中。而在图 10.15(c) 的 Ⅱ 型能带中，电子和空穴趋向存在于不同的层中，从而形成了层间激子。层间激子的本质是电偶极子，同时因为处在不同层中，激子寿命较长，从而更容易操纵。

通过光致发光谱，在 $WSe_2/MoSe_2$ 异质结中确认了层间激子的存在。当两个单层的相对位置发生改变时，光致发光谱发生了很大变化，展示在图 10.16(a) 中，谱图显示，在双层位置错开的时候，只有单层对应的激子发光峰，而仅在异质结中出现了新的激子发光峰，比单层激子低了 0.2 eV，在实验中证明了层间激子的存在，且层间激子的能量比层内激子低，处于更稳定的基态。因此，异质结是很好的电荷分离的材料。图 10.16(b) 和 (c) 显示了第一性原理计算的 MoS_2/WS_2

和 $MoSe_2/WSe_2$ 的光致发光结果，其中低能量的峰就是层间激子峰，而且强度大，说明异质结的发光由层间激子主导。

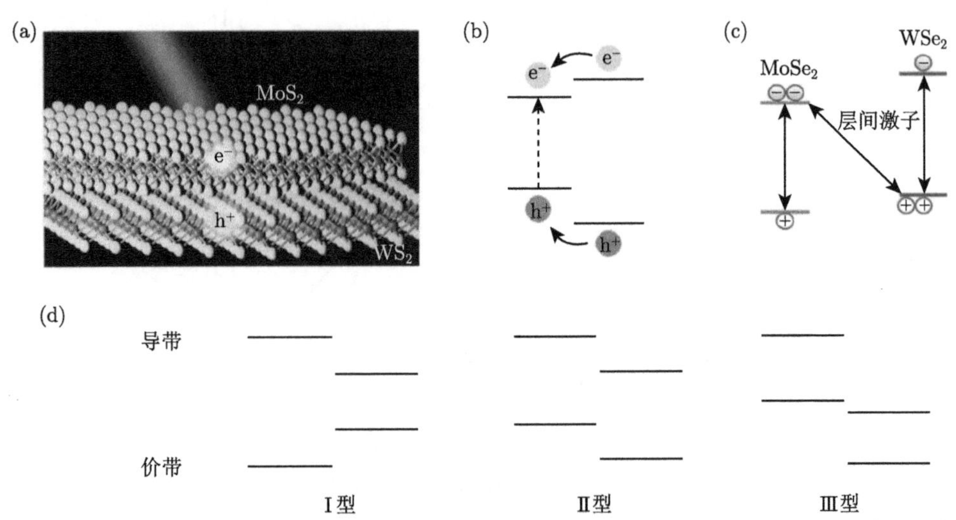

图 10.15　(a) MoS_2/WS_2 异质结的层间激子；(b) I 型能带中的激子；(c) II 型能带中层间激子的形成；(d) 异质结三种不同的能带结构

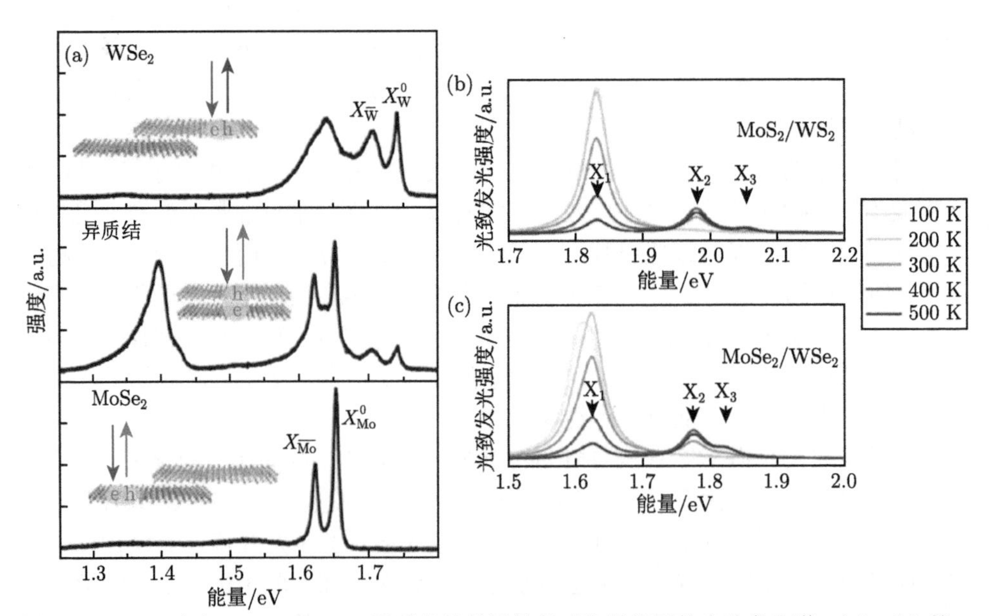

图 10.16　(a) 改变 $WSe_2/MoSe_2$ 异质结的单层的相对位置得到的光致发光谱；(b)、(c) 第一性原理计算的 MoS_2/WS_2 和 $MoSe_2/WSe_2$ 的光致发光强度

层间激子的发现有很重要的意义。因为电子和空穴的短空间距离有效地缩短了激子的复合时间，所以层间激子相对于层内激子而言，具有较长的寿命。例如，$MoSe_2/WSe_2$ 异质结中，层间激子的寿命是 1.8 ns，比层内激子大一个数量级。层间激子的长寿命让其更容易被控制和操作，从而观察到更丰富的物理现象，例如激子的玻色–爱因斯坦凝聚 (BEC)。普通激子的复合速率比冷却速率要快，来不及冷却就会复合，因此激子的玻色–爱因斯坦凝聚很难观察到，但是层间激子的长寿命解决了这一问题。实验中，通过把 $MoSe_2/WSe_2$ 异质结中的两个单层用 hBN 分离，防止激子重组，获得了足够高的激子密度 (10^{12} cm^{-2})，又通过隧穿和电致发光的测量，验证了激子的相干性，并且在 100 K 以上是持续存在的，为层间激子的高温玻色–爱因斯坦凝聚提供了证据。

除此之外，层间激子在许多其他领域也有应用。在太阳能电池的工作过程中，激子的解离是重要的组成部分。Ⅱ 型异质结的能带结构，让激子在空间上分离，有助于解离激子，产生光电流。此外，高效的激子解离也使光电探测器具有高灵敏度，快的响应时间，同时层间激子还让光探测的波长范围更广。利用层间激子还可以实现相关波长下的电致发光，如 MoS_2/WSe_2 的红外波段的层间激子光发射。

谷激子是一个重要的研究课题。激子受限在周期性的晶格形成的能带的谷中，谷之间的相关性很小，并且由于晶格对称性的不同，相当于携带了新的自由度，被称为谷的赝自旋。新的自由度为信息工程提供了新的可能性，诞生了谷电子学。不同谷中的激子可以被不同的圆偏振光激发，不同的圆偏振光为控制激子提供了手段。层间激子的长寿命也为谷激子的调控提供了基础。

10.8 转角异质结和莫尔激子

二维垂直异质结的海量的搭建方式为基础物理研究和器件应用提供了重要的材料体系。其维度与界面的调控是重要的研究手段。其中，利用转角自由度调控二维垂直异质结的性质会引发很多有趣的现象。例如，在魔角异质结中出现的莫特绝缘体的转变和非常规的超导现象，转角控制下的石墨烯/hBN/石墨烯异质结共振隧穿、莫尔激子等，这让学者们对转角异质结产生了浓厚的兴趣。

转角异质结也是垂直异质结的一种，但是在堆叠时具有一定的堆叠旋转角，在实验上，通常采用解理和转移的技术来制备转角异质结，尺寸一般在微米量级。异质结因为晶格失配会形成莫尔图形，而通过把材料转动一定的角度，可以改变整个异质结的莫尔图形，从而改变其周期性，以及其本征的能带，打破其晶格对称性，这极大地影响了异质结的物理性质。同质结也可以通过改变双层的转角，使结构中出现莫尔图形，如图 10.17(a) 的双层石墨烯。所以具有一定扭转角的异质结又被称作莫尔异质结。以图 10.17(b) 为例，这是由单层 $MoSe_2$ 和 WS_2 组成的转角异质结，θ 是两个单层的扭转角，覆盖的地方形成了莫尔超晶格。在这一体系中，激子的能带因为周期势的变化发生了杂化，使得超晶格的共振得到了增强。

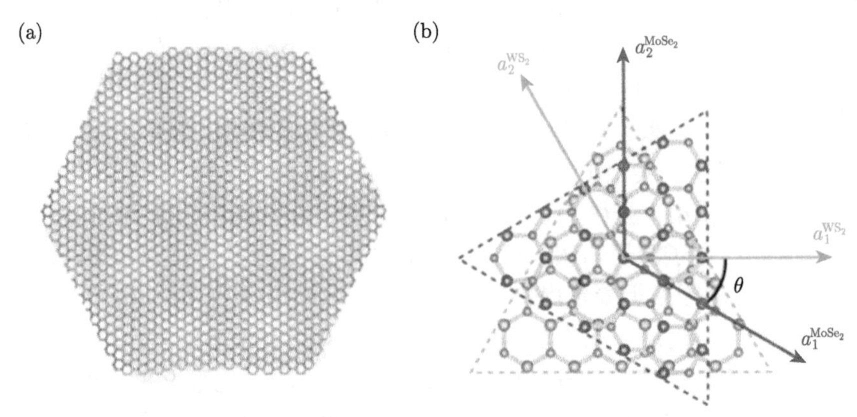

图 10.17　(a) 双层转角石墨烯；(b) $MoSe_2/WS_2$ 转角异质结

莫尔超晶格可以跨越很多晶胞，但在较小的尺度上仍保留了空间周期性。在布里渊区中，折叠能带大量地交叉，又因为层间的杂化而产生分裂。晶格弛豫增强了这些能带交叉，并通常将这些没有分裂的能带分离在毫伏的电子能级上。在莫尔超晶格的能带中，局部电子占据了虚拟的莫尔轨道，而轨道又随着莫尔晶胞大小，也就是随着扭转角的变化而改变。换句话说，电子相关性随着扭转角而改变，这允许以扭转角来控制电子系统，实现以电子相关性为主的状态。魔角石墨烯就是该理论的一个证明，石墨烯双层的物理性质并非随着扭转角的变化而单调地改变，而是表现出一个一个的“魔角”，在这些特殊的角度下，电荷中性的莫尔能带在布里渊区中几乎不分散。更宽泛地说，其实是电子带宽的减小等效地增强了竞争能级的作用。

在莫尔超晶格周期势场中的，性质受到相邻层扭转角大小影响的层间激子被称为莫尔激子，图 10.18(a) 和 (b) 分别展示了转角莫尔超晶格和周期势中的莫尔激子。在莫尔周期势的背景下，激子会表现出一些新的特性，影响其光学性质。例如，具有小扭转角 (约 2°) 的 $MoSe_2/WSe_2$ 转角异质结，其晶格常数约为 100 nm，而层间激子的玻尔半径约为 1 nm，可以视为在一个缓慢变化的周期势场中运动。在较低的激发功率 (20 nW) 下，宽的层间激子光致发光峰演变成了一些窄线，如图 10.18(c) 所示。这表明激子受到了势阱的约束。在更高的功率 (10 μW) 或者更高的温度下，势阱被填满，光谱就变成了宽的光致发光峰。同时，$MoSe_2/WSe_2$ 中还存在激发的角度依赖性。这些证据都证明了莫尔激子的存在。

莫尔激子在周期性晶格的不同位置可以表现出不同的光学选择规则，被称为莫尔准角动量。在具有小扭转角的 WSe_2/WS_2 异质结中，会出现两个新的吸收共振，其能量高于无扭转角的层间激子，但低于层内激子。在两个激子峰之间的范围内，激发其发光需要的泵浦光圆偏振度变化剧烈，而层内激子的圆偏振度接近恒定值，与之完全不同。这代表新出现的两个峰是两个新的莫尔激子态。共振泵浦–探针光谱法是研究不同莫尔激子态不同光学选择的优秀方法，在此之上可以做出进一步的探索。

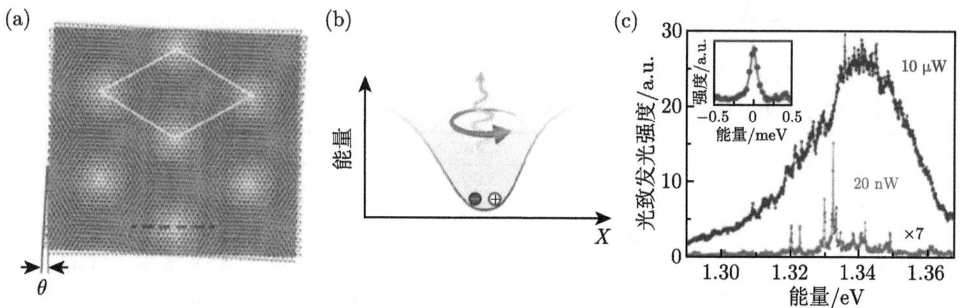

图 10.18 (a) 具有小扭转角的莫尔超晶格；(b) 受困在莫尔势阱中的激子；(c) 不同激发功率下具有小扭转角的 $MoSe_2/WSe_2$ 异质结层间激子的光致发光谱

参 考 文 献

[1] Novoselov K S, Mishchenko A, Carvalho A, et al. Science, 2016, 353: 6298.
[2] Sahoo P K, Memaran S, Nugera F A, et al. Acs Nano., 2019, 13: 12372.
[3] Duan X, Wang C, Shaw J, et al. Nature Nanotech., 2014, 9: 1024-1030.
[4] Gong Y, Lin J, Wang X, et al. Nature Mater., 2014, 13: 1135.
[5] Liu H, Zong Y, Wang P, et al. J. Phys. D: Appl. Phys., 2021, 54: 053001.

附录　二维半导体的物理常数

1. BN[1] (表 A-1)

表 A-1　不同维度的 BN 同素异形体的键长 d (Å)，每个 B-N 对的内聚能 E_C(eV)，带隙 E_g(eV)，从 B 到 N 的电荷转移量 ΔQ(electrons)，晶格常数 a 和 c (Å)

	d/Å	E_C/eV	E_g/eV	ΔQ	晶格常数
1D Chain	1.307	−16.04	3.99	0.511	a = 2.614 Å
2D BN	1.452	−17.65	4.64	0.429	a=2.511 Å
h-BN	1.450	−17.65	4.47	0.416	a=2.511 Å, c/a=2.66
纤锌矿型	1.561	−17.45	5.726	0.342	a=2.542 Å, c/a=1.63
闪锌矿型	1.568	−17.49	4.50	0.334	a=2.561 Å

2. 砷烯和锑烯 [2] (表 A-2)

表 A-2　砷烯和锑烯的结构参数，a 晶格常数，d 层高，对角线长度是对角线方向的六角环的宽度，As(Sb)—As(Sb)—As(Sb) 键角 θ 和 As(Sb)—As(Sb) 键长，层与层之间的距离

	a/Å	d/Å	对角线长度/Å	θ/(°)	键长/Å	层间距/Å
As(mono)	3.55	1.35	4.09	92.54	2.45	
As(bulk)	3.73	1.39	4.26	97.27	2.49	2.04
Sb(mono)	3.94	1.55	4.55	91.31	2.76	
Sb(bulk)	4.13	1.54	4.77	93.28	2.84	1.84

3. MX_2 (M=Mo, W; X=Se, Te)[3,4] (表 A-3 和表 A-4)

表 A-3　MX_2 单层的晶格常数 (a)，两个 X 原子层之间的层厚 (Δ)，M—X 键长 ($d_{M—X}$)，X—M—X 键角 (θ)，带隙值 (E_g)

	a/Å	Δ/Å	$d_{M—X}$/Å	θ(X—M—X)/(°)	E_g/eV
$MoSe_2$	3.319	3.34	2.54	81.56	1.44
$MoTe_2$	3.552	3.61	2.73	81.06	1.07
WS_2	3.184	3.14	2.42	82.39	1.80

表 A-4　使用 GGA+D 方法获得的 2H-MoS_2 和 1H-MoS_2 的晶格常数 a 和 c，键长 $d_{Mo—S}$ 和 $d_{S—S}$，S—Mo—S 键角 θ，体弹模量 B_0(GPa)/C(N/m)，每个 MoS_2 的内聚能 E_C，Born 有效电荷 Z_B^*[Mo] 和 Z_B^*[S]，层外和层内高频介电常数 $\varepsilon_\parallel$ 和 $\varepsilon_\perp$

	a/Å	c/Å	$d_{Mo—S}$/Å	$d_{S—S}$/Å	θ/(°)	B_0/C	E_C/eV	Z_B^*[Mo]	Z_B^*[S]	$\varepsilon_\parallel$	$\varepsilon_\perp$
2H-MoS_2	3.220	12.411	2.436	3.150	80.564	44	15.316	1.23	−0.57	15.60	6.34
1H-MoS_2	3.220		2.437	3.153	80.617	145.82	15.156	1.21	−0.57	4.58	1.26

4. VX_2(X=S, Se, Te)[5] (表 A-5)

表 A-5　VX_2 单层的晶格常数 a，V—X 键长 $d_{V—X}$，两个 X 层之间的距离 $d_{X—X}$，V 层和 X 层之间的距离 $\Delta_{V—X}$　(单位：Å)

	a	a(理论)	$d_{V—X}$	$d_{X—X}$	$\Delta_{V—X}$
VS_2	3.173	3.174	2.362	2.982	1.491
VSe_2	3.325	3.331	2.501	3.205	1.602
VTe_2	3.587	—	2.715	3.510	1.755

5. SnS_2, $SnSe_2$[6] (表 A-6)

表 A-6　单层和块材 SnS_2 的结构参数 (晶格常数，Sn—S 键长，S—S 键长，Sn—S—Sn 键角) 和弹性模量 C

	计算方法	a_0/Å	$b_{Sn—S}$/Å	$b_{S—S}$/Å	$\theta_{Sn—S—Sn}$/(°)	C/(N/m)
单层	PBE	3.70	2.60	3.65	90.75	87
	vdW-optB88	3.69	2.60	3.66	90.58	90
体	HSE06	3.64	2.56	3.59	90.80	102
	vdW-optB88	3.71	2.60	3.66	90.82	89

6. MX(M=Sn, Ge; X=S, Se)[7] (表 A-7)

表 A-7　α 相的 SnS, SnSe, GeS, GeSe 以及黑磷 (BP) 的晶格常数 (单位：Å)

	单层		双层		体材料		
	a	b	a	b	a	b	c
SnS	4.24	4.07	4.28	4.05	4.35	4.02	11.37
SnSe	4.36	4.30	4.42	4.25	4.47	4.22	11.81
GeS	4.40	3.68	4.42	3.67	4.40	3.68	10.81
GeSe	4.26	3.99	4.31	3.97	4.45	3.91	11.31
BP	4.60	3.30	4.57	3.31	4.57	3.51	11.69

7. MX (M = B, Al, Ga, In 和 X = O, S, Se, Te)[8] (表 A-8)

表 A-8　晶格常数 (a)、键长 ($d_{M—X}$, $d_{M—M}$)、厚度 (h)、键角 (θ)、内聚能 (E_C)、带隙 (E_g)、泊松比 (ν)、平面内劲度系数 (C)、弯曲刚性系数 (D)、电负性差 ($\Delta\chi$)、电荷转移 ($\Delta\rho$)

MX	a/Å	$d_{M—X}$/Å	$d_{M—M}$/Å	h/Å	θ/(°)	E_C/(eV/atom)	E_g/eV	ν	C/(J/m^2)	D/eV	$\Delta\chi$	$\Delta\rho$/e$^-$
BO	2.44	1.52	1.77	2.92	106.7	6.65	4.71	0.20	350	30	1.40	1.52
AlO	2.96	1.83	2.62	3.94	107.8	5.73	1.30	0.37	149	27	1.83	1.69
GaO	3.12	1.94	2.51	3.99	106.5	4.52	1.54	0.40	130	26	1.63	1.08
InO	3.48	2.16	2.86	4.47	107.0	3.98	0.45	0.44	75	24	1.66	1.01
BS	3.03	1.94	1.72	3.42	102.4	5.22	2.88	0.12	212	22	0.54	0.97
AlS	3.57	2.32	2.59	4.73	100.4	4.26	2.10	0.25	80	16	0.97	1.46

续表

MX	a/Å	$d_{\mathrm{M-X}}$/Å	$d_{\mathrm{M-M}}$/Å	h/Å	θ/(°)	E_{C}/(eV/atom)	E_{g}/eV	ν	C/(J/m^2)	D/eV	$\Delta\chi$	$\Delta\rho$/e$^-$
GaS	3.64	2.36	2.47	4.65	100.4	3.62	2.35	0.22	73	16	0.77	0.75
InS	3.94	2.56	2.82	5.19	100.2	3.32	1.64	0.31	50	14	0.80	0.73
BSe	3.25	2.10	1.71	3.60	101.3	4.71	2.61	0.15	172	16	0.51	0.47
AlSe	3.78	2.47	2.57	4.90	99.75	3.84	1.99	0.24	66	20	0.94	1.36
GaSe	3.82	2.50	2.46	4.81	99.77	2.81	1.77	0.24	67	13	0.74	0.61
InSe	4.10	2.69	2.81	5.37	99.26	2.57	1.37	0.29	42	11	0.77	0.62
BTe	3.56	2.31	1.71	3.82	100.8	4.24	1.52	0.15	136	15	0.06	−0.03
AlTe	4.11	2.70	2.58	5.14	99.30	3.38	1.84	0.23	54	14	0.49	1.19
GaTe	4.13	2.70	2.46	5.02	99.56	2.96	1.43	0.20	55	14	0.29	0.41
InTe	4.40	2.89	2.81	5.86	98.95	2.77	1.29	0.23	39	9	0.32	0.45

参考文献

[1] Topsakal M, Aktürk E, Ciraci S. Phys. Rev. B, 2019, 79: 115442.

[2] Zhang S, Yan Z, Li Y, et al. Angew. Chem. Int. Ed., 2015, 54: 1.

[3] Ma Y D, Dai Y, Guo M, et al. Phys. Chem. Chem. Phys., 2011, 13: 15546.

[4] Ataca C, Topsakal M, Aktürk E, et al. J. Phys. Chem. C, 2011, 115: 16354.

[5] Fuh H R, Chang C R, Wang Y K, et al. Sci. Rep., 2016, 6: 1.

[6] Zhuang H L, Hennig R G. Phys. Rev. B, 2013, 88: 115314.

[7] Gomes L C, Carvalho A. Phys. Rev. B, 2015, 93: 085406.

[8] Demirci S, Avazli N, Durgun E, et al. Phys. Rev. B, 2017, 95: 115409.

《21世纪理论物理及其交叉学科前沿丛书》

已出版书目

(按出版时间排序)

1. 真空结构、引力起源与暗能量问题	王顺金	2016年4月
2. 宇宙学基本原理（第二版）	龚云贵	2016年8月
3. 相对论与引力理论导论	赵　柳	2016年12月
4. 纳米材料热传导	段文晖，张　刚	2017年1月
5. 有机固体物理（第二版）	解士杰	2017年6月
6. 黑洞系统的吸积与喷流	汪定雄	2018年1月
7. 固体等离子体理论及应用	夏建白，宗易昕	2018年6月
8. 量子色动力学专题	黄　涛，王　伟 等	2018年6月
9. 可积模型方法及其应用	杨文力　等	2019年4月
10. 椭圆函数相关凝聚态物理模型与图表示	石康杰，杨文力，李广良	2019年5月
11. 等离子体物理学基础	陈　耀	2019年6月
12. 量子轨迹的功和热	柳　飞	2019年10月
13. 微纳磁电子学	夏建白，文宏玉	2020年3月
14. 广义相对论与引力规范理论	段一士	2020年6月
15. 二维半导体物理	**夏建白 等**	**2022年9月**